应用型本科院校"十三五"规划教材/机械工程类

U0223287

主　编　张　锋　关晓冬
副主编　马慧良　王爱芳
主　审　宋宝玉

机　械　设　计

Mechanical Design

哈尔滨工业大学出版社

内 容 简 介

机械设计是一门设计性的技术基础课。本书的编写以应用为主,以够用为度,突出应用性。全书共有 12 章,包括:绪论、机械设计概论、螺纹连接与螺旋传动、挠性件传动、齿轮传动、蜗杆传动、轴及轴毂连接、联轴器和离合器、滚动轴承、滑动轴承、弹簧和机械传动系统方案设计简介。

本书主要适用应用型本科院校机械类专业学生使用,也可供成人教育学院、电视大学等应用型高等学校师生参考。

图书在版编目(CIP)数据

机械设计/张锋,关晓冬主编. —哈尔滨:哈尔滨工业大学出版社,2011.3(2018.1 重印)
ISBN 978 - 7 - 5603 - 3192 - 8

Ⅰ.①机…　Ⅱ.①张…　②关…　Ⅲ.①机械设计
Ⅳ.①TH122

中国版本图书馆 CIP 数据核字(2011)第 018054 号

策划编辑　杜　燕
责任编辑　范业婷　贺佳明
出版发行　哈尔滨工业大学出版社
社　　址　哈尔滨市南岗区复华四道街 10 号　邮编 150006
传　　真　0451 - 86414749
网　　址　http://hitpress.hit.edu.cn
印　　刷　黑龙江艺德印刷有限责任公司
开　　本　787mm×1092mm　1/16　印张 17.25　字数 396 千字
版　　次　2011 年 3 月第 1 版　2018 年 1 月第 2 次印刷
书　　号　ISBN 978 - 7 - 5603 - 3192 - 8
定　　价　36.80 元

前　　言

做好教材建设是高等教育实施精品战略的重要举措。教育部要求处理好教材的统一性和多样化，形成特色鲜明、一纲多本的高等教育教材体系。为此，我们依据教育部制定的高等学校工科"机械设计课程教学基本要求"和应用型本科院校的人才培养目标及教学特点，并结合参编本教材学校多年来的教学经验编写了此书。

编写此书的指导思想是：

1. 以应用为主，以够用为度，突出应用性。在着重讲清有关机械设计的基本概念、基本理论和基本方法的基础上，强调设计能力的培养，简化理论推导和设计计算。

2. 内容论述力求简明、易懂，主次分明、重点突出。

3. 采用最新国家标准和规范。

4. 精心设计思考题和习题，以利于启迪学生思维、巩固知识、培养能力。

本书按照机械设计总论、常用机械零部件设计和机械系统设计三部分，设有：绪论、机械设计概论、螺纹连接与螺旋传动、挠性件传动、齿轮传动、蜗杆传动、轴与轴毂连接、联轴器和离合器、滚动轴承、滑动轴承、弹簧和机械传动系统方案设计简介共 12 章。

参加本书编写的有：哈尔滨工业大学张锋、王连明、李柏松；哈尔滨工业大学华德应用技术学院关晓冬；黑龙江工程学院马慧良；黑龙江科技学院王爱芳。全书由张锋、关晓冬主编，马慧良、王爱芳任副主编，由哈尔滨工业大学宋宝玉教授主审。

本书在编写中得到了编者所在学校同行们的支持，他们提供了许多宝贵的参考意见。特别是宋宝玉教授对本书的编写提出了许多修改意见和建议，对提高本书的质量起到了极大的作用。为此，对他们一并表示衷心地感谢。

由于编者水平有限，书中难免有不当之处，欢迎读者给予批评和指正！

编　　者

2010 年 10 月

目　录

第 **1** 章

绪　论

　　人类在生产劳动和日常生活中,创造出了各种各样的机械设备,如机床、汽车、起重机、运输机、自动化生产线、机器人和洗衣机等。机械既能承担人力所不能或不便进行的工作,又能较人工生产大大提高劳动生产率和产品质量,同时还便于集中进行社会化大生产。因此,生产的机械化和自动化已成为反映当今社会生产力发展水平的重要标志。改革开放以来,我国社会主义现代化建设在各个方面都取得了长足的发展,国民经济的各个生产部门正迫切要求实现机械化和自动化,特别是随着社会科学技术的飞速发展,机械的概念和机械的特征也都有了很大的扩展。现代的机械不仅可以代替人的体力劳动,而且由于人工智能技术的应用,机械还可以代替人的脑力劳动,成为人类智力的延伸。机械的智能化,已是机械制造业发展的主要趋势。这一切都对机械工业和机械设计工作者提出了更新、更高的要求,而本课程就是为培养掌握机械设计基本理论和基本能力的工程技术人员而设置的一门重要课程。随着国民经济的进一步发展,本课程在社会主义建设中的地位和作用将显得日益重要。

1.1　机械的组成及本课程研究的对象与内容

1.1.1　机械的组成

　　生产和生活中的各种各样机械设备,尽管它们的构造、用途和性能千差万别,但一般都是由原动机、传动装置、工作机(或执行机构) 和控制系统四大基本部分组成的,有的复杂机器还有辅助系统。例如,图 1.1 所示的带式运输机就是由电动机 1(原动机),联轴器 2、4,齿轮减速器 3,卷筒 5 及输送带 6(工作机) 和控制系统 7 所组成。

　　原动机是机械设备完成其工作任务的动力来源,最常用的是各类电动机;传动装置是将原动机的运动和动力传递给工作机的装置;工作机则是直接完成生产任务的执行装置,其结构形式取决于机械设备本身的用途;而控制系统是根据机械系统的不同工况对原动机、传动装置和工作机实施控制的装置。

　　从制造和装配方面来分析,任何机械设备都是由许多机械零部件组成的。机械零件是机械制造过程中不可分拆的最小单元,而机械部件则是机械制造过程中为完成同一目的而由若干协同工作的零件组合在一起的组合体。凡在各类机械中经常被用到的零部件称为通用零部件,例如,螺栓、齿轮、轴、滚动轴承、联轴器、减速器等;而只有在特定类型的机械中才能用到的零部件称为专用零部件,例如,涡轮机上的叶片、往复式活塞、内燃机的曲轴、飞机的起落架、机床的变速箱等。

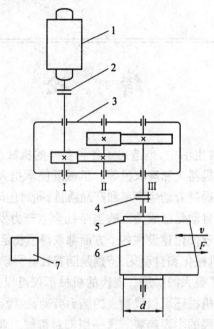

图 1.1   带式运输机

1—电动机;2,4—联轴器;3—二级展开式圆柱齿轮减速器;5—卷筒;6—输送带;7—控制系统

1.1.2   本课程研究的对象与内容

本课程主要从研究一般机械传动装置的设计出发,研究机械中具有一般工作条件和常用参数范围内的通用机械零部件的工作原理、结构特点、基本设计理论和设计计算方法。

本课程所涉及的内容有:机械设计概论、连接零部件、传动零部件、轴系零部件及其他零部件等五部分。

1.2   本课程的性质、地位和任务

本课程是一门培养学生具有一定机械设计能力的技术基础课。它综合运用工程图学、工程力学、金属工艺学、机械工程材料与热处理、机械精度设计和机械原理等先修课程的知识及生产实践经验,解决通用机械零部件的设计问题,使学生在设计一般机械传动装置或其他简单的机械方面得到初步训练,为学生进一步学习专业课程和今后从事机械设计工作打下基础。因此,本课程在机械类及近机械类教学计划中具有承前启后的重要作用,是一门主干课程。

本课程的主要任务是培养学生：

(1) 初步树立正确的设计思想。

(2) 掌握设计或选用通用机械零部件的基本知识、基本理论和方法，了解机械设计的一般规律，具有设计一般机械传动装置和一般机械的能力，具有一定的工程意识和创新能力。

(3) 具有计算、绘图、查阅与运用有关技术资料的能力。

(4) 掌握本课程实验的基本知识，获得实验技能的基本训练。

(5) 对机械设计的新发展有所了解。

1.3 本课程的特点和学习方法

本课程和基础理论课程相比较，是一门综合性、实践性很强的设计性课程。因此，学生在学习时必须掌握本课程的特点，在学习方法上应尽快完成由单科向综合、由抽象向具体、由理论到实践的思维方式的转变。通常在学习本课程时应注意以下几点。

(1) 要理论联系实际。本课程研究的对象是各种机械设备中的零部件，与工程实际联系紧密，因此，在学习时应利用各种机会深入生产现场和实验室，注意观察实物和模型，增强对机械及通用机械零部件的感性认识，提高分析与解决工程实际问题的能力，从而设计出方案合理、参数及结构正确的机械零部件或整台机械。

(2) 要抓住设计这条主线，掌握机械零部件的设计规律。本课程的内容看似杂乱无章，但是在设计时却都遵循相同的设计规律，只要抓住设计这条主线，就能把本课程的各章内容贯穿起来。一般情况下设计的程序和要考虑的问题是：

① 研究要设计的零部件的工作原理、类型、特点及其适用场合；

② 对零部件的工作情况进行分析，如受力分析、应力分析等；

③ 研究零部件的失效形式和防止发生失效的设计计算准确，并导出相应的设计计算公式或校核计算公式；

④ 选择合适的材料及热处理方式，确定材料的机械性能(主要是许用应力)；

⑤ 按设计公式确定该零部件的主要几何参数和尺寸，或按校核公式校核已经确定的几何参数和尺寸是否满足设计计算准则(主要是强度条件)；

⑥ 进行零部件的结构设计，绘制零部件工作图。

(3) 要努力培养解决工程实际问题的能力，学会多因素的分析、设计参数多方案的选择、经验公式或经验数据的选用及结构设计的方法，特别是要学会不断修改、逐步完善的设计方法。此外，还要注重培养结构设计能力，这就要求学生要多看(机械实物或模型)、多想、多问、多练，逐步积累结构设计知识，逐步提高结构设计能力。

(4) 要综合运用先修课程的知识，解决工程实际问题。本课程讲授的各种零部件的设计，从分析研究到设计计算，直到完成零部件工作图，要用到多门先修课程的知识，因此，在学习本课程时必须及时复习先修课程的有关内容，做到融会贯通、综合应用。

思考题与习题

1-1　分析下列机器的组成:(1) 汽车;(2) 车床;(3) 摩托车。

1-2　本课程的性质和任务是什么?

1-3　学习本课程应注意哪些问题?

第2章

机械设计概论

2.1 机械设计的基本要求和一般程序

2.1.1 机械设计的基本要求

机械设计就是根据生产及生活上的某种需要,规划和设计出能实现预期功能的新机械或对原有机械进行改进的创造性工作过程。机械设计是机械生产的第一步,是影响机械产品制造过程和产品性能的重要环节。因此,尽管设计的机械种类繁多,但设计时都应满足下列基本要求。

1. 使用功能要求

所设计的机械应具有预期的使用功能,既能保证执行机构实现所需的运动(包括运动形式、速度、运动精度和平衡性等),又能保证组成机械的零部件工作可靠,有足够的强度和使用寿命,而且使用、维护方便。这是机械设计的基本出发点。

2. 工艺性要求

所设计的机械在满足使用功能要求的前提下,应尽量简单、实用,在毛坯制造、机械加工与热处理、装配与维修诸方面都具有良好的工艺性,而且选用的材料要合理,尽可能地选用标准件。

3. 经济性要求

设计机械时,经济性要求是一个综合指标,它体现于机械的设计、制造和使用的全过程中,因此,设计机械时,应全面综合地进行考虑。

例如:使设计参数最优化,推广标准化、通用化和系列化,改善零部件的结构,从而提高设计、制造的经济性;提高机械的自动化程度,采用适当的防护与润滑等,可提高使用的经济性。

4. 其他要求

例如,劳动保护的要求,应使机械的操作方便、安全,便于装拆,满足运输的要求等。

2.1.2 机械设计的一般程序

设计机械时,应按实际情况确定设计方法和步骤,但是通常都按下列一般程序进行。

1. 确定设计任务书

根据生产或市场的需求,在调查研究的基础上,确定设计任务书,对所设计机械的功能要求、性能指标、结构形式、主要技术参数、工作条件、生产批量等作出明确的规定,是进行设计、调试和验收机械的主要依据。

2. 总体方案设计

设计时应根据设计任务书的规定,本着技术先进、使用可靠、经济合理的原则,拟订出几种能够实现机械功能要求的总体方案。然后就功能、尺寸、寿命、工艺性、成本、使用与维护等方面进行分析比较,择优选定一种总体方案。

设计阶段的设计内容有:对机械功能进行设计研究,确定工作机的运动和动力参数,拟订从原动机到工作机的传动系统方案,选择原动机,绘制整机的机构运动示意图,并判断其是否有确定的运动,初步进行运动学和动力学分析,确定各级传动比和各轴的运动和动力参数,合理安排各个零部件间的相互位置等。

3. 技术设计

根据总体设计方案的要求,对其主要零部件进行工作能力计算,或与同类相近机械进行类比,并考虑结构设计上的需要,确定主要零部件的几何参数和基本尺寸。然后,根据已确定的结构方案和主要零部件的基本尺寸,绘制机械的装配工作图、部件装配图和零件工作图。在这一阶段中,设计者既要重视理论设计计算,更要注重结构设计。

4. 编制技术文件

在完成技术设计后,应编制技术文件,主要有:设计计算说明书、使用说明书、标准件明细表等,这是对机械进行生产、检验、安装、调试、运行和维护的依据。

5. 技术审定和产品鉴定

组织专家和有关部门对设计资料进行审定,认可后即可进行样机试制,并对样机进行技术审定。技术审定通过后可投入小批量生产,经过一段时间的使用实践再作产品鉴定,鉴定通过后即可根据市场需求生产。至此,机械设计工作才告完成。

2.2 机械零件的载荷和应力

2.2.1 载 荷

1. 静载荷与变载荷

作用在机械零件上的载荷,按它的大小和方向是否随时间变化分为静载荷与变载荷两类。不随时间变化或变化缓慢的载荷称为静载荷,如物体重力;随时间作周期性变化或非周期性变化的载荷称为变载荷,前者如内燃机等往复式动力机械的曲轴所受的载荷,后者如支承车身的悬挂弹簧所受的载荷。

2. 名义载荷与计算载荷

根据原动机或工作机的额定功率计算出的作用于机械零件上的载荷称为名义载荷。它是机器在平稳工作条件下作用在机械零件上的载荷,它没有反映载荷的不均匀性及其他影响零件受载的因素。在设计计算时,常用载荷系数 K 来考虑这些因素的综合影响,载

荷系数 K 与名义载荷 F 的乘积称为计算载荷 F_{ca}，即

$$F_{ca} = KF \tag{2.1}$$

2.2.2　应　力

1. 静应力与变应力

大小和方向不随时间变化或变化缓慢的应力称为静应力(图2.1(a))。零件在静应力作用下可能产生断裂或塑性变形。而大小和方向随时间变化的应力称为变应力(图2.1(b))。变应力可以由变载荷产生，也可以由静载荷产生，例如在静载荷作用下，转轴中的应力。零件在变应力作用下可能产生疲劳破坏。

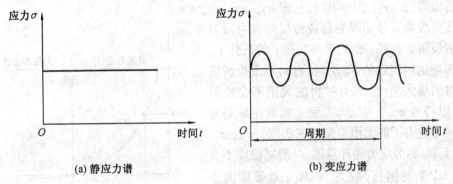

(a) 静应力谱　　　　　　　(b) 变应力谱

图 2.1　应力谱

周期、应力幅和平均应力保持常数的变应力称为稳定循环变应力(图2.2)。按其循环特征 $r(r = \sigma_{min}/\sigma_{max})$ 的不同，可分为对称循环变应力、脉动循环变应力和非对称循环变应力三种。它们的变化规律见表2.1。

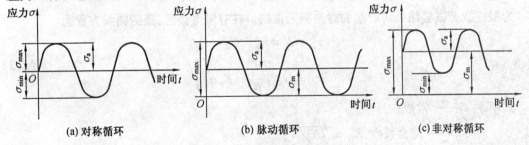

(a) 对称循环　　　　　(b) 脉动循环　　　　　(c) 非对称循环

图 2.2　稳定循环变应力谱

表 2.1　稳定循环变应力的变化规律

循环名称	循环特征	应力特点	应力谱
对称循环	$r = -1$	$\sigma_{max} = -\sigma_{min} = \sigma_a, \sigma_m = 0$	图2.2(a)
脉动循环	$r = 0$	$\sigma_m = \sigma_a = \sigma_{max}/2, \sigma_{min} = 0$	图2.2(b)
非对称循环	$-1 < r < 1$	$\sigma_{max} = \sigma_m + \sigma_a, \sigma_{min} = \sigma_m - \sigma_a$	图2.2(c)

当零件受剪切应力 τ 作用时，以上概念仍然适用，只需将 σ 改为 τ 即可。

2. 工作应力与计算应力

根据计算载荷，按照材料力学的基本公式求出的、作用于机械零件剖面上的应力称为

工作应力。

当零件危险剖面上呈复杂应力状态时，按照某一强度理论求出的、与单向拉伸时有同等破坏作用的应力称为计算应力，以符号 σ_{ca} 表示。计算应力的表达式见"材料力学"。

3. 极限应力

按照强度准则设计机械零件时，根据材料性质及应力种类而采用的材料某个应力极限值称为极限应力，以符号 σ_{lim}、τ_{lim} 表示。对于脆性材料，在静应力作用下的主要失效形式是脆性破坏，故取材料的强度极限（σ_B、τ_B）为极限应力，即 $\sigma_{lim} = \sigma_B$，$\tau_{lim} = \tau_B$；对于塑性材料，在静应力作用下的主要失效形式是塑性变形，故取材料的屈服极限（σ_s、τ_s）为极限应力，即 $\sigma_{lim} = \sigma_s$，$\tau_{lim} = \tau_s$，而材料在变应力作用下的主要失效形式是疲劳破坏，故取材料的疲劳极限（σ_r、τ_r）为极限应力，即 $\sigma_{lim} = \sigma_r$，$\tau_{lim} = \tau_r$。

疲劳极限又分无限寿命疲劳极限和有限寿命疲劳极限。在任一给定循环特征 r 的条件下，应力循环达到规定的 N_0 次后，材料不发生疲劳破坏时的最大应力，称为材料的无限寿命疲劳极限，以符号 σ_r、τ_r 表示，工程上最常用的是对称循环变应力下的无限寿命疲劳极限，写做 σ_{-1} 和 τ_{-1}。N_0 称为应力循环基数，一般对硬度不大于 350HBW 的钢材，取 $N_0 = 10^7$；对硬度大于 350HBW 的钢材，取 $N_0 = 25 \times 10^7$。而在任一给定循环特征 r 的条件下，应力循环 N 次后，材料不发生疲劳破坏时的最大应力，称为材料的有限寿命疲劳极限，以符号 σ_{rN}、τ_{rN} 表示。图 2.3

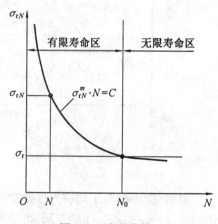

图 2.3　疲劳曲线

为根据疲劳试验结果而绘制的材料疲劳曲线。在有限寿命区，疲劳曲线方程为

$$\left.\begin{array}{l} \sigma_{rN}^m \cdot N = \sigma_r^m \cdot N_0 = C \\[2mm] \sigma_{rN} = \sigma_r \sqrt[m]{\dfrac{N_0}{N}} = K_N \sigma_r \end{array}\right\} \tag{2.2}$$

式中　　C—— 常数；

$\quad\quad K_N$—— 寿命系数，$K_N = \sqrt[m]{N_0 / N}$；

$\quad\quad m$—— 取决于应力状态和材料的指数，如钢材弯曲时，取 $m = 9$，钢材线接触时，接触强度计算，取 $m = 6$；

$\quad\quad N$—— 应力循环次数，其取值范围为 $10^3 < N \leqslant N_0$，取 $N = N_0$；$N \leqslant 10^3$ 时，按静应力处理。

由于实际零件几何形状、尺寸大小和加工质量等因素的影响，使得零件的疲劳极限要小于材料试件的疲劳极限。影响零件疲劳极限的主要因素有：①应力集中；②绝对尺寸；③表面状态。

（1）应力集中对零件疲劳极限的影响

在零件剖面的几何形状突然变化处（如孔、圆角、键槽、螺纹等），局部应力要远远大于名义应力,这种现象称为应力集中(图 2.4)。应力集中使零件疲劳极限降低的程度常用有效应力集中系数 K_σ 和 K_τ 来表示。

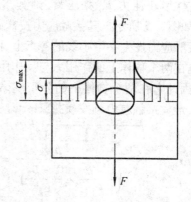

(2)绝对尺寸对零件疲劳极限的影响

零件的绝对尺寸越大,材料包含的缺陷可能越多,机械加工后表面冷作硬化层相对越薄,因此零件的疲劳极限越低。零件绝对尺寸对零件疲劳极限的影响可用绝对尺寸系数 ε_σ 或 ε_τ 来表示。

(3)表面状态对零件的疲劳极限的影响

因为疲劳裂纹发生在表面,不同的表面状态(表面质量、强化方法等)对零件的疲劳极限会发生不同影响,通常用表面状态系数 β_σ 和 β_τ 来表示。

图 2.4　受拉平板的应力集中

由试验得知,应力集中、绝对尺寸和表面状态只对应力幅有影响。考虑了这些因素的综合影响后,零件的对称循环弯曲疲劳极限 σ_{-1e} 为

$$\sigma_{-1e} = \frac{\varepsilon_\sigma \beta_\sigma}{K_\sigma}\sigma_{-1} \tag{2.3}$$

而零件的对称循环扭切疲劳极限 τ_{-1e} 为

$$\tau_{-1e} = \frac{\varepsilon_\tau \beta_\tau}{K_\tau}\tau_{-1} \tag{2.4}$$

4. 许用应力和安全系数

设计零件时,计算应力允许达到的最大值,称为许用应力。常用带方括号的应力符号 $[\sigma]$ 和 $[\tau]$ 来表示。许用应力等于极限应力 $\sigma_{\lim}(\tau_{\lim})$ 和许用安全系数 $[S_\sigma]([S_\tau])$ 的比值。即

$$[\sigma] = \frac{\sigma_{\lim}}{[S_\sigma]}, \quad [\tau] = \frac{\tau_{\lim}}{[S_\tau]} \tag{2.5}$$

显然,合理地选择许用安全系数是强度计算中的一项重要工作。其值取得过小则不安全,而取得过大又会使机器尺寸增大,质量增加,经济性差。因此合理的选择原则是:在保证安全可靠的原则下,尽可能选择较小的安全系数。

影响安全系数的因素很多,主要有:计算载荷的准确性、材料性能数据的可靠性、零件的重要程度和计算方法的精确程度等。一般取 $[S] = 1.25 \sim 5.5$,如果材料性能数据可靠,载荷与应力计算准确,零件的重要程度不高,则可取 $[S] = 1 \sim 1.5$。

5. 接触应力

当两物体在压力下接触时,若两接触面(或其中一个)为曲面,便在接触处的表层产生很大的局部应力,这种应力被称为接触应力,以符号 σ_H 表示。例如齿轮传动、凸轮机构以及滚动轴承等,它们在工作时,理论上是通过点、线接触传递运动和载荷,而实际上受载后接触处产生局部的弹性变形,呈面接触,但接触面积很小,所以往往在接触处产生很大的接触应力。

本书只讨论线接触时的接触应力计算。设有两个半径分别为 ρ_1 和 ρ_2 的轴线平行的

圆柱体以正压力 F_n 相压紧,则其接触处将呈一窄带形,如图 2.5 所示。其接触应力按椭圆柱规律分布,最大接触应力发生在窄中线的各点上,而且,由于接触应力是在两个物体上的作用力与反作用力的影响下产生的,因此它在两个物体上的分布规律及数值都是相同的。最大接触应力可按赫兹(Hertz)公式计算

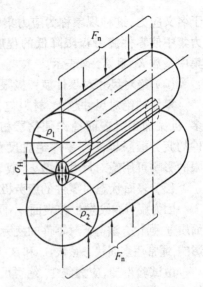

$$\sigma_H = \sqrt{\frac{F_n}{\pi L} \cdot \frac{\left(\dfrac{1}{\rho_1} \pm \dfrac{1}{\rho_2}\right)}{\left(\dfrac{1-\mu_1^2}{E_1} + \dfrac{1-\mu_2^2}{E_2}\right)}} = Z_E \sqrt{\frac{F_n}{L} \cdot \frac{1}{\rho_\Sigma}}$$

(2.6)

式中　F_n——正压力,N;

　　　L——接触线长度,mm;

　　　ρ_Σ——综合曲率半径,mm,$\dfrac{1}{\rho_\Sigma} = \dfrac{1}{\rho_1} + \dfrac{1}{\rho_2}$;

图 2.5　接触应力计算简图

　　　$(\pm)$——正号用于外接触,负号用于内接触;

　　　Z_E——材料弹性系数,$Z_E = \sqrt{\dfrac{1}{\pi\left[\left(\dfrac{1-\mu_1^2}{E_1} + \dfrac{1-\mu_2^2}{E_2}\right)\right]}}$ $\sqrt{\text{MPa}}$,其中 E_1、E_2 分别为

两圆柱体材料的弹性模量,MPa,μ_1、μ_2 分别为两圆柱体材料的泊松比。

2.3　机械零件的主要失效形式和设计计算准则

2.3.1　机械零件的主要失效形式

机械零件由于某些原因丧失工作能力或达不到设计要求的性能时,称为失效。其主要失效形式有如下几种。

1. 断裂

当零件在外载荷作用下,由于某一危险剖面上的应力超过零件的强度极限而发生的断裂,例如螺栓被拧断;或者当零件在循环变应力重复作用下,由于某一危险剖面上的应力超过零件的疲劳极限而发生的疲劳断裂,例如齿轮轮齿根部的断裂。

断裂是一种严重的失效形式,它不但使零件失效,有时还会导致严重的人身及设备事故,因此必须避免。

2. 塑性变形

当零件在外载荷作用下,其上的应力超过了材料的屈服极限时,就会发生塑性变形,这会造成零件的尺寸和形状改变,破坏零件之间的相互位置和配合关系,使零件或机器不能正常工作,例如齿轮整个轮齿发生塑性变形就会破坏正确啮合条件,在运转过程中会产生剧烈振动和大的噪声,甚至无法运转。

3. 过量的弹性变形

机械零件受载工作时,必然会发生弹性变形。在允许范围内的微小弹性变形,对机器工作影响不大,但是过量的弹性变形会使零件或机器不能正常工作,有时还会造成较大的振动,致使零件损坏。例如机床主轴的过量弹性变形会降低加工精度,电机主轴的过量弹性变形会改变定子与转子间的间隙,影响电机的性能。

4. 表面失效

发生在机械零件表面的磨损、疲劳点蚀、胶合、塑性流动、压溃和腐蚀等均为表面失效。

5. 破坏正常工作条件引起的失效

有些零件只有在一定的工作条件下才能正常地工作,而破坏了正常的工作条件就会引起失效。例如,在带传动中,若传递的载荷超过了带与带轮接触面上产生的最大摩擦力,就会产生打滑,使传动失效;在高速转动件中,若其转速与转动件系统的固有频率相同时,就会发生共振,使振幅增大,以致引起断裂失效。

同一种零件可能有很多种失效形式,以轴为例,它可能发生疲劳断裂,也可能发生过大的弹性变形,也可能发生共振。在各种失效形式中,到底以哪一种为主要失效形式,这应根据零件的材料、具体结构和工作条件等来确定。仍以轴为例,对于载荷稳定的、一般用途的转轴,疲劳断裂是其主要失效形式;对于精密主轴,弹性变形量过大是其主要失效形式;而对于高速转动的轴,发生共振,丧失振动稳定性可能是其主要失效形式。

2.3.2 机械零件的工作能力设计计算准则

零件不发生失效时的安全工作限度,称为工作能力。它可对载荷而言,也可对变形、速度、温度、压力等而言。通常是对载荷而言,故称承载能力。对应不同的失效形式,零件的承载能力也不同。显然,应该按照承载能力的最小值去设计零件,即应该保证按照各种失效形式求得的最小承载能力,大于或等于外加载荷。

设计机械零件时,保证零件不产生失效所依据的基本原则,称为设计计算准则。主要有以下几个设计计算准则。

1. 强度准则

强度是零件在载荷作用下抵抗断裂、塑性变形及表面失效(磨损、腐蚀除外)的能力,是机械零件首先应该满足的基本要求。为了保证零件有足够的强度,在设计计算时,应使其危险剖面上或工作表面上的最大工作应力(或计算应力)不超过零件的许用应力。其表达式为

$$\sigma(\text{或 } \sigma_{ca}) \leqslant [\sigma], \quad \tau \leqslant [\tau] \tag{2.7}$$

满足强度要求的另一种表达方式是使零件工作时危险剖面或工作表面上的实际安全系数 S 不小于许用安全系数 $[S]$,即

单向应力状态时

$$\left. \begin{array}{l} S_{\sigma} = \dfrac{\sigma_{\lim}}{\sigma} \geqslant [S_{\sigma}] \\[3mm] S_{\tau} = \dfrac{\tau_{\lim}}{\tau} \geqslant [S_{\tau}] \end{array} \right\} \tag{2.8}$$

复杂应力状态时

$$S = \frac{S_\sigma S_\tau}{\sqrt{S_\sigma^2 + S_\tau^2}} \geq [S] \tag{2.9}$$

式中 S_σ、S_τ——分别为零件只受正应力 σ 或剪应力 τ 时的安全系数。

2. 刚度准则

刚度是零件在载荷作用下抵抗弹性变形的能力。为了保证零件有足够的刚度,设计计算时应使零件工作时产生的弹性变形量 y(它广义地代表一任何形式的弹性变形量)不超过机器工作性能所允许的极限值,即许用变形量 $[y]$。其表达式为

$$y \leq [y] \tag{2.10}$$

强性变形量 y 可按各种求变形量的理论公式确定,也可用实验方法确定。许用变形量 $[y]$ 则应根据不同的机器类型及其使用场合,按理论或经验来确定其合理的数值。例如,对一般用途的轴,$[y] = (0.000\ 3 \sim 0.000\ 5)L$,式中 L 为轴的跨距,mm。

此外还有寿命准则,以保证零件在使用期限内不发生表面失效为基本要求;振动稳定性准则,以避免共振,确保零件及系统的振动稳定性,其条件是使机器中受激振作用的各零件的固有频率 f 与激振源的频率 f_p 错开,即 $0.85 > f_p$ 或 $1.15f < f_p$。

2.4 机械零件的结构工艺性及标准化

2.4.1 机械零件的结构工艺性

使机械零件具有良好的结构工艺性是设计机械零件应满足的基本要求之一,它贯穿于毛坯制造、切削加工、热处理、装配、使用、维修以至报废回收等各个阶段。通常应从以下几个方面考虑机械零件的结构工艺性。

1. 零件的结构应与生产条件、批量大小及尺寸大小相适应

在大批量生产及有大型生产设备的条件下,对要求机械强度较高的零件,宜采用模锻毛坯;对形状复杂、尺寸大的零件,宜采用铸造毛坯。而单件或小批量生产的零件,应避免用铸造或模锻毛坯,否则将会因为模具使用率太低而造成成本提高,宜采用焊接毛坯或自由锻毛坯。

由于获得毛坯的方法不同,零件的结构也要有区别。

设计铸件时,铸件的最小壁厚应满足液态金属的流动性要求;铸件各部分的壁厚应均匀,且不过厚,以免发生缩孔及缺陷;铸件不同壁厚的连接处,应采用均匀过渡结构,并在各个方面的交接处有适当的铸造圆角;合理地选择分型面,垂直于分型面的表面应有适当的起模斜度,以利于造型和起模;要避免易使造型困难的死角,避免采用活块;铸件的结构还应便于清砂。

设计锻件及冲压件时,应该力求零件形状简单,不应有很深的凹坑,以便于制造。对于模锻件应留有适当的起模斜度和圆角半径,尽量设计成对称形状;对于自由锻件应避免带有锥形和楔形,不允许有加强筋,不允许在基体上有凸台。

设计焊接件时,应尽量不用或少用坡口,避免将焊缝设计在应力集中处,焊缝应错开,

以减少内应力,尽量减小焊缝的受力。

2.零件造型应简单化

零件形状越复杂,制造越困难,成本就越高。因此,零件造型应简单化,尽量采用最简单的表面(如平面、圆柱面、共轭曲面等)及其组合来构成。同时力求减少被加工表面的数量和被加工表面的面积。

3.零件的结构应适合进行热处理

很多机械零件要通过热处理来改善材料的机械性能,增强零件的工作可靠性,延长使用寿命。因此,在零件结构设计时一定要考虑零件的热处理工艺性,避免在热处理时产生裂纹及严重变形,如避免光角、棱角,避免厚薄悬殊,零件几何形状尽量简单、封闭和对称,尽量提高零件的结构刚度等。

4.零件的结构应保证加工的可能性、方便性和精确性

设计出的零件结构不仅应保证能够进行加工,而且还应保证能够很方便地加工出满足精度要求的零件。

5.零件的结构应保证装拆的可能性和方便性

设计出的零件结构应保证不仅能够进行装配与拆卸,而且很方便。

2.4.2　机械设计中的标准化

标准化是组织现代化大生产的重要手段之一,是实现专业化协作生产的必要前提,也是实行科学管理的主要措施之一。因此,对于机械设计工作来说,标准化的作用很重要,现代化的程度越高,对标准化的要求也越高。根据国家标准GB 3935.1—1996 的规定,标准化定义为:"为在一定的范围内获得最佳秩序,对实际的或潜在的问题制定共同的和重复使用的规则的活动"。制定、修订和贯彻标准是标准化活动的主要任务。标准化的基本特征是统一、简化。其意义在于:

① 能以最先进的方法在专门化的工厂中对那些用途最广泛的零部件进行大量的、集中的制造,以提高质量,降低成本;

② 统一了材料和零部件的性能指标,使其能够进行比较,提高了零部件性能的可靠性;

③ 采用了标准结构和标准零部件,可以简化设计工作,缩短设计周期,提高设计质量;

④ 零件的标准化便于互换和机器的维修。

现已发布的与机械设计有关的标准,从运用范围上来讲,可分为国家标准(GB)、行业标准(如JB、YB 等)和企业标准三个等级。而国家标准、行业标准又分为强制性标准和推荐性标准。保障人体健康,人身、财产安全的标准和法律、行政法规规定强制执行的标准是强制性标准,其他标准是推荐性标准,记为GB/T或JB/T 等。在进行机械设计时必须自觉地执行标准。

2.5 摩擦、磨损和润滑基本知识

任何机械工作时,相互接触并做相对运动的界面都存在摩擦。摩擦是一种不可逆的过程,摩擦的结果导致传递能量消耗、摩擦表面及工作环境温度升高、工作条件恶化,甚至有些零件因过热而失效;摩擦还使零件接触面发生磨损,过度磨损会使机械丧失应有的精度而失效。据统计,全球在工业方面约有 $1/3 \sim 1/2$ 的能量消耗在摩擦上,因磨损而报废的零件约占报废零件总数的 80%。可见,摩擦磨损造成的经济损失是巨大的,不容忽视。为了减小摩擦、降低磨损,乃至避免磨损、节约能源、延长机械的使用寿命,润滑是最有效的方法。

本节主要介绍有关摩擦、磨损和润滑的基本知识,以供在机械设计中正确运用这些知识。

2.5.1 摩 擦

摩擦可分两大类:一类是发生在物质内部,阻碍分子间相对运动的内摩擦;另一类是当相互接触的两个物体发生相对滑动或有相对滑动的趋势时,在接触表面上产生的阻碍相对滑动的外摩擦。根据摩擦表面间存在润滑剂的情况,又将摩擦分为干摩擦、边界摩擦(边界润滑)、流体摩擦(流体润滑)及混合摩擦(混合润滑),如图 2.6 所示。其中边界摩擦和混合摩擦也叫做非流体摩擦。

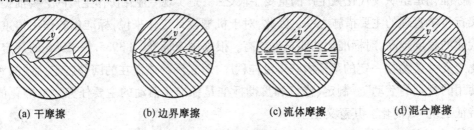

(a) 干摩擦　　(b) 边界摩擦　　(c) 流体摩擦　　(d) 混合摩擦

图 2.6　摩擦状态

1. 干摩擦

干摩擦是指表面间无任何润滑剂或保护膜的纯金属接触时的摩擦(图 2.6(a))。此时,摩擦因数最大,$f > 0.3$,有大量的摩擦功损耗和严重的磨损,在滑动轴承中表现为强烈的升温,甚至把轴瓦烧毁。所以在滑动轴承中不允许出现干摩擦。

2. 边界摩擦(边界润滑)

两摩擦面间加入润滑剂后,在金属表面会形成一层边界膜,它可能是物理吸附膜和化学吸附膜,也可能是化学反应膜。边界膜很薄(厚度小于 $1~\mu m$),不足以将两金属表面分隔开来,在相互运动时两金属表面微观的凸峰部分仍将相互接触,这种状态叫边界摩擦(边界润滑)(图 2.6(b))。由于边界膜也有较好的润滑作用,故摩擦因数 $f = 0.1 \sim 0.3$,磨损也较轻。但边界膜强度不高,在较大压力作用下容易破坏,而且温度高时强度显著降低,所以使用时对压力和温度以及运动速度要加以限制,否则边界膜被破坏后将会出现干摩擦状态,产生严重磨损。

3. 流体摩擦(流体润滑)

两摩擦表面被流体(液体或气体) 完全隔开(图2.6(c)),没有金属表面间的摩擦,只有流体之间的摩擦,这种摩擦叫做流体摩擦(流体润滑),属于内摩擦。流体摩擦(流体润滑)的摩擦因数最小,$f = 0.001 \sim 0.01$,不会发生金属表面的磨损,是理想的摩擦状态。但实现流体摩擦(流体润滑)必须具备一定的条件,现分述如下。

(1) 流体动压润滑

流体动压润滑的实现可用图2.7所示的模型来说明。图中有互相倾斜的两块平板 A 和 B,其间充满黏性流体。B 板固定不动,当 A 板沿 x 方向运动时,就会将具有一定黏度的流体带入楔形间隙,形成具有一定动压力的油膜,只要有外部作用于 A 板上的载荷不超过油膜动压力 p 的合力,A 板就会与 B 板保持一定的距离而不接触,形成流体摩擦。有关流体动压承载机理的介绍见第10章。

(2) 流体静压润滑

流体动压润滑和弹性流体动压润滑都是靠被润滑表面的运动速度足够大,而将润滑油带入润滑部位的。机器启动和停车时速度较低,此时流体动压力不高,不足以平衡外载荷,不能保证流体润滑,因而不能避免磨损。此外,流体动压力的大小随零件的几何参数、运动参数及载荷的波动而变化,因此不能获得稳定的压力,也不能保证运动精度。采用流体静压润滑可以克服上述缺点,流体静压润滑的模型如图2.8所示。用油泵将润滑油经过节流器以所需要的压力注入被润滑表面的油室,再由油室的封油边流回油箱。油室内压力足够大时,就可以和外载荷相平衡,使两表面保持一定距离,维护流体润滑状态。

流体静压润滑是靠外界提供具有一定压力的润滑油实现的,承载能力不受两表面的相对速度和表面结构的粗糙度等因素影响,运动精度高。在机床、发电机等设备中应用流体静压润滑已获得满意效果。但流体静压润滑需要一个较复杂的液压(气压) 系统,造价较高,维护费用也较高。

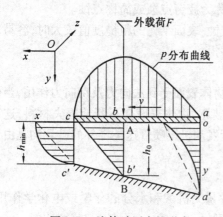

图2.7　流体动压力的形成

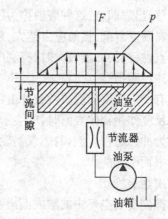

图2.8　流体静压润滑原理

4. 混合摩擦(混合润滑)

当动压润滑条件不具备,且边界膜遇到破坏时,两摩擦面间就会出现干摩擦、边界摩擦和流体摩擦同时存在的现象,这种摩擦状态称混合摩擦(图2.6(d))。

2.5.2　磨　损

关于磨损分类的方法有很多种,大体上可概括为两类:一类是根据磨损结果着重对磨损表面外观的描述,如点蚀磨损、胶合磨损、擦伤磨损等;另一类则是根据磨损机理来分类,如黏着磨损、磨粒磨损、疲劳磨损及腐蚀磨损。下面按后一类分类法对各种磨损的机理及影响因素简要介绍。

1. 黏着磨损

当相对运动的两表面处于混合摩擦或边界摩擦状态,载荷较大,相对运动速度较高时,边界膜可能遭到破坏,两表面的粗糙度微峰直接接触,形成黏着结点。此时,若两表面相对运动,黏着结合点会遭到破坏,材料会从一个表面转移到另一表面,或离开表面成为磨粒,这种现象称为黏着磨损。黏着磨损是金属摩擦副最普遍的一种磨损形式之一。

黏着磨损与材料的硬度、表面结构的粗糙度、相对运动速度、工作温度及载荷大小等因素有关。同类材料的摩擦副较异类材料的摩擦副容易黏着;脆性材料较塑性材料的抗黏着能力强;在一定范围内零件表面结构的粗糙度值越小抗黏着能力越强。

2. 磨粒磨损

摩擦副表面上的较硬的微峰及从外界进入摩擦副间的硬质颗粒会起到"磨削"作用,使摩擦副表面材料不断损失,这种磨损称为磨粒磨损。除流体润滑状态外,其他摩擦状态下工作的零件均有可能出现磨粒磨损。磨粒磨损是干摩擦状态下的主要失效形式。磨粒磨损破坏零件表面几何形状,使零件承载面积减小,当工作应力超过许用应力时,会发生突然折断。一般情况下材料的硬度越高,耐磨性越好。

3. 疲劳磨损

高副接触的两表面(如齿轮、滚动轴承等),在接触应力(赫兹应力)的反复作用下,零件工作表面或表面下一定深度处会形成疲劳裂纹,随着裂纹的扩展与相互交接,会使表层金属削落,出现凹坑,这种磨损称为疲劳磨损,也称为疲劳点蚀或简称点蚀。

材料硬度越低,接触应力越大,越容易出现点蚀;表面结构的粗糙度值较大时,容易发生疲劳点蚀;油的黏度较大时,有利于减轻疲劳磨损。

4. 冲蚀磨损

具有一定速度的硬质微粒冲击物体表面时,物体表面受到法向力及切向力作用,当硬质微粒反复作用物体表面时,就会造成表面疲劳破坏,物体表面会不断地损失材料,这种磨损称为冲蚀磨损。例如:燃气涡轮机叶片、火箭发动机尾喷管这类零件的破坏均是由于冲蚀磨损而引起的。

5. 腐蚀磨损

摩擦副受到空气中的酸或润滑油中残存的少量无机酸和水分的化学或电化学作用,使摩擦副表面材料不断损失,这种磨损称为腐蚀磨损。

2.5.3　润滑剂

在相对运动摩擦面间加入润滑剂可以降低摩擦,减少磨损,提高效率,延长机件的寿命,同时还会有冷却、传力、绝缘、防腐、密封和排污等作用。机械中所用的润滑剂有气体、液体、半固体和固体物质,其中液体的润滑油和半固体的润滑脂被广泛采用。下边着重介绍润滑油和润滑脂的性能,以便正确选用它们。

1. 润滑油

润滑油可分为三类:一是有机油,通常是动、植物油,动植物油中因含有较多的硬脂酸,在边界润滑时有很好的润滑性能,但因其稳定性差,而且来源有限,所以使用不多;二是矿物油,主要是石油产品,因其来源充足,成本低廉,适用范围广,且稳定性好,故应用最多;三是化学合成油,合成油多是针对某种特定需要而制,不仅适用面窄,而且费用极高,故应用很少。无论哪类润滑油,若从润滑观点考虑,主要是从以下几个理化性能指标评判它们的优劣。

(1) 黏度

黏度是表示润滑油黏性的指标,即流体抵抗变形的能力,它表征油层间内摩擦阻力的大小。如图2.9 所示,在两个平行的平板间充满具有一定黏度的润滑油,若平板 A 以速度 v 移动,另一平板 B 静止不动,则由于油分子与平板表面的吸附作用,将使贴板 A 的油层以同样的速度 v 随板移动;而贴近板B 的油层则静止不动。于是形成各油层间的相对滑

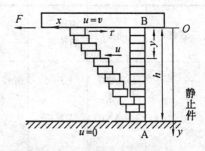

图 2.9　油膜中的黏性流动

移,在各层的界面上就存在有相应的剪应力。根据牛顿的黏性液体的摩擦定律(黏性定律),即在流体中任意点处的剪应力均与其剪切率(或速度梯度) 成正比。若用数字形式表示这一定律,则为

$$\tau = -\eta \frac{du}{dy}$$

式中　　τ —— 流体单位面积上的剪切阻力,即剪应力;

$\dfrac{du}{dy}$ —— 流体沿垂直运动方向的速度梯度,式中"−"号表示 u 随 y 的增大而减小;

η —— 比例常数,即流体的动力黏度。

摩擦学中把凡是服从这个黏性定律的液体都叫牛顿液体。

黏度的表示方法有:动力黏度、运动黏度和条件黏度。

① 动力黏度 η。图 2.10 所示为长、宽、高各为 1 m 的流体,如果使立方体顶面流体层相对底面流体层产生1 m/s 的运动速度,所需要的外力 F 为 1 N 时,则流体的黏度 η 为 1 N·s/m² ,叫做"帕秒",常用 Pa·s 表示。若以cm、dyn 和 cm/s 分别表示长度、外力和速度,则黏度单位为 dyn·s/cm² 叫做"泊",用 P 表示。"泊"的 1% 叫做"厘泊",用 cP 表示。换算关系式为

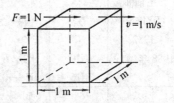

图 2.10　流体的动力黏度

$$1 \text{ Pa} \cdot \text{s} = 10 \text{ P} = 1\ 000 \text{ cP}$$

② 运动黏度 γ。流体的动力黏度 η 与同温度下的密度 ρ 的比值,称为运动黏度,即

$$\gamma = \frac{\eta}{\rho}$$

式中 ρ——流体的密度，$kg \cdot m^{-3}$，对矿物油，$\rho \approx 900\ kg \cdot m^{-3}$。

运动黏度的单位在法定计量单位中为 $m^2 \cdot s^{-1}$。因单位太大，实际中常用 $cm^2 \cdot s^{-1}$，叫做"斯"，用 St 表示，"斯"的 1% 叫做"厘斯"，用 cSt 表示。换算关系式为

$$1\ m^2 \cdot s^{-1} = 10^4\ St = 10^6\ cSt$$

我国规定以油在 40℃ 时的运动黏度的平均值（cSt）作为油的牌号。常用润滑油黏度的牌号、性能及应用见表 2.2。

表 2.2　常用润滑油黏度的牌号、性能及应用

名称	牌号	相当于旧牌号	运动黏度 $\times 10^6/(m^2 \cdot s^{-1})$		主要用途
			40℃	50℃	
L – AN 全损耗系统用油（GB/T 443—1989）	L—AN7	HJ—5	6.12 ~ 7.48	4.68 ~ 5.61	用于 8 000 ~ 12 000 r/min 高速轻负荷机械设备
	L—AN10	HJ—7	9.00 ~ 11.0	6.65 ~ 7.99	用于 5 000 ~ 8 000 r/min 轻负荷机械设备
	L—AN15	HJ—10	13.5 ~ 16.5	9.62 ~ 11.5	用于 1 500 ~ 5 000 r/min 轻负荷机械设备
	L—AN22		19.8 ~ 24.2	13.6 ~ 16.3	用于 1 500 ~ 5 000 r/min 轻负荷机械设备
	L—AN32	HJ—20	28.8 ~ 35.2	19.0 ~ 22.6	适用于小型机床齿轮、导轨、中型电机
	L—AN46	HJ—30	41.4 ~ 51.6	26.1 ~ 31.3	适用于各种机床、鼓风机和泵类
	L—AN68	HJ—40	61.2 ~ 74.8	37.1 ~ 44.4	适用于重型机床、蒸汽机、矿山、纺织机械
	L—AN100	HJ—50	90.0 ~ 110	52.4 ~ 63.0	适用于重载低速的重型机械
	L—AN150	HJ—60	135 ~ 165	75.9 ~ 91.7	适用于重型机床设备、起重、轧钢设备
主轴油（SY1229—1982，1988 年确认）	N2	2	2.0 ~ 2.4	1.7 ~ 2.0	精密机床主轴轴承的润滑；以压力油浴、油雾润滑的滑动轴承或滚动轴承的润滑；N5 和 N7 亦可做高速锭子油；N10 可做普通仪表轴承及缝纫机用油；N15 可做低压液压系统和其他精密机械用油
	N3	3	2.9 ~ 3.5	2.4 ~ 2.9	
	N5	4	4.2 ~ 5.1	3.3 ~ 4.0	
	N7	6	6.2 ~ 7.5	4.8 ~ 5.7	
	N10	HJ—7	9.0 ~ 11.0	6.8 ~ 8.1	
	N15	HJ—10	13.5 ~ 16.5	9.8 ~ 11.8	
工业闭式齿轮油（GB/T 5903—1995）	68	50 号	61.2 ~ 74.8	38.7 ~ 46.6	工业设备的齿轮、蜗轮及蜗杆传动润滑，460 可代替轧钢机油
	100	50 号或 70 号	90.0 ~ 110	55.3 ~ 66.6	
	150	70 号	135 ~ 165	80.6 ~ 97.1	
	220	120 号	198 ~ 242	115 ~ 136	
	320	150 号	288 ~ 352	163 ~ 196	
	460	460 号	414 ~ 506	228 ~ 274	

③ 相对黏度。在生产中有时用相对黏度。恩氏黏度是相对黏度的一种,它是用 200 mL 的黏性流体,在给定的温度 t 下流经一定直径的小孔所需的时间,与同体积的蒸馏水在 20℃ 时流经同样的小孔所需时间的比值来衡量流体的黏性。恩氏黏度用 °Et 表示。

以上三种黏度在生产和经营中都可采用,但润滑计算时多用动力黏度。

影响润滑油黏度的主要因素是温度和压力,其中温度的影响最显著。润滑油的黏度随温度变化而变化,温度越高,黏度越小。图2.11 给出了几种润滑油的黏温关系曲线。一般压力增大,黏度增大,但压力小于 5 MPa 时,黏度随压力变化极小,计算时可不予考虑。

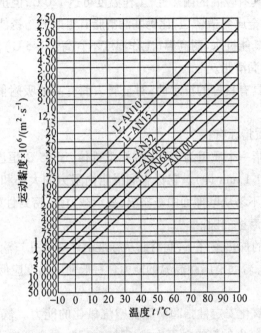

图 2.11　几种润滑油的黏温关系曲线

(2) 油性

用油性表示润滑油在摩擦表面上的吸附性能,油性越好的润滑油吸附能力越强,它能在金属表面上形成较为牢固的吸附膜。反之,油性差的油吸附能力差。

(3) 闪点和燃点

将润滑油加热,油样蒸气与空气混合并接近明火发生闪光时的油温称为闪点;闪光时间连续达到 5 s 时的油温称为燃点。机器工作温度高时,应选用燃点高的润滑油。

(4) 凝点

润滑油冷却到不能流动时的温度称为凝点。低温下工作的机器应选用凝点低的润滑油。

(5) 极压性

润滑油中的活性分子与摩擦表面形成耐压、减摩、抗磨的化学膜的能力称为极压性。载荷大的高副接触的摩擦副间宜选用极压性好的润滑油。

(6) 酸值

润滑油含有有机酸,为中和 1 g 润滑油中的有机酸所需的氢氧化钾的质量(毫克)称为酸值。酸值大的润滑油对零件有腐蚀作用,选择润滑油时要限制酸值。

进行机械设计时要根据机器的工作条件、载荷性质等综合考虑润滑油的性质,选择润滑油,应使其主要性能(如黏度、油性等)符合机器要求。

2. 润滑脂

润滑脂是润滑油与稠化剂(如钙、锂、钠的金属皂)的膏状混合物。根据调制润滑脂所用皂基的不同,润滑脂主要有以下几类:

① 钙基润滑脂。具有良好的抗水性,但耐热能力差,工作温度不宜超过 55 ~ 65℃。

② 钠基润滑脂。具有较高的耐热性,工作温度可达 120℃,但抗水性差。由于它能与少量水乳化,从而保护金属免遭锈蚀,比钙基润滑脂有更好的防锈能力。

③ 锂基润滑脂。既能抗水、耐高温(工作温度不宜高于 145℃),而且有较好的机械安定性,是一种多用途的润滑脂。

④ 铝基润滑脂。具有良好的抗水性,对金属表面有高的吸附能力,故可起到很好的防锈能力。

润滑脂的主要性质指标有:

① 锥入度。这是指一个质量为 150 g 的标准锥体,于 25℃ 恒温下,由润滑脂表面经 5 s 后刺入的深度(以 0.1 mm 计)。它标志润滑脂内阻力的大小和流动性的强弱。锥入度越小,表明润滑脂越不易从摩擦面中被挤出,故承载力强,密封性好,但同时摩擦阻力也大,而不易充填较小的摩擦间隙。

② 滴点。在规定的加热条件下,润滑脂从标准测量杯的孔口滴下第一滴时的温度叫润滑脂的滴点。它标志着润滑脂耐高温的能力。一般使用温度应低于滴点 20 ~ 30℃,甚至 40 ~ 50℃。

③ 氧化安定性。氧化安定性指润滑脂抗空气氧化的能力。氧化安定性差的润滑脂在储存过程中,易与空气中的氧接触而生成各种有机酸,对金属表面起腐蚀作用,同时失去润滑作用。

常用润滑脂的牌号、性能和应用见表 2.3。

3. 固体润滑剂

固体润滑剂的材料有无机化合物(石墨、二硫化钼、二硫化钨、氮化硼等)、有机化合物(蜡、聚四氟乙烯、酚醛树脂)和金属(Pb、Sn、Zn)以及金属化合物,其中以石墨和二硫化钼应用最广。固体润滑剂一般用于不宜使用润滑油或润滑脂的特殊条件下,如高温、高压、极低温、真空、强辐射、不允许污染及无法给油的场合,或作为润滑油或润滑脂的添加剂以及与金属或塑料等混合制成自润滑复合材料。

4. 气体润滑剂

用来做润滑剂的气体有:空气、氢气、氩气等,最常用的是空气。气体黏度小,摩擦因数低,适用于高速轴承的润滑。气体润滑也应用在不能用润滑油的场合,如原子能工业、某些化学工业、怕油污的食品工业和纺织工业等。

表 2.3　常用润滑脂的牌号、性能和应用

名称	牌号	锥入度 /10⁻¹ mm (25℃)	滴点 /℃	使用温度 /℃	主要用途
钙基润滑脂 GB/T 491—2008	ZG—1	310 ~ 340	75	< 55	用于负荷轻和有自动给润滑脂系统的轴承及小型机械的润滑
	ZG—2	265 ~ 295	80	< 55	用于轻负荷、中小型滚动轴承及轻负荷、高速机械的摩擦面的润滑
	ZG—3	220 ~ 250	85	< 60	用于中型电机的滚动轴承、发电机及其他中等负荷、转速摩擦部位的润滑
	ZG—4	175 ~ 205	90	< 60	用于重负荷、低速的机械与轴承的润滑
	ZG—5	130 ~ 160	95	< 65	用于重负荷、低速的轴承的润滑
钠基润滑脂 GB/T 492—1989	ZN—2	265 ~ 295	140	< 110	耐高温，但不抗水，适用于各种类型的电动机、发电机、汽车、拖拉机和其他机械设备的高温轴承润滑
	ZN—3	220 ~ 250	140	< 110	
	ZN—4	175 ~ 205	150	< 120	
通用锂基润滑脂 GB/T 324—1994	ZL—1H	310 ~ 340	170	< 145	一种多用途的润滑脂，适用于 −20 ~140℃ 范围内的各种机械设备的滚动和滑动摩擦部位的润滑
	ZL—2H	265 ~ 295	175		
	ZL—3H	220 ~ 250	180		
	ZL—4H	175 ~ 205	185		
铝基润滑脂 SH/T 0371—1992		230 ~ 280	75	50	抗水性好，用于航运机器摩擦部位润滑及金属表面的防腐，是高度耐水性的润滑脂

思考题与习题

2-1　机械设计的基本要求有哪些？通常按什么程序进行设计？

2-2　机械零件的主要失效形式有哪些？举例说明。机械零件的设计准则有哪些？写出其表达方式。

2-3　何谓静应力与变应力？反映变应力的主要参数有哪些？它们之间的关系如何？

2-4　影响机械零件疲劳强度的主要因素有哪些？

2-5　机械零件的结构工艺性包括哪些内容？试举例说明。

2-6　何谓标准化？标准化的意义是什么？

2-7　摩擦有哪几种类型？各有什么特点？

2-8　磨损有几种主要类型？

2-9　常用润滑剂有几类？

2-10　润滑油黏度的意义是什么？黏度单位有哪几种？影响黏度的主要因素是什么？它们是如何影响黏度的？

2-11　润滑油及润滑脂的主要性能指标各有哪些？

第 **3** 章

螺纹连接与螺旋传动

　　螺纹连接是利用螺纹零件构成的连接,属可拆连接。它结构简单、装拆方便,各种螺纹连接件已标准化,故应用广泛。而螺旋传动也是利用螺纹零件来实现回转运动与直线运动之间的转换,在受力及几何关系上与螺纹连接有很多共同之处,所以也在本章讲述。

3.1 螺　　纹

3.1.1 螺纹的形成及其主要参数

　　如图 3.1 所示,将一直角三角形 abc 的直角边 ab 垂直于直径为 d_2 的圆柱体的轴线 $O—O$ 并绕在该圆柱体上,则这一直角三角形 abc 的斜边 ac 就在圆柱体上形成了螺旋线。此时用一个平面图形 N 沿着螺旋线运动,并且平面图形 N 始终通过圆柱体轴线 $O—O$,则平面图形 N 在空间形成的形体称为螺纹。

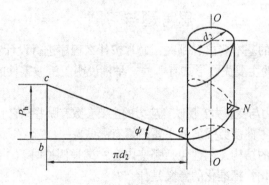

图 3.1　螺纹的形成

　　根据螺旋线的绕行方向,螺纹可分为右旋和左旋两种,如图 3.2 所示。常用是右旋螺纹。

　　根据螺旋线的线数,螺纹可分为单线螺纹和多线螺纹,如图 3.2 所示。单线螺纹常用于连接,而多线螺纹则用于传动。

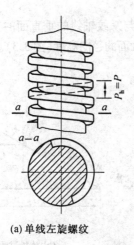

(a) 单线左旋螺纹

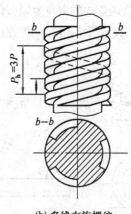

(b) 多线右旋螺纹

图 3.2　不同线数和旋向的螺纹

螺纹还可以按在圆柱面上的分布分为外螺纹和内螺纹,外螺纹分布在圆柱体上,而内螺纹分布在圆柱孔内。它们共同组成螺纹副(螺旋副)。

现以常用圆柱普通螺纹的外螺纹为例来说明螺纹的主要参数,如图 3.3 所示。

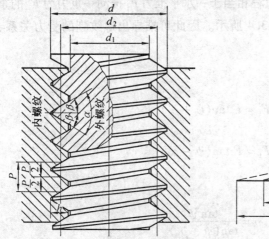

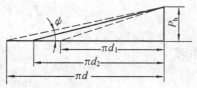

图 3.3　螺纹主要参数

图中:d 表示螺纹大径,与外螺纹牙顶或内螺纹牙底相切的圆柱体直径,是螺纹的公称直径;d_1 表示螺纹小径,与外螺纹牙底相切的圆柱体直径,常用做螺杆危险截面的计算直径;d_2 表示螺纹中径,螺纹的牙厚和沟槽的轴向宽度相等处的假想直径,是螺纹几何关系及受力分析的基准尺寸;P 表示螺距,螺纹上相邻两牙在中径线上对应两点间的轴向距离;n 表示线数,螺纹的螺旋线数;P_h 表示导程,同一条螺旋线上的相邻两牙在中径线上对应两点间的轴向距离(图 3.4),$P_h = nP$;ψ 表示螺纹升角,在中径圆柱上螺旋线的切线与垂直于螺纹轴线的平面之间的夹角,由图 3.3 可知

$$\tan \psi = \frac{P_h}{\pi d_2} = \frac{nP}{\pi d_2} \tag{3.1}$$

旋向表示螺旋线绕行的方向,有右旋和左旋,如图 3.2 所示;α,β 表示牙型角和牙侧角,轴向剖

面内螺纹牙型两侧边的夹角为牙型角 α，螺纹牙型侧边与螺纹轴线的垂直面的夹角为牙侧角 β（图3.3）；h 表示工作高度，内外螺纹旋合后螺纹牙接触面的径向高度（图3.3）。

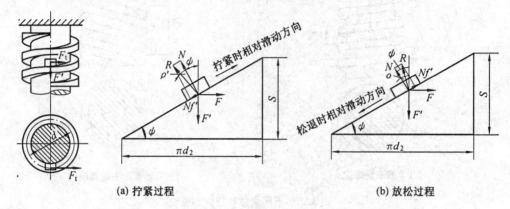

(a) 拧紧过程　　　　　　　　　　　　　　　　(b) 放松过程

图 3.4　螺纹副在拧紧和放松过程中的受力关系

3.1.2　螺纹副的受力关系、效率和自锁

由于拧紧（或放松）螺纹副的过程相当于一水平推力 F_t 推动一重力为 F' 的重物沿斜面匀速上升（或下降）的过程，如图 3.4 所示。因此可推导出螺纹副的受力关系、效率和自锁公式如下：

圆周力（水平推力）为 F_t，则

拧紧时

$$F_t = F' \tan(\psi + \rho') \tag{3.2}$$

放松时

$$F_t = F' \tan(\psi - \rho') \tag{3.3}$$

效率 η：

拧紧时

$$\eta = \frac{\tan \psi}{\tan(\psi + \rho')} \tag{3.4}$$

放松时

$$\eta = \frac{\tan(\psi - \rho')}{\tan \psi} \tag{3.5}$$

自锁条件为

$$\psi \leq \rho' \tag{3.6}$$

式中　　F'——螺纹副轴向力（预紧力），N；

　　　　ρ'——螺纹副当量摩擦角，$\rho' = \arctan f'$；

　　　　f'——螺纹副之间的当量摩擦因数，$f' = f/\cos \beta$；

　　　　f——螺纹副之间的实际摩擦因数；

　　　　β——螺纹副承载面的牙侧角。

3.1.3　常用螺纹的类型、特点及应用

根据螺纹牙在螺杆轴向剖面上的形状不同,螺纹可分为普通螺纹(三角形螺纹)、矩形螺纹、梯形螺纹、锯齿形螺纹和管螺纹等(图 3.5)。根据母体的形状,螺纹分为圆柱螺纹和圆锥螺纹。

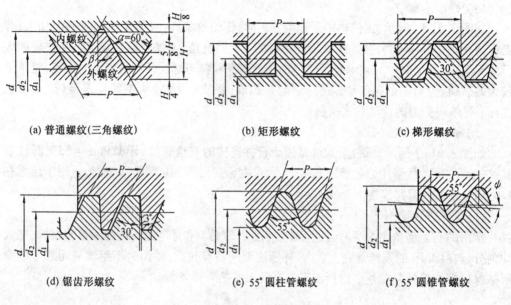

图 3.5　螺纹的类型

现将几种常用螺纹的特点和应用场合分述如下。

（1）普通螺纹

如图 3.5(a) 所示,螺纹的牙型角 $\alpha = 2\beta = 60°$,因牙侧角 β 大,所以当量摩擦因数大,自锁性能好,主要用于连接。这种螺纹分粗牙和细牙,一般用粗牙。在公称直径 d 相同时(图 3.6),细牙螺纹的螺距小,小径 d_1 和中径 d_2 较大,升角 ψ 较小,因而螺杆强度较高,自锁性能更好。常用于承受冲击、振动受冲击、振动及变载荷,或空心、薄壁零件及微调装置中。其缺点是牙小、相同载荷下磨损快,易滑扣。

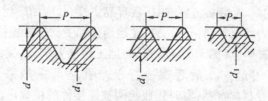

图 3.6　粗牙螺纹和细牙螺纹

（2）矩形螺纹

如图 3.5(b) 所示,牙型为矩形,牙侧角 $\beta = 0°$。效率高,用于传动。没有标准化,而且制造困难,螺母和螺杆同心度差,牙根强度弱,牙侧磨损后不能补偿,故常为梯形螺纹所代替。

（3）梯形螺纹

如图3.5（c）所示,梯形螺纹的牙型角 $\alpha = 2\beta = 30°$。和矩形螺纹相比,效率略低,但牙根强度较高,易于制造,可以车、铣、磨削;且因内外螺纹是以锥面贴合,易于对中。若采用剖分螺母,还可利用径向位移以消除因磨损而造成的牙侧间隙。因此,在螺旋传动中应用最广泛。

（4）锯齿形螺纹

如图3.5（d）所示,工作边的牙侧角 $\beta = 3°$,传动效率高,且便于车削或铣削加工;非工作边牙侧角 $\beta' = 30°$,在外螺纹牙根处有相当大的圆角,增加了根部强度。螺纹副的大径处无间隙,便于对中。它综合了矩形螺纹效率高和梯形螺纹牙根强度高的优点,能承受较大的载荷,但只能单向传动。适用于起重螺旋、螺旋压力机、大型螺栓连接（如水压机立柱）等单向受力的传动和连接机构中。

（5）圆柱管螺纹

如图3.5（e）所示,圆柱管螺纹是用于管件连接的三角螺纹,牙型角 $\alpha = 55°$,圆柱管螺纹的螺纹尺寸代号用公称管子孔径表示,可在密封面间加填料等来密封,适用于压强在1.6 MPa以下的管路连接。

（6）圆锥管螺纹

常用的有牙型角为55°的圆锥管螺纹（图3.5（f））和牙型角60°的圆锥管螺纹,螺纹均匀分布在1∶16的圆锥管壁上。内、外螺纹面间没有间隙,使用时不用填料而靠牙的变形来保证螺纹连接紧密性。常用于高温高压系统的管件连接。

3.2　螺纹连接的基本类型和标准连接件

3.2.1　螺纹连接的基本类型及应用特点

螺纹连接的结构形式很多,但可归纳为以下四种基本类型。

1. 螺栓连接

螺栓连接是用螺栓穿过被连接件的光孔后拧紧螺母来实现的,用于连接两个都不太厚的零件,其结构形式如图3.7所示。由于无需在被连接件的孔上加工螺纹,且不受被连接件材料的限制,结构简单、装拆方便、损坏后容易更换,故应用广泛。

螺栓连接按其受力状况不同,分为受拉螺栓连接和受剪螺栓连接,其结构有所不同。前者在螺栓和孔壁间有间隙（图3.7（a））,孔的加工精度要求低,又称普通螺栓连接。因加工和装拆方便,应用最广。后者螺栓杆部与孔之间一般采用基孔制过渡配合（图3.7（b））,用以承受横向载荷,有时还兼起两被连接件的精确定位作用。此时孔需精制,如铰孔;连接件需用铰制孔用螺栓,故又称铰制孔用螺栓连接。

2. 螺钉连接

当被连接件之一受结构厚度等限制,不能在其上加工通孔、或希望结构紧凑、或希望有光整的外露表面、或无法装拆螺母时,可以直接在不能加工通孔的被连接件上加工螺纹孔以代替螺母,如图3.8（a）所示,这种连接被称为螺钉连接。它不宜用于经常拆卸的场合,以免磨损被连接件的螺纹孔。

3. 双头螺柱连接

在需要用螺钉连接的结构并且连接又需要经常拆卸或用螺钉无法安装时,则需使用双头螺柱连接。其座端旋入并紧定在螺纹孔中,拆卸时也不旋出,另一端与螺母旋合,将两被连接件连接成一体,如图 3.8(b) 所示。

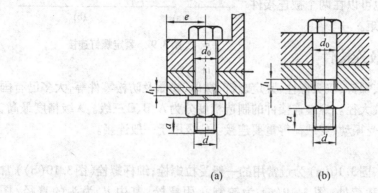

(a)　　　　　(b)

图 3.7　螺栓连接

螺纹余量长度 l_1 为

静载荷 $l_1 \geqslant (0.3 \sim 0.5)d$

变载荷 $l_1 \geqslant 0.75d$ 铰制孔用螺栓的 l_1 应

尽可能小于 d 螺纹伸出长度

$a = (0.2 \sim 0.3)d$

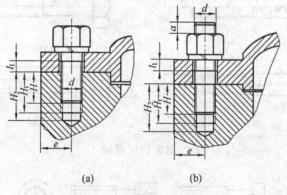

(a)　　　　　(b)

图 3.8　螺钉、双头螺柱连接

螺纹拧入深度 H 为

钢或青铜: $H \approx d$

铸铁: $H = (1.25 \sim 1.5)d$

铝合金: $H = (1.5 \sim 2.5)d$

螺纹孔深度 $H_1 = H + (2 \sim 2.5)P$

钻孔深度 $H_2 = H_1 + (0.5 \sim 1)d$

l_1、a、e 值同普通螺栓连接的情况

4. 紧定螺钉连接

如图3.9所示,紧定螺钉连接是利用紧定螺钉旋入一零件的螺纹孔中,其末端顶紧另一被连接的表面(图3.9(a))或顶入相应的凹坑中(图3.9(b))。这种连接通常用来固定两个零件的相对位置,有时也可以在两个被连接件之间传递不大的力或力矩。

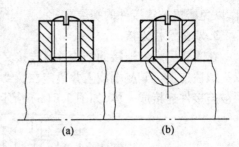

图 3.9 紧定螺钉连接

3.2.2 标准螺纹连接件

连接零件包括螺栓、螺钉、双头螺柱、紧定螺钉、螺母、垫圈及防松零件等,大多已有国家标准,公称尺寸为螺纹大径。螺纹连接件的制造精度分为A、B、C三级。A级精度最高,用于要求装配精度高及受振动、变载荷等重要连接。C级用于一般连接。

(1)螺栓

螺栓结构形式很多,图3.10(a)为最常用的一般受拉螺栓;细杆螺栓(图3.10(b))常用于受冲击、振动或变载荷处;图3.10(c)为铰制孔用螺栓,其中 d_s 为头的直径;图3.10(d)为六角头螺杆带孔螺栓,其中 d_l 为小孔直径。

(2)螺钉

螺钉结构和螺栓大体相同,但头部形状多种多样,如图3.11所示,以适应不同的装配空间、拧紧程度、连接外观等方面的需要。

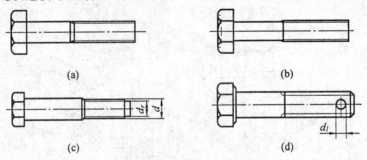

图 3.10 螺栓

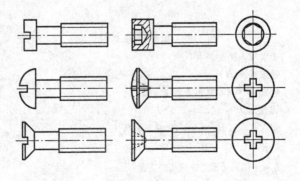

图 3.11 螺钉

（3）双头螺柱

双头螺柱有旋入端和螺母端之分，旋入端长度有 $1d$、$1.25d$、$1.5d$、$2d$ 等，以适应拧入不同材料的零件。其结构如图 3.12 所示。

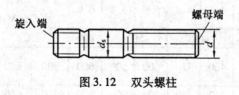

图 3.12　双头螺柱

（4）紧定螺钉

紧定螺钉的头部和末端形状很多，如图 3.13 所示。末端有较高的硬度。平端用于被顶表面硬度较高或常需调整相对位置的连接。圆柱端顶入被顶零件上的坑中，可传递一定的力或力矩。锥端用于被顶表面硬度较低或不常调整的场合。

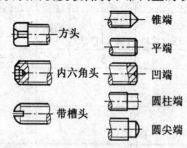

图 3.13　紧定螺钉的头部和末端结构

（5）螺母

螺母的结构形式很多，六角螺母应用最普遍，其厚度有标准的和薄的两种。

（6）垫圈

垫圈主要用以保护被连接件的支承表面。有大、小垫圈及用于工字钢、槽钢的方斜垫圈等。

（7）防松零件

如弹簧垫圈、开口销、带翅垫圈等。

3.2.3　螺纹连接件的常用材料及其机械性能等级

制造螺纹连接零件常用的材料一般为普通碳素结构钢和优质碳素结构钢，如 Q215、Q235 和 10、15、35、45 钢等。在承受变载荷或有冲击、振动的重要连接中，可用合金钢，如 15Cr、20Cr、40Cr、15MnVB、30CrMnSi 等。螺母材料一般较相配合螺栓的硬度低（20 ～ 40）HBW，以减少螺栓磨损。当有防腐蚀或导电要求时，也可用铜或其他有色金属。

螺纹连接件按照材料的机械性能分级，螺栓、螺钉、双头螺柱及螺母的机械性能等级见表 3.1，其中螺栓的性能等级在 8.8 级以上的称为高强度螺栓。随着生产技术的不断发展，高强度螺栓的应用日益增多。

常用标准螺纹连接件的每个品种都规定了具体性能等级，例如 C 级六角头螺栓性能等级为 4.6 或 4.8 级；A、B 级六角头螺栓为 8.8 级。选定规定性能等级后，可由表 3.1 查出相应的 σ_B 和 σ_S 值。规定性能等级的螺栓、螺母在图纸上只标注性能等级，不标注材料牌号。

表 3.1　螺栓、螺钉、螺柱和螺母的力学性能等级

（根据 GB/T 3098.1—2000 和 GB/T 3098.2—2000）

			性能等级									
			3.6	4.6	4.8	5.6	5.8	6.8	8.8 ≤ M16	8.8 > M16	9.8	10.9	12.9
螺栓、螺钉、螺柱	抗拉强度 σ_B /MPa	公称值	300	400		500		600	800		900	1000	1200
		最小值	330	400	420	500	520	600	800	830	900	1040	1220
	屈服强度 σ_s /MPa	公称值	180	240	320	300	400	480	640	640	720	900	1080
		最小值	190	240	340	300	420	480	640	660	720	940	1100
	布氏硬度 /HBW	最小值	90	114	124	147	152	181	238	242	276	304	366
	推荐材料		10 Q215	15 Q235	15 Q215	25 35	15 Q235	45	35	35	35 45	40Cr 15MnVB	30CrMnSi 15MnVB
相配合螺母	性能级别		4 或 5			5		6	8 或 9		9	10	12
	推荐材料		10 Q215						35			40Cr 15MnVB	30CrMnSi 15MnVB
	推荐材料		10 Q215						35			40Cr 15MnVB	30CrMnSi 15MnVB

注:性能等级的标记代号含义为小数点前的数字为公称抗拉强度极限 σ_B 的 1% ,小数点后的数字为屈强比的 10 倍,即(σ_s/σ_B) × 10。

3.3　螺纹连接的预紧与防松

3.3.1　螺纹连接的拧紧力矩及其控制方法

在实际使用中,绝大多数的螺纹连接都必须在装配时将螺母拧紧,使连接在承受工作载荷之前就受到力的作用,这种连接称为紧连接,而这个预加的作用力称为预紧力。预紧可以防止连接受载后在被连接件之间出现间隙或横向滑移,也可以防松。因此,重要连接在装配时都要预紧,并通过控制拧紧力矩等方法控制预紧力 F' 的大小。

拧紧螺母时,要克服螺纹副的摩擦力矩 T_1 和螺母与支承面间的摩擦力矩 T_2 (图 3.14),因此,拧紧力矩 T 为

$$T = T_1 + T_2 \tag{3.7}$$

对于 M10 ~ M64 普通螺纹的钢制螺栓,拧紧力矩 T 与预紧力 F' 、螺栓大径 d 间的关系为

$$T \approx 0.2F'd \tag{3.8}$$

装配时控制拧紧力矩的方法很多,例如,使用测力矩扳手(图 3.15)或定力矩扳手(图 3.16)或装配时测量螺杆的伸长量等。

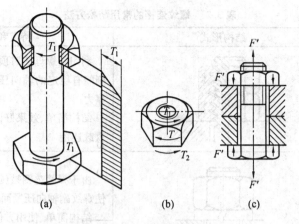

(a)　　　　　　(b)　　　　(c)

图 3.14　拧紧螺母的力矩和预紧力

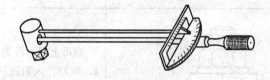

图 3.15　测力矩扳手

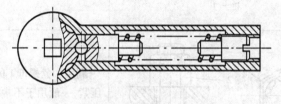

图 3.16　定力矩扳手

3.3.2　螺纹连接的防松

连接螺纹都是满足自锁条件的,即螺纹升角小于螺纹副的当量摩擦角,似乎可以保证拧紧后不会自动松脱。但赖以自锁的是螺纹副间保持有足够阻止相对运动的摩擦力,这个摩擦力只有在静载荷作用时才会保持不变,而在冲击、振动或变载荷下或温度变化大时,螺纹副中的正压力发生变化,有可能在某一瞬间消失,使摩擦力为零,产生相对滑动。这种现象多次重复,连接就会逐渐松脱,使工作失常,甚至发生事故。所以在设计螺纹连接时,必须考虑防松。

防松的实质就是防止螺纹副之间的相对转动。防松的方法很多,就其工作原理,可分为摩擦防松、机械防松和破坏螺纹副运动关系的永久性防松三类,详见表 3.2。

表 3.2　螺纹连接的常用防松方法

防松方法		结构形式	特点和应用
摩擦防松	双螺母		利用两螺母的对顶作用而楔紧,使螺纹副能有稳定的轴向压紧而产生足够的摩擦力 结构简单、效果好,适用于平稳、低速和重载连接
	弹簧垫圈		由于弹簧垫圈被压平后,弹性反力作用使螺纹副轴向压紧而产生摩擦力 结构简单、使用方便;防松效果较差,一般用于不甚重要的连接
	锁紧螺母		螺母上部一段为非圆形收口或开槽收口,螺栓拧入后胀开,利用弹性使螺纹副横向压紧,防松可靠,可多次装拆重复使用
	扣紧螺母		利用扣紧螺母 1 的弹性,使螺纹副横向压紧,一般用于不常拆卸的受振动部位的连接
机械防松	槽形螺母与开口销		槽形螺母拧紧后,开口销穿过螺母槽和螺栓尾部的小孔 防松可靠,但装配不便。可用于变载、振动部位的重要连接
	止动垫圈		利用低碳钢制造单个或双连止动垫圈,把螺母约束到被连接件上或与另一螺母互相制约,防松效果良好

续表 3.2

防松方法		结构形式	特点和应用
机械防松	圆螺母与带翅垫圈		与圆螺母配用的止动垫圈,内舌插入杆上预制的槽中,拧紧螺母后将其外翅之一弯入与圆螺母对应的槽中,使螺杆与螺母不能相对转动
	串连钢丝	错误 正确	钢丝穿入一组螺钉头部的小孔并拉紧。当螺钉有逆时针方向松动趋势时,将使钢丝被拉得更紧,因此在使用时应注意钢丝穿入孔中的方向 适用于螺钉组连接,工作可靠,但装卸不便,在航空发动机、武器装备领域中应用广泛
破坏螺纹副的运动关系	冲点铆住		强迫螺栓、螺母螺纹副局部塑性变形,阻止其松转,防松可靠,拆卸后螺栓、螺母不能重新使用
	粘结	涂黏合剂 	在旋合表面涂黏合剂,固化后即可防松

3.4　螺栓组连接的设计

大多数情况下,螺纹连接件都是成组使用的,其中以螺栓组连接最典型,其基本结论也适用于双头螺柱组和螺钉组连接。

螺栓组连接的设计主要包括以下三部分。

①结构设计:按连接的用途和被连接件的结构,确定连接结合面的几何形状,选定螺栓的数目及布置形式。

②受力分析:按连接的结构和受载情况,确定受力最大的螺栓及其所受的力。

③强度计算:按受力最大的螺栓进行强度计算。

3.4.1　螺栓组连接的结构设计

螺栓组连接结构设计的目的在于合理地确定连接结合面的几何形状和螺栓的布置形

式,力求各螺栓和结合面间受力合理,便于加工装配。为此,设计时应综合考虑以下几方面的问题。

① 连接结合面的几何形状常设计成轴对称的简单几何形状(图3.17)。这样便于加工和便于对称布置螺栓,使螺栓组的对称中心和结合面的形心重合,以保证连接结合面受力比较均匀。

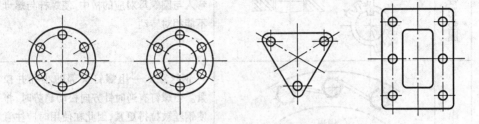

图3.17　螺栓组连接结合面常用的形状

② 螺栓的布置应使各螺栓的受力合理。对于受剪的铰制孔用螺栓连接,不要在平行于工作载荷的方向上成排地布置八个以上的螺栓,以免各螺栓受到的剪切载荷差异过大。当螺栓连接承受弯矩或转矩时,应使螺栓的位置靠近接合面的边缘,以减小远离几何中心的螺栓的受力(图3.18)。

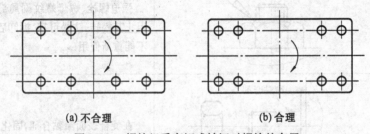

(a) 不合理　　　　　　　　(b) 合理

图3.18　螺栓组受弯矩或转矩时螺栓的布置

如果同时承受轴向载荷和较大的横向载荷时,应采用销、套筒、键等抗剪零件来承受横向载荷(图3.22),以减小螺栓的预紧力及尺寸。

③ 螺栓的排列应有合理的间距、边距。布置螺栓时,各螺栓轴线之间及螺栓轴线和机体壁面之间的最小距离,应按扳手所需活动空间的大小来决定。扳手空间的尺寸(图3.19)可查阅有关标准。对压力容器等紧密性要求较高的重要连接,螺栓的间距 t_0 不得大于表3.3推荐的数值。

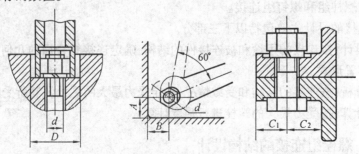

图3.19　扳手空间尺寸

表 3.3　螺栓间距

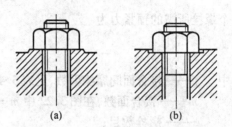

	工作压力 /MPa					
	≤ 1.6	> 1.6 ~ 4	> 4 ~ 10	> 10 ~ 16	> 1.6 ~ 20	> 20 ~ 30
	t_0/mm					
	$7 d$	$5.5 d$	$4.5 d$	$4 d$	$3.5 d$	$3 d$

注:表中 d 为螺纹公称直径。

④分布在同一圆周上的螺栓数目,应取4、6、8、12 等偶数,以便钻孔时在圆周上分度和画线。同一螺栓组中螺栓的材料、直径和长度均应相同,以简化结构,便于加工与装配。

⑤螺栓与螺母底面的支承面要平整,并与螺栓孔轴线相垂直,以免引起偏心载荷而削弱螺栓的强度。为此,可将被连接件上的支承面做成凸台或沉头座(图 3.20)。

⑥设计可靠的防松装置。

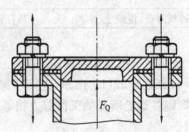

图 3.20　凸台与沉头座

3.4.2　螺栓组连接的受力分析

螺栓组连接受力分析的任务,就是确定螺栓组受力最大的螺栓及其所受工作载荷的大小,以便进行螺栓连接的强度计算。

下面对几种典型螺栓组受力情况进行分析。为简化计算,分析时,常做如下假定:①被连接件是刚体;②各螺栓的拉伸刚度或剪切刚度(即螺栓的材质、直径和长度)及预紧力都相同;③螺栓的应变在弹性范围内。

1. 受轴向载荷 F_Q 的螺栓组连接

如图 3.21 所示汽缸盖螺栓组的连接,载荷 F_Q 作用线与螺栓中心线平行并通过螺栓组形心,因此各螺栓所分担的工作载荷相等。设螺栓数目为 z,则

$$F = \frac{F_Q}{z}$$

F 即为作用在单个螺栓上的轴向工作载荷。

2. 受横向载荷 F_R 的螺栓组连接

如图 3.22 所示,横向载荷 F_R 通过螺栓组形心。载荷可通过普通螺栓或铰制孔用螺栓连接来传递。

(1)用普通螺栓连接

如图 3.22(a) 所示,连接靠接合面间的摩擦力平衡外载荷,螺栓只受预紧力。根据力平衡有

$$fF'mz = K_f F_R$$

图 3.21　受轴向载荷的螺栓组

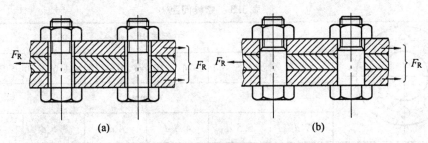

图3.22 受横向载荷的螺栓组

每个螺栓所需的预紧力为

$$F' = \frac{K_f F_R}{fmz} \tag{3.9}$$

式中　f—— 接合面间摩擦因数,见表3.4;

　　　m—— 接合面数,在图3.22中 $m = 2$;

　　　z—— 螺栓数目;

　　　K_f—— 考虑摩擦因数不稳定及靠摩擦传动力有时不可靠而引入的可靠性系数。

　　　一般取 $K_f = 1.1 \sim 1.3$。

连接预紧后,不论有无外载荷 F_R,螺栓所受的力不变,始终为 F'。

表3.4　连接接合面间摩擦因数 f

被连接件	接合面的表面状态	f
钢或铸铁零件	干燥的机加工表面	0.10 ~ 0.16
	有油的机加工表面	0.06 ~ 0.10
钢结构件	经喷砂处理	0.45 ~ 0.55
	涂锌漆	0.35 ~ 0.40
	轧制、经钢丝刷清理浮锈	0.30 ~ 0.35
铸铁对砖、混凝土、木料	干燥表面	0.40 ~ 0.45

(2) 用铰制孔用螺栓连接

如图3.22(b) 所示,连接靠螺栓杆受剪切力来平衡外载荷 F_R。假设被连接件为刚体,则各螺栓所受的工作剪力相等。根据板的平衡条件有

$$zF_s = F_R$$

每个螺栓连接所受的横向工作载荷为

$$F_s = \frac{F_R}{z} \tag{3.10}$$

3. 受旋转力矩 T 的螺栓组连接

图3.23 为一机座的螺栓组连接,旋转力矩 T 作用在接合平面内,使机座有绕螺栓组形心旋转的趋势。此载荷可用普通螺栓或铰制孔用螺栓连接来传递。

采用普通螺栓连接时,靠预紧后在接合面上各螺栓处摩擦力对形心的力矩之和平衡外加力矩 T。设摩擦力作用在各螺杆中心处,其方向为阻止运动趋势的方向(图

3.23(a)),根据机座的力平衡,可得

$$fF'r_1 + fF'r_2 + \cdots + fF'r_z = K_f T$$

由此可得每个螺栓连接所需的预紧力为

$$F' = \frac{F_f T}{f(r_1 + r_2 + \cdots + r_z)} = \frac{K_f T}{f\sum_{i=1}^{z} r_i} \tag{3.11}$$

式中　　$r_1, r_2, \cdots, r_z$——各螺栓中心至螺栓组形心 O 的距离;

　　　　K_f——可靠性系数,同前;

　　　　f——接合面间摩擦因数,见表3.4。

采用铰制孔用螺栓连接时,忽略接合面上的摩擦力,外加力矩 T 靠螺栓所受剪力对底板旋转中心的力矩之和平衡。各螺栓所受工作剪力 F_s 的方向垂直于螺栓中心到底板旋转中心的连线,如图3.23(b) 所示。

根据机座的静力平衡条件有

$$F_{s1}r_1 + F_{s2}r_2 + \cdots + F_{sz}r_z = T \tag{3.12}$$

根据螺栓的变形协调条件,各螺栓的剪切变形量与螺栓中心至机座旋转中心 O 的距离成正比,而各螺栓的剪切刚度相同,因而每个螺栓的剪切变形量与其所受工作剪力也成正比,即

$$\frac{F_{s1}}{r_1} = \frac{F_{s2}}{r_2} = \cdots = \frac{F_{sz}}{r_z} \tag{3.13}$$

由图3.23可知,1、4、5、8 四个螺栓与点 O 的距离相等且最大,所以它们所受的工作剪力也最大。通过联立式(3.12)、式(3.13),即可求得受力最大螺栓所受的工作剪力为

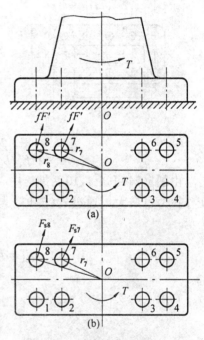

图 3.23　受旋转力矩的螺栓组

$$F_{smax} = F_{s1} = F_{s4} = F_{s5} = F_{s8} = \frac{Tr_1}{r_1^2 + r_2^2 + \cdots + r_8^2} = \frac{Tr_{max}}{\sum_{i=1}^{z} r_i^2} \tag{3.14}$$

4. 受倾覆力矩 M 的螺栓组连接

图 3.24 为一受倾覆力矩 M 作用的螺栓组连接。M 作用在通过 S—S 轴线并垂直接合面的对称平面内。机座用普通螺栓连接在底板上。假设:被连接件是弹性体,但变形后其接合面仍保持平直,预紧后在 M 的作用下机座有绕其对称曲线 O—O 翻转的趋势。

拧紧后,连接受预紧力 F' 作用,螺栓受拉,被连接件受压(图3.24(b))。在 M 作用下,图中轴线左边螺栓的拉力和变形增加,轴线右边的则减小;而被连接件在轴线左边的压力和变形减小,右边的增加,其分布如图3.24(c)所示。由机座静力平衡条件可得

$$F_1 L_1 + F_2 L_2 + \cdots + F_z L_z = M \tag{3.15}$$

根据变形协调条件可知,各螺栓的伸长变形的增量 $\Delta\delta_{Bi}$ 和它到底板对称轴线 O—O

的距离 L_i 成正比。因此,由于倾覆力矩的作用,各螺栓所受工作拉力的大小也与其至对称轴线的距离成正比,即

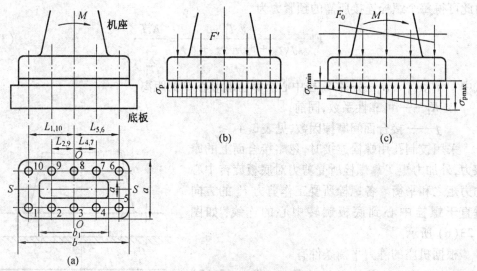

图 3.24 受倾覆力矩的螺栓组

$$F_1/L_1 = F_2/L_2 = \cdots = F_z/L_z \tag{3.16}$$

由图 3.24 可知,1、10 两螺栓中心离对称轴线 O—O 距离相等且最大,所以它们所受的工作拉力也最大。通过式(3.15)与式(3.16)联立,即可求得受力最大螺栓的工作拉力为

$$F_1 = F_{10} = \frac{ML_1}{L_1^2 + L_2^2 + \cdots + L_z^2}$$

即

$$F_{max} = \frac{ML_{max}}{\sum_{i=1}^{z} L_i^2} \tag{3.17}$$

受倾覆力矩的螺栓组连接除要求螺栓有足够的强度外,还应保证接合面既不出现缝隙也不被压溃。因此,接合面右端应满足

$$\sigma_{pmax} = \sigma_p + \Delta\sigma_{pmax} \leqslant [\sigma]_p$$

而

$$\sigma_p = \frac{zF'}{A}, \quad \Delta\sigma_{pmax} \approx \frac{M}{W}$$

即

$$\sigma_{pmax} \approx \frac{zF'}{A} + \frac{M}{W} \leqslant [\sigma]_p \tag{3.18}$$

左端应满足

$$\sigma_{pmin} = \sigma_p - \Delta\sigma_{pmax} > 0$$

即

$$\sigma_{pmin} \approx \frac{zF'}{A} - \frac{M}{W} > 0 \tag{3.19}$$

式中　$[\sigma]_p$——接合面材料的许用挤压应力，MPa，见表 3.5。

表 3.5　连接接合面材料的许用挤压应力 $[\sigma]_p$

材料	钢	铸铁	混凝土	砖(水泥浆缝)	木材
$[\sigma]_p$/MPa	$0.8\sigma_s$	$(0.4 \sim 0.5)\sigma_B$	$2.0 \sim 3.0$	$1.5 \sim 2.0$	$2.0 \sim 4.0$

注：①σ_s 为材料屈服极限，MPa；σ_B 为材料强度极限，MPa。

　　②当连接接合面的材料不同时，应按强度弱者选取。

　　③连接承受静载荷时 $[\sigma]_p$ 应取表中较大值；承受变载荷时，则应取较小值。

　　实际使用中，螺栓组所受的载荷常常是上述四种状态的不同组合。不论螺栓组连接受力情况如何，均可利用静力分析方法，将各种受力状态转化为上述四种基本受力状态的某种组合。因此，只要分别计算出螺栓组在这些基本受力状态下，每个螺栓承受的工作载荷，然后将轴向载荷代数相加，横向载荷向量相加，即可确定螺栓组中受力最大的螺栓及其所受的轴向和横向工作载荷。一般来说，对于普通螺栓连接按所受横向载荷及旋转力矩来确定作用于螺栓的预紧力 F'，然后求出螺栓的总拉力 F_0，进行螺栓的强度计算。对于铰制孔用螺栓连接，则按横向载荷和旋转力矩确定受力最大的螺栓所受的工作剪力，然后进行剪切和挤压强度计算。

3.5　单个螺栓连接的强度计算

3.5.1　螺栓连接的主要失效形式和计算准则

　　螺栓组连接的受力形式多种多样，但就单个螺栓连接而言，螺栓的受力形式主要是受拉和受剪切两种。对于受拉的螺栓，称为普通螺栓，在轴向载荷(含预紧力)的作用下，其主要失效形式是螺栓杆和螺纹部分发生塑性变形或断裂。据统计，约有 90% 的螺栓属于疲劳破坏。而且疲劳断裂常发生在螺纹及螺栓头过渡圆角处有应力集中的部位(图 3.25)。其设计准则是保证螺栓的静力(或疲劳)抗拉强度。

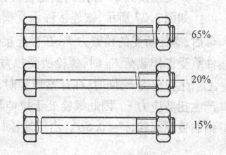

图 3.25　普通螺栓的破坏部位及比例

　　对于受剪切的螺栓，即铰制孔用螺栓，在横向工作剪力的作用下，其主要失效形式是螺栓杆与孔壁间发生压溃或螺栓杆被剪断，其设计准则是保证连接的挤压强度和螺栓的抗剪强度。

　　螺栓连接的强度计算主要是确定螺栓危险截面的直径(螺纹小径 d_1 或螺杆直径 d_s)。螺栓的其他部分和螺母、垫圈等的结构尺寸是根据等强度条件或经验设计确定的，通常不需要进行强度计算，可按螺栓的公称尺寸由标准选定。

3.5.2　松螺栓连接的强度计算

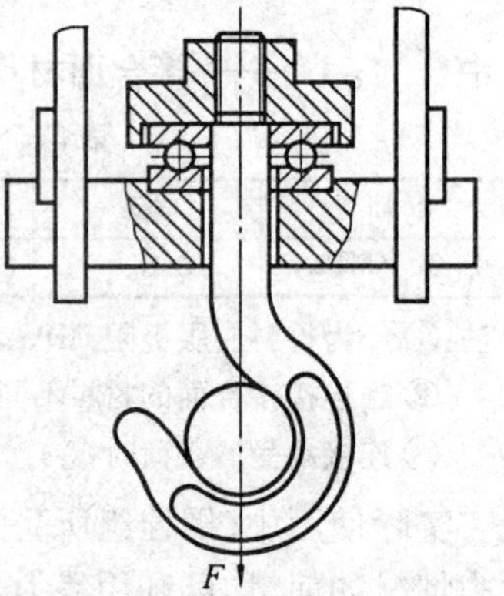

图 3.26 所示为起重吊钩螺栓连接,装配时不需要将螺母拧紧,螺栓只在工作时才承受轴向载荷 F 作用,称为松连接,其强度条件为

$$\sigma = \frac{4F}{\pi d_1^2} \leqslant [\sigma] \qquad (3.20)$$

或

$$d_1 \geqslant \sqrt{\frac{4F}{\pi [\sigma]}} \qquad (3.21)$$

式中　　σ——松连接螺栓的拉应力,MPa;

　　　　$[\sigma]$——松连接螺栓的许用拉应力,MPa。其中

$[\sigma] = \dfrac{\sigma_s}{S}$,对普通用途的钢制螺栓,通常取 $S = 1.2 \sim 1.7$;对安全性要求高的钢制螺栓,如起重吊钩,可取 $S = 5$。

　　　　d_1——螺栓的小径,mm;

　　　　σ_s——螺栓材料的屈服极限,MPa,见表 3.1。

图 3.26　起重吊钩的松螺栓连接

3.5.3　紧螺栓连接的强度计算

根据螺栓所受拉力的不同,紧螺栓连接分为只受预紧力 F' 作用和受预紧力 F' 及轴向工作载荷 F 共同作用两种情况,下面分别讨论两种情况下紧螺栓连接的强度计算。

1. 受预紧力 F' 作用的紧螺栓连接

如图 3.27 所示,被连接件承受横向工作载荷 F_R,这种连接承受的外载荷是靠拧紧螺母后,螺栓所受的预紧力 F' 在被连接件接合面上所产生的摩擦力来平衡的。而且当连接件承受工作载荷 F_R 时,螺栓所受拉力保持不变,仍为 F'。在 F' 作用下,在螺栓杆的截面上产生拉应力 σ,同时,在拧紧螺母时,螺栓还受到摩擦力矩 T_1 的作用,在螺栓杆的截面上产生扭剪应力 τ。因此螺栓处于拉伸与扭剪的复合应力状态。对于常用的 M10 ~ M64 的钢制普通螺栓,$\tau \approx 0.5\sigma$。由于螺栓材料是塑性材料,采用第四强度理论。则螺栓的当量

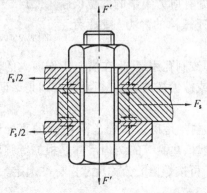

图 3.27　只受预紧力 F' 的紧螺栓连接

应力为 $\sigma_e = \sqrt{\sigma^2 + 3\tau^2} = \sqrt{\sigma^2 + 3(0.5\sigma)^2} \approx 1.3\sigma$。因此考虑到扭剪应力的影响，只要将拉应力 σ 增大 30%，就可按纯拉伸问题进行处理。所以，螺栓的强度条件式为

$$\sigma_e = \frac{4 \times 1.3F'}{\pi d_1^2} \leqslant [\sigma] \tag{3.22}$$

或

$$d_1 \geqslant \sqrt{\frac{4 \times 1.3F'}{\pi[\sigma]}} \tag{3.23}$$

式中　　$[\sigma]$ —— 紧连接螺栓材料的许用拉应力，MPa，由螺栓性能等级及表 3.7 确定。

必须指出，式(3.22)、(3.23)中的"1.3"只适用于单线普通螺纹。对于矩形螺纹此值应为 1.2；对梯形螺纹此值应为 1.25。此外，1.3(或 1.2、1.25)必须乘在拧紧时螺栓所受的轴向拉力上。

上述靠摩擦力传递横向工作载荷的紧螺栓连接，在承受冲击、振动或变载荷时，工作不可靠，且需要较大的预紧力(使接合面不滑动的预紧力 $F' \geqslant F_s/f$，若 $f = 0.2$，则需 $F' \geqslant 5F_s$)，因此螺栓直径较大。但由于结构简单和装拆方便，且近年来使用高强度螺栓，因此这种连接仍经常被使用。此外，为了减少螺栓上的载荷，可以采用套、键、销等各种抗剪件来承受横向载荷，如图 3.28 所示，此时螺栓仅起连接作用，所需预紧力小、螺栓直径也小。

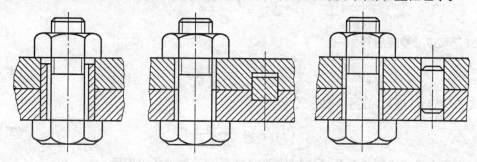

图 3.28　用抗剪件承受横向载荷

2. 受预紧力 F' 和轴向工作载荷 F 作用的紧螺栓连接

这种受力形式的紧螺栓连接应用十分广泛，图 3.21 所示汽缸盖的螺栓连接是一个典型实例。

(1) 受力分析

工作之前(缸内无压力)螺栓必须拧紧，螺栓承受预紧力 F'，被连接件承受预紧力 F'。工作时，连接受工作载荷 F 作用，由于螺栓和被连接件的弹性变形，螺栓受到的总拉力 F_0 不等于预紧力 F' 和工作拉力 F 之和，而与 F'、F 以及螺栓刚度 C_B 和被连接件刚度 C_m 有关。当连接中各零件受力均在弹性极限以内，F_0 可根据静力平衡和变形协调条件计算。

如图 3.29 所示，当螺母尚未拧紧时(图 3.29(a))，各零件均不受力，也无变形。拧紧后(图 3.29(b))，被连接件受到压力 F'，产生压缩变形 δ_m，而螺栓受到被连接件给的拉力 F'，拉伸变形 δ_B。当受工作载荷 F 后(图 3.29(c))，螺栓所受拉力增至 F_0，其拉伸变形增加 $\Delta\delta_B$。此时被连接件由于螺栓的伸长而随之被放松，压缩变形量减少 $\Delta\delta_m$，其减少量正是螺栓的伸长量，即 $\Delta\delta_m = \Delta\delta_B$，于是被连接件所受压力由原来的 F' 减小到 F''，称 F'' 为剩

余预紧力。

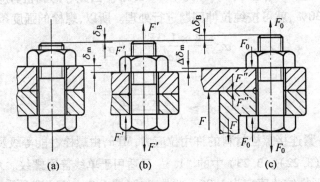

图 3.29   有工作拉力时螺栓和被连接件的受力和变形

由螺栓的静力平衡条件,可得

$$F_0 = F + F'' \tag{3.24}$$

根据变形协调条件,其中

$$\Delta\delta_B = \frac{F_0 - F'}{C_B} = \frac{F + F'' - F'}{C_B}$$

$$\Delta\delta_m = \frac{F' - F''}{C_m}$$

因 $\Delta\delta_B = \Delta\delta_m$,整理后得

$$F'' = F' - \frac{C_m}{C_B + C_m}F \tag{3.25}$$

由式(3.25)可得 F_0 的另一表达式为

$$F_0 = F' + \frac{C_B}{C_B + C_m}F \tag{3.26}$$

连接中各力之间的关系,可用力与变形关系图清楚地予以表示。

图 3.30(a) 和图 3.30(b) 分别为预紧后螺栓与被连接的受力 – 变形关系图,螺栓的受力与变形按直线关系变化,刚度 $C_B = \tan\gamma_B$;被连接件的受力与变形亦按直线变化,刚度 $C_B = \tan\gamma_m$。为便于分析,将图 3.30(a)、(b) 合并,得图 3.30(c)。当有工作载荷 F 作用时,螺栓受力由 F' 增至 F_0,变形量由 δ_B 增至 $\delta_B + \Delta\delta_B$,在图 3.30(d) 中,由点 A 沿 O_1A 线移动到点 B;被连接件因压缩变形量减少 $\Delta\delta_m = \Delta\delta_B$,而由点 A 沿 O_2A 线移到点 C,其受力为 F'' 变形量为 $(\delta_m - \Delta\delta_m)$。由图中各线段的几何关系即可得连接中各力之间的关系,例如 $\overline{BD} = \overline{BC} + \overline{CD} = \overline{ED} + \overline{BE}$,即为

$$F_0 = F + F'' = F' + \frac{C_B}{C_B + C_m}F$$

$\overline{ED} = \overline{CD} + \overline{CE}$,即为

$$F' = F'' + \Delta F_m = F'' + \frac{C_m}{C_B + C_m}F$$

式(3.25)、(3.26)说明螺栓所受总拉力 F_0 为预紧力 F' 与工作拉力的一部分 ΔF_B 之

和，F 的另一部分 ΔF_m 使被连接件的压力由 F' 减少到 F''。这两部分的分配关系与螺栓和被连接件的刚度成正比。当 $C_B \ll C_m$ 时，$F_0 \approx F' + F$；当 $C_B = C_m$ 时，$F_0 = F'$。

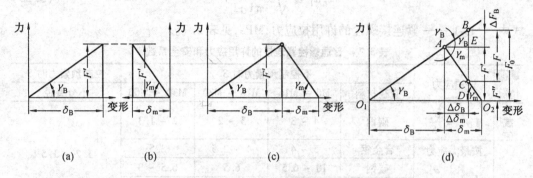

$$\text{图 3.30　螺栓和被连接件的受力与变形关系}$$

$\dfrac{C_B}{C_B + C_m}$ 称为螺栓的相对刚度，其值与螺栓和被连接件的材料、尺寸、结构、工作载荷作用位置及连接中垫片的材料等因素有关，可通过计算或实验求出，在一般计算中，若被连接件材料为钢铁，可按表 3.6 选取。

表 3.6　螺栓的相对刚度

被连接钢板间所用垫片	$\dfrac{C_B}{C_B + C_m}$
金属垫片（或无垫片）	0.2 ~ 0.3
皮革垫片	0.7
铜皮石棉垫片	0.8
橡胶垫片	0.9

当工作载荷 F 过大或预紧力 F' 过小时，接合面会出现缝隙，导致连接失去紧密性，并在载荷变化时发生冲击。为此，必须保证 $F'' > 0$。设计时，根据对连接紧密性的要求，F'' 可按下列参考值选取：

静载时，取

$$F'' = (0.2 \sim 0.6)F$$

变载时，取

$$F'' = (0.6 \sim 1.0)F$$

对气密连接，取

$$F'' = (1.5 \sim 1.8)F$$

为了保证得到预期的剩余预紧力 F''，必须在拧紧螺母时控制预紧力 F'，使其满足式(3.25)。

(2) 静强度计算

考虑到承受工作载荷后，可能发现连接较松而需要补充拧紧（这种拧紧应尽量避免），则螺纹力矩为 $F_0 \tan(\psi + \rho') d_2/2$。因此，其强度条件式为

$$\sigma = \frac{4 \times 1.3 F_0}{\pi d_1^2} \leqslant [\sigma] \tag{3.27}$$

或

$$d_1 \geqslant \sqrt{\frac{4 \times 1.3F_0}{\pi[\sigma]}}$$ (3.28)

式中 $[\sigma]$ —— 紧连接螺栓的许用拉应力，MPa，见表 3.7。

表 3.7 普通螺栓紧连接的许用应力和安全系数

载荷情况	许用应力		不控制预紧力时 S			控制预紧力时 S
		直径材料	M6 ~ M16	M16 ~ M30	M30 ~ M60	不分直径
静载荷	$[\sigma] = \dfrac{\sigma_s}{S}$	碳钢	4 ~ 3	3 ~ 2	2 ~ 1.3	1.2 ~ 1.5
	按最大应力	合金钢	5 ~ 4	4 ~ 2.5	2.5	
	$[\sigma] = \dfrac{\sigma_s}{S}$	碳钢	10 ~ 6.5	6.5	6.5 ~ 3	
		合金钢	7.5 ~ 5	5	5 ~ 2.5	

变载荷	按循环应力幅 $[\sigma]_a = \dfrac{\varepsilon_\sigma K_m \sigma_{-1}}{K_\sigma S_a}$		$S_a = 2.5 \sim 4$						$S_a = 1.5 \sim 2.5$			
		尺寸系数 ε_σ	d/mm	$\leqslant 12$	16	20	24	30	36	42	48	56	64
			ε_σ	1.0	0.87	0.80	0.74	0.67	0.63	0.60	0.57	0.54	0.53
		有效应力集中系数 K_σ	σ_B/MPa	400		600		800		1 000			
			K_σ	3.0		3.9		4.8		5.2			
		螺纹制造工艺系数 K_m：碾压 $K_m = 1.25$； 车制 $K_m = 1.2$											

（3）疲劳强度计算

对于受变载荷的螺栓连接，按式（3.28）设计尺寸后，还需进行疲劳强度校核。

当工作载荷在 $0 \sim F$ 之间变化时，螺栓所受总拉力在 $F' \sim F_0$ 之间变化时，如图 3.31 所示。螺栓危险截面上的最大、最小拉应力和应力幅分别为

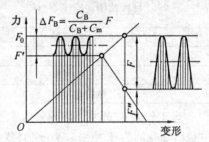

图 3.31 变载荷下螺栓所受总拉力的变化

$$\sigma_{max} = \frac{4F_0}{\pi d_1^2} \quad \sigma_{mim} = \frac{4F'}{\pi d_1^2}$$

$$\sigma_a = \frac{C_B}{C_B + C_m} \cdot \frac{2F}{\pi d_1^2}$$

考虑到对疲劳破坏起主要作用的是应力幅 σ_a，故其疲劳强度条件为

$$\sigma_a = \frac{C_B}{C_B + C_m} \cdot \frac{2F}{\pi d_1^2} \leqslant [\sigma]_a$$

其中许用应力幅为

$$[\sigma]_a = \frac{\varepsilon_\sigma K_m \sigma_{-1}}{K_\sigma S_a}$$ (3.30)

式中 σ_{-1} —— 螺栓材料的对称循环拉压疲劳极限，MPa，其值近似为 $0.45\sigma_B$；

K_σ —— 有效应力集中系数，见表 3.7；

K_m —— 螺纹制造工艺系数，见表 3.7；

ε_σ —— 尺寸系数，见表 3.7；

S_a —— 安全系数，见表 3.7。

3.5.4 铰制孔用螺栓连接的强度计算

受横向工作载荷时,常采用铰制孔用螺栓连接,如图 3.32 所示。在工作剪力 F_s 的作用下,螺栓在接合面处的横截面受剪切,螺栓与孔壁接触表面受挤压。连接的预紧力和摩擦力较小或忽略不计。

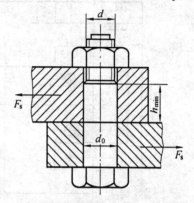

图 3.32 铰制孔用螺栓连接

螺栓杆的剪切强度条件式为

$$\tau = \frac{4F_s}{\pi d_1^2 m} \leqslant [\tau] \qquad (3.31)$$

螺栓与孔壁的挤压强度条件式为

$$\sigma_p = \frac{F_s}{d_0 h_{\min}} [\sigma]_p \qquad (3.32)$$

式中　d_0——螺栓剪切面直径,mm;

　　　m——螺栓剪切面数目,在图 3.31 中 $m = 1$;

　　　$h_{\min}$——螺栓杆与孔壁挤压面的最小高度,mm,设计时应使 $h_{\min} \geqslant 1.25 d_0$;

　　　$[\tau]$——螺栓的许用切应力,MPa,见表 3.8;

　　　$[\sigma]_p$——螺栓或孔壁材料的许用挤压应力,MPa,其值见表 3.8。

表 3.8 螺栓许用切应力及许用挤压应力

螺栓的许用切应力 $[\tau]$	静载荷		$\dfrac{\sigma_s}{2.5}$
	变载荷		$\dfrac{\sigma_s}{3.5 \sim 5}$
螺栓或被连接件的许用挤压应力 $[\sigma]_p$	静载荷	钢	$\dfrac{\sigma_s}{12.5}$
		铸铁	$\dfrac{\sigma_B}{2 \sim 2.5}$
	变载荷		较静载时减小 20% ~ 30%

3.5.5 螺栓连接的许用应力

螺栓连接的许用应力与是否预紧、能否控制预紧力、载荷性质(静载或变载)及材料等因素有关,可参考表 3.7 和表 3.8 选用。由表 3.7 可看出,不控制预紧力时螺栓的许用应力还和螺栓直径有关。因此,设计时首先要估计直径,若计算结果和原估计直径相差很大,应重新估计,重新计算,直到所估计的直径与计算结果接近为止。这种方法在机械设计中是经常采用的,应逐步熟悉它。

【例 3.1】　有一厚度 $\delta_1 = 12$ mm 的钢板用 4 个螺栓固连在厚度 $\delta_2 = 30$ mm 的铸铁支架上,螺栓的布置有两种方案,如图 3.33 所示。

已知螺栓材料性能为 4.8 级,钢板的 $[\sigma_{p1}] = 320$ MPa,铸铁的 $[\sigma_{p2}] = 180$ MPa,接合面间的摩擦因数 $f = 0.15$,可靠性系数 $K_f = 1.2$,作用于钢板上的载荷 $F_R = 11\,000$ N,尺寸 $L =$

$500\ mm$, $a = 100\ mm$。

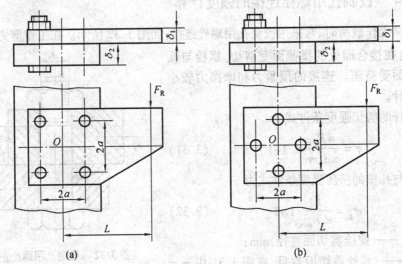

图 3.33　螺栓组连接布置方案

（1）试比较哪种螺栓布置方案合理？

（2）按照螺栓布置合理方案，分别确定采用普通螺栓连接和铰制孔用螺栓连接时的螺栓直径。

分析　（1）本题是螺栓组连接受横向载荷和旋转力矩共同作用的典型例子。解题时首先要将作用于钢板上的外载荷 F_R 向螺栓组连接的接合面形心点 O 简化，得出该螺栓组连接受横向载荷 F_R 和旋转力矩 T 两种基本受力状态作用的结论。然后将这两种载荷分配给各个螺栓，找出受力最大的螺栓，并将该螺栓承受的横向载荷用矢量叠加原理求出合成载荷。

（2）在外载荷与螺栓数目一定的条件下，不同的螺栓布置方案，受力最大的螺栓所承受的载荷是不同的，显然使受力最大的螺栓承受较小的载荷是合理的螺栓布置方案。

（3）若螺栓组采用普通螺栓连接，则靠拧紧螺母使被连接件接合面间产生足够的摩擦力来传递横向载荷。因此设计时，应先按受力最大螺栓承受的横向载荷求出螺栓所需的预紧力，然后用只受预紧力作用的紧螺栓连接的强度条件式计算螺栓危险截面直径 d_1。最后，根据 d_1 查 GB/T 196—2003，选取螺栓直径。

若采用铰制孔用螺栓连接，则靠螺栓光杆部受剪切和配合面间受挤压来传递横向载荷，因此受力最大螺栓危险截面的直径大小必须满足螺栓的剪切强度和连接的挤压强度。

解　（1）分析螺栓组连接的受力，确定螺栓布置的合理方案

① 将载荷 F_R 向螺栓组连接的接合面形心点 O 简化，得一横向载荷 F_R 和一旋转力矩 T，如图 3.34 所示。有

$$F_R = 11\ 000\ N$$

$$T/(N \cdot mm) = F_R \cdot L = 11\ 000 \times 500 = 5.5 \times 10^6$$

② 确定各个螺栓所受的横向载荷。

在横向载荷 F_R 作用下，各个螺栓所受的横向载荷 F_{s1}，大小相同，方向同 F_R。有

$$F_{s1}/N = \frac{F_R}{4} = \frac{11\,000}{4} = 2\,750$$

而在旋转力矩 T 作用下,由于各个螺栓中心至形心点 O 的距离相等,所以各个螺栓所受的横向载荷 F_{s2} 大小相同,但方向各垂直于螺栓中心与形心点 O 的连线,并与 T 的方向相同。如图 3.35 所示。

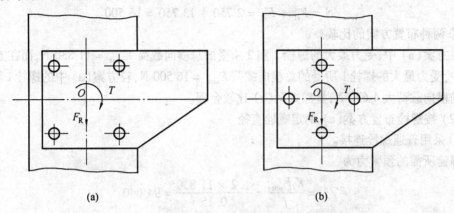

图 3.34　螺栓组连接的外载荷简化

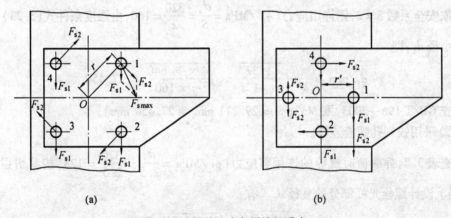

图 3.35　螺栓组中各螺栓的受力

对于方案(a),各螺栓中心至形心点 O 的距离为

$$r/mm = \sqrt{a^2 + a^2} = \sqrt{100^2 + 100^2} \approx 141.4$$

故

$$F_{s2}/N = \frac{T}{4r} = \frac{5.5 \times 10^6}{4 \times 141.4} \approx 9\,724.2$$

由图 3.35(a)可知,螺栓 1 和 2 所受两力夹角 α 最小,故螺栓 1 和 2 所受的总横向载荷最大,即

$$F_{smax}/N = \sqrt{F_{s1}^2 + F_{s2}^2 + 2F_{s2} \cdot F_{s2}\cos\alpha} =$$

$$\sqrt{2\,750^2 + 9\,724.2^2 + 2 \times 2\,750 \times 9\,724.2\cos 45°} \approx 11\,830$$

对于方案(b),各螺栓中心至形心点 O 的距离为

$$r'/\text{mm} = a = 100$$

故

$$F_{s2}/\text{N} = \frac{T}{4r'} = \frac{5.5 \times 10^6}{4 \times 100} = 13\,750$$

由图 3.35(b) 可知,螺栓 1 所受的总横向载荷最大,即

$$F_{smax}/\text{N} = F_{s1} + F_{s2} = 2\,750 + 13\,750 = 16\,500$$

③ 两种布置方案的比较。

在方案(a) 中,受力最大的螺栓 1 和 2 所受的总横向载荷 $F_{smax} = 11\,830$ N,而在方案 (b) 中,受力最大的螺栓 1 所受的总横向载荷 $F_{smax} = 16\,500$ N,较方案(a) 中的螺栓 1 和 2 所受的横向载荷大 4 670 N,显然方案(a) 比较合理。

(2) 按螺栓布置方案(a) 确定螺栓直径

① 采用普通螺栓连接。

螺栓所需的预紧力为

$$F'/\text{N} = \frac{K_f F_{smax}}{f} = \frac{1.2 \times 11\,830}{0.15} = 94\,640$$

根据题给条件,螺栓材料的 $\sigma_s = 320$ MPa,查表 3.7,不控制预紧力,直径大于 30 mm, 碳钢取安全系数 $S = 2$,则许用应力 $[\sigma]/\text{MPa} = \dfrac{\sigma_s}{S} = \dfrac{320}{2} = 160$,由强度条件式(3.23) 可得 螺栓小径 d_1,即

$$d_1/\text{mm} \geqslant \sqrt{\frac{4 \times 1.3F'}{\pi[\sigma]}} = \sqrt{\frac{4 \times 94\,640}{\pi \times 160}} \approx 27.450$$

查 GB/T 196—2003,取 M33($d_1 = 29.211$ mm > 27.450 mm)。

② 采用铰制孔螺栓连接。

查表 3.8,静载荷时螺栓的许用剪应力 $[\tau]/\text{MPa} = \dfrac{\sigma_s}{2.5} = \dfrac{320}{2.5} = 128$,按剪切强度式 (3.31) 设计螺栓光杆部分的直径 d_0。有

$$d_0/\text{mm} \geqslant \sqrt{\frac{4F_s}{\pi[\tau]}} = \sqrt{\frac{4 \times 11\,830}{\pi \times 128}} \approx 10.848$$

查 GB/T 27—1988,取 M10($d_0 = 11$ mm > 10.848 mm)。

(3) 校核配合面的挤压强度

设计螺栓光杆与钢板的配合面长度为

$$h = 8 \text{ mm}$$

则螺栓光杆与钢板孔间的挤压强度为

$$\sigma_{p1}/\text{MPa} = \frac{F_s}{d_0 h} = \frac{11\,830}{11 \times 8} \approx 134.4 < [\sigma_{p1}]/\text{MPa} = 320$$

螺栓光杆与铸铁支架孔间的挤压强度为

$$\sigma_{p2}/\text{MPa} = \frac{F_s}{d_0 \delta_2} = \frac{11\,830}{11 \times 30} \approx 35.8 < [\sigma_{p2}]/\text{MPa} = 180$$

显然选用 M10 的铰制孔用螺栓,其配合面的挤压强度足够。

（4）结论

由以上两种连接方式可以看出,螺栓组连接受横向载荷作用时,采用铰制孔用螺栓连接是减小螺栓直径尺寸且工作可靠的重要措施。

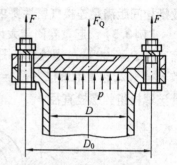

图 3.36　受轴向载荷的螺栓组连接

【例 3.2】　有一汽缸盖与缸体凸缘采用普通螺栓连接,如图 3.36 所示,已知汽缸中的压强 p 在 $0 \sim 2$ MPa 之间变化,汽缸内径 $D = 500$ mm,螺栓中心分布圆周直径 $D_0 = 650$ mm,为保证气密性要求,剩余预紧力 $F'' = 1.8F$,F 为螺栓的轴向工作载荷,螺栓间的弧线间距 $t \leqslant 4.5d, d$ 为螺栓的大径,螺栓材料的许用拉伸应力 $[\sigma] = 120$ MPa,许用应力幅 $[\sigma_a] = 20$ MPa,选用铜皮石棉垫片,螺栓相对刚度 $\dfrac{C_B}{C_B + C_m} = 0.8$,试设计此螺栓组连接。

分析　本题是典型的仅受轴向载荷作用的螺栓组连接,但螺栓所受载荷是变化的,而且对连接有气密性要求。因此应先按静强度计算螺栓直径,然后校核其疲劳强度。为保证连接的气密性,既要保证有足够大的剩余预紧力,又要选择适当的螺栓数目,保证螺栓间的弧线距离符合要求。

解　（1）初选螺栓数目 z

因为螺栓中心分布圆周直径较大,为保证螺栓间弧线间距不致过大,所以应选用较多的螺栓,初取 $z = 24$。

（2）计算螺栓的轴向工作载荷 F

① 螺栓组连接的最大轴向载荷 F_Q 为

$$F_Q/\mathrm{N} = \frac{\pi D^2}{4}p = \frac{\pi \times 500^2}{4} \times 2 \approx 3.93 \times 10^5$$

② 螺栓受的最大轴向工作载荷 F 为

$$F/\mathrm{N} = \frac{F_Q}{z} = \frac{3.93 \times 10^5}{24} = 16\,375$$

（3）计算螺栓的总拉力 F_0

$$F_0/\mathrm{N} = F'' + F = 0.8F + F = 2.8F = 2.8 \times 16\,250 = 45\,850$$

（4）计算螺栓直径

$$d_1/\mathrm{mm} \geqslant \sqrt{\frac{4 \times 1.3F_0}{\pi[\sigma]}} = \sqrt{\frac{4 \times 1.3 \times 45\,500}{\pi \times 120}} \approx 25.148$$

查 GB/T 196—2003,取 M30（$d_1 = 26.211$ mm > 25.148 mm）。

（5）校核螺栓疲劳强度

$$\sigma_a/\mathrm{MPa} = \frac{C_B}{C_B + C_m} \cdot \frac{2F}{\pi d_1^2} = 0.8 \times \frac{2 \times 16\,375}{\pi \times 26.211^2} \approx 12.14 < [\sigma]_a/\mathrm{MPa} = 20$$

故螺栓满足疲劳强度。

(6) 校核螺栓间距

实际螺栓间距

$$t/mm = \frac{\pi D_0}{z} = \frac{\pi \times 650}{24} \approx 85.1 < 4.5d = 4.5 \times 30 = 135$$

故螺栓间距满足连接气密性要求。

【例 3.3】 起重卷筒与大齿轮用 8 个普通螺栓连接在一起,如图 3.37 所示。已知卷筒直径 $D = 400$ mm,螺栓分布图直径 $D_0 = 500$ mm,接合面间摩擦因数 $f = 0.12$,可靠性系数 $K_f = 1.2$,起重钢索拉力 $F_Q = 50\,000$ N,螺栓材料的许用拉伸应力 $[\sigma] = 100$ MPa,试设计该螺栓组的螺栓直径。

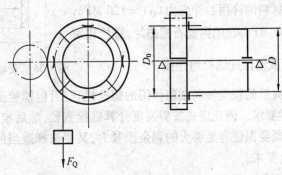

图 3.37 起重卷筒与大齿轮的连接

分析 本题是典型的仅受旋转力矩作用的螺栓组连接。由于本题采用普通螺栓连接,是靠接合面间的摩擦力矩来平衡外载荷(旋转力矩)的,因此本题的关键是计算出螺栓所需要的预紧力 F',而本题中的螺栓仅受预紧力 F' 作用,故可按预紧力 F' 来确定螺栓的直径。

解 (1) 计算旋转力矩 T

$$T/(\text{N} \cdot \text{mm}) = F_Q \cdot \frac{D}{2} = 50\,000 \times \frac{400}{2} = 1.0 \times 10^7$$

(2) 计算螺栓所需要的预紧力 F'

由 $zf F' \dfrac{D_0}{2} = K_f T$ 得

$$F' = \frac{2K_f T}{z f D_0}$$

已知　　T——旋转力矩,$T = 10^7$ N·mm;

K_f——可靠性系数,$K_f = 1.2$;

z——螺栓数目,$z = 8$;

f——接合面间摩擦因数,$f = 0.12$;

D_0——螺栓分布圆周径,$D_0 = 500$ mm。

所以

$$F'/\text{N} = \frac{2 \times 1.2 \times 10^7}{8 \times 0.12 \times 500} = 50\,000$$

（3）确定螺栓直径

$$d_1 \geqslant \sqrt{\frac{4 \times 1.3 F'}{\pi [\sigma]}}$$

式中 $[\sigma]$ —— 螺栓材料的许用拉伸应力，$[\sigma] = 100$ MPa。

$$d_1 / \text{mm} \geqslant \sqrt{\frac{4 \times 1.3 \times 50\,000}{\pi \times 100}} \approx 28.768$$

查 GB/T 196—2003，取 M36（$d_1 = 31.670$ mm > 28.768 mm）。

讨论 （1）此题也可改为校核计算题，已知螺栓直径，校核其强度，其解题步骤仍是先求 F'，然后验算 $\sigma_{ca} = \dfrac{1.3 F'}{\dfrac{\pi d_1^2}{4}} \leqslant [\sigma]$。

（2）此题也可改为计算起重钢索拉力 F_Q。已知螺栓直径，计算该螺栓所能承受的预紧力 F'，然后按接合面间摩擦力矩与作用于螺栓组连接上的旋转力矩相平衡的条件，求出拉力 F_Q，即由 $z f F' \dfrac{D_0}{2} = K_t F_Q \dfrac{D}{2}$ 得

$$F_Q = \frac{z f F' D_0}{K_t D}$$

3.6 提高螺栓连接强度的措施

螺栓连接的受力情况，螺栓连接的结构、制造和装配工艺，螺纹牙受力分配，附加应力、应力集中及应力幅大小等诸多因素都影响螺栓连接强度。因此，要从各方面采取措施以提高螺栓连接的强度。

3.6.1 改善螺纹牙上载荷分配

对于一般螺母，旋合各圈的载荷分布是不均匀的，如图 3.38（a）所示，从螺母支承面算起第一圈受力最大，以后各圈递减，到第 8 ~ 10 圈后，螺纹牙几乎不受力，所以采用厚螺母并不能起到应有的作用。采用图 3.38（b）、（c）所示的受拉悬置螺母、环槽螺母，有助

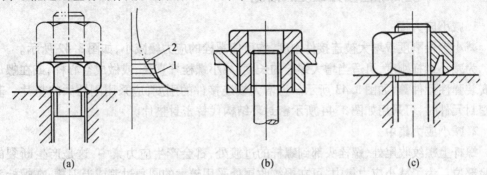

（a）   （b）   （c）

图 3.38 改善螺纹牙的载荷分布

1— 通常螺母的载荷分布；2— 加厚螺母的载荷分布

于减少螺母与螺栓螺距的变化差,使各圈载荷分布均匀。

此外,可采用钢丝螺套(图3.39),它是由菱形截面钢丝精确绕制的内外均为三角形螺纹的螺套,装在内外螺纹之间。由于它有一定弹性,可起到均载作用。

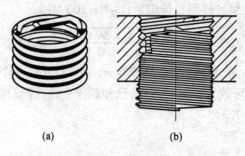

(a)   (b)

图 3.39   钢丝螺套

3.6.2   避免螺栓承受附加载荷

导致螺栓承受偏心载荷的原因如图3.40所示。除要在结构上设法保证载荷不偏心外,还应在工艺上保证被连接件上螺母和螺栓头的支承面平整,并与螺栓轴线相垂直。对于在铸锻件等粗糙表面上安装螺栓时,应制成凸台或沉头座(图3.20)。当支承面为倾斜面时,应采用斜垫圈(图3.41) 等措施。

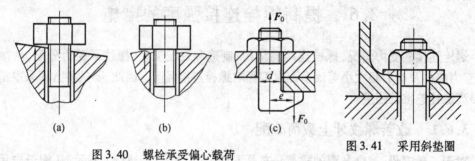

(a)   (b)   (c)

图 3.40   螺栓承受偏心载荷

图 3.41   采用斜垫圈

3.6.3   提高螺栓疲劳强度的措施

1. 减小应力幅

减小螺栓刚度或增大被连接件刚度,均可使螺栓的应力幅减小,如图3.42所示。

为减小螺杆刚度,可适当增大螺栓的长度、减小螺栓杆直径、或做成空心杆、或在螺母下安装弹性元件等,如图3.43所示。为增大被连接件的刚度,应采用刚性大的垫片。若需密封元件时,可采用如图3.44所示密封环结构代替密封垫片。

2. 减小应力集中

螺杆上螺纹收尾处、螺栓头部到螺杆的过渡处,都会产生应力集中,这是产生断裂的危险部位。为了减小应力集中,可在螺纹收尾处采用较大的圆角过渡或退刀槽,在螺栓头部和杆部过渡处制成减载环,如图3.45所示。

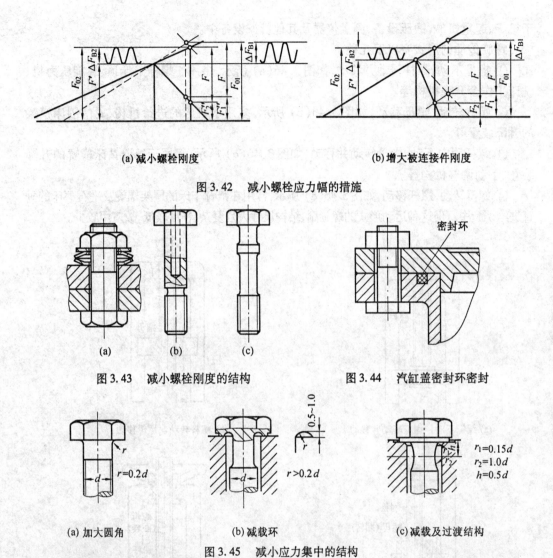

(a) 减小螺栓刚度　　　　　　　　(b) 增大被连接件刚度

图 3.42　减小螺栓应力幅的措施

(a)　　　(b)　　　(c)

图 3.43　减小螺栓刚度的结构　　　图 3.44　汽缸盖密封环密封

(a) 加大圆角　　　　　(b) 减载环　　　　(c) 减载及过渡结构

图 3.45　减小应力集中的结构

3. 采用合理的制造工艺

例如采用冷镦头部和滚压螺纹的工艺方法,由于有冷作硬化的作用,表层有残余压应力,滚压后金属组织紧密,金属流线走向合理,牙根处的应力集中小,所以其疲劳强度比车削螺纹提高 35% 左右。此外,采用碳氮共渗、渗氮、喷丸等表面硬化处理也能提高螺栓的疲劳强度。

3.7　螺旋传动

3.7.1　螺旋传动的概述

螺旋传动是利用螺杆和螺母组成的螺旋副来传递运动和动力的机构。螺旋传动可实现旋转运动和直线运动的相互转换,还可用做调整和测量元件。因此,螺旋传动广泛应用于机床、起重机械、锻压设备、测量仪器及其他机械设备中。

螺旋传动的形式有以下几种。

① 螺母不动,螺杆转动并移动,如图 3.46(a) 所示,多用于螺杆千斤顶、螺旋压力机、铣床工作台升降机构等。

② 螺杆转动,螺母移动,如图 3.46(b) 所示,多用于机床的进给机构、龙门刨床横梁的升降装置等。

③ 螺杆固定不动,螺母转动并移动,如图 3.46(c) 所示,多用于摇臂钻床横臂的升降装置、手动调整机构等。

④ 螺母转动,螺杆移动,如图 3.46(d) 所示,常用在铲背车床的尾架螺旋及平石磨床的垂直进给螺旋中。但这种运动形式的螺旋副,结构尺寸大且复杂,精度较低,故应用较少。

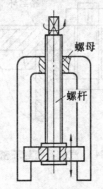

(a) 螺母不动,螺杆转动并移动

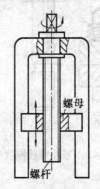

(b) 螺杆转动,螺母移动

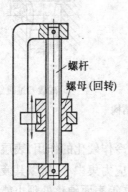

(c) 螺杆不动,螺母转动并移动

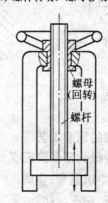

(d) 螺母转动,螺杆移动

图 3.46　螺旋传动的运动形式

按其用途螺旋传动可分为调整螺旋、起重螺旋和传导螺旋。调整螺旋用以固定零件的位置,一般不在工作载荷作用下作旋转运动,如机床进给机构中的微调螺旋、千分表中的测量螺旋等,图 3.47 所示的差动式螺旋就是一种典型的微调螺旋。在该螺旋副中,螺

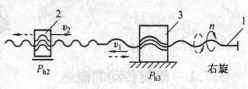

图 3.47　差动式螺旋

杆 1 转动并移动,螺母 2 移动,导程为 P_{h2},螺母 3 固定,导程为 P_{h3},当两螺纹旋向相同时,且 P_{h2} 和 P_{h3} 相差很小时,可得到两螺母间的微量位移 $S,S = |P_{h2} - P_{h3}|\varphi / 360°$。其中 P_{h2}、P_{h3} 单位为 mm,φ 为螺杆的转角,单位为"(°)"。起重螺旋用以举起重物或克服很大的轴向载荷,如螺旋千斤顶,起重螺旋一般为间歇性工作,每次工作时间较短、速度也不高,但轴向力很大,通常需要自锁,因工作时间短,不追求高效率;传导螺旋用以传递动力及运动,如机床丝杠,传导螺旋多在较长时间连续工作,有时速度也较高,因此要求有较高的效率和精度,一般不要求自锁。

按螺纹间摩擦性质不同,螺旋传动可分为滑动螺旋、滚动螺旋和静压螺旋。滑动螺旋摩擦阻力大,易于自锁,结构简单,加工方便,常用于机床进给、分度机构、摩擦压力机和千斤顶等。滚动螺旋摩擦阻力小,低速度不爬行,但抗冲击性能较差,结构复杂,制造困难,常用于机床、测试机械、仪器的传动和调整机构以及转向机构等。静压螺旋摩擦阻力最小,工作平稳无爬行,寿命长,但螺母结构复杂且需要精密供油系统,常用于精密机床的进给、分度机构。

本节主要介绍滑动螺旋的设计方法。

3.7.2 滑动螺旋传动的失效形式、常用材料及许用应力

1. 滑动螺旋传动的主要失效形式

滑动螺旋传动工作时,主要承受转矩及轴向拉力(或压力)的作用,而且在螺杆与螺母的旋合螺纹间存在较大的相对滑动。因此滑动螺旋的主要失效形式为螺纹磨损、螺杆断裂、螺纹牙根剪断和弯断,受压螺杆很长时还可能失稳。

2. 滑动螺旋的材料及许用压强、许用应力

螺杆的材料要求有足够的强度,常用 45、50 号钢。对于重要传动,要求高的耐磨性,需要进行热处理,可选用 T12、65Mn、40Cr、40CrMn、20CrMnTi 等钢。对于精密传动螺旋还要求热处理后有较好的尺寸稳定性,可选用 9Mn2V、CrWMn 等钢。

螺母材料除要求有足够的强度外,还要求与螺杆材料配副摩擦因数小和耐磨损。常选用铸造青铜 ZCuSn10Pb1、ZCuSn5Pb5Zn5;重载低速时选用高强度铸造青铜 ZCuAl10Fe3 或铸造黄铜 ZCuZn25Al6Fe3Mn3;低速小载荷时也可用耐磨铸铁。

滑动螺旋副材料的许用压强见表 3.9,许用应力见表 3.10。

表 3.9 滑动螺旋副材料的许用压强

螺杆和螺母配副材料	滑动速度 $v_s/(\text{m} \cdot \text{s})^{-1}$	许用应强 $[p]$/MPa
钢 – 青铜	低速	18 ~ 25
	< 0.05	11 ~ 18
	0.1 ~ 0.2	7 ~ 10
	> 0.25	1 ~ 2
钢 – 钢	低速	7.5 ~ 13
钢 – 耐磨铸铁	0.1 ~ 0.2	6 ~ 8
钢 – 铸铁	< 0.05	13 ~ 18
	0.1 ~ 0.2	4 ~ 7
淬火钢 – 青铜	0.1 ~ 0.2	10 ~ 13

表 3.10　滑动螺旋副材料的许用应力　　　　　　　　　　　MPa

材料		许用应力		
		$[\sigma]$	$[\sigma]_b$	$[\tau]$
螺杆	钢	$\sigma_s/(3 \sim 5)$		
螺母	钢		$(1 \sim 1.2)[\sigma]$	$0.6[\sigma]$
	青铜		$40 \sim 60$	$30 \sim 40$
	耐磨铸铁		$50 \sim 60$	40
	铸铁		$45 \sim 55$	40

3.7.3　滑动螺旋传动的设计计算

一般常根据抗磨损条件或螺杆断面强度条件设计螺杆尺寸,对其他失效形式进行校核计算。对有自锁要求的螺旋副,要校核其自锁条件,对传动精度要求高的螺旋副,需校核由螺杆变形造成的螺距变化量是否超过许用值。

1. 耐磨性计算

螺纹的磨损多发生在螺母上,而且影响磨损的主要因素是压强,压强越大,螺纹工作表面越容易磨损。因此耐磨性计算主要是限制螺纹工作表面上的压强,以防止过度磨损。

设螺旋传动承受的轴向载荷为 $F(\mathrm{N})$,螺母高度为 $H(\mathrm{mm})$,螺距为 $P(\mathrm{mm})$,螺纹的旋合圈数为 $z = H/P$,螺纹工作高度为 $h(\mathrm{mm})$,一圈螺纹的展开图如图 3.48 所示。则螺纹的耐磨性条件式为

$$P_s = \frac{F/z}{\pi d_2 h} = \frac{F}{\pi d_2 h z} \leqslant [p] \tag{3.33}$$

由于 $z = \dfrac{H}{P}$,引入系数 $\psi = \dfrac{H}{d_2}$ 以消去 H。

对于矩形和梯形螺纹,$h = 0.5P$,由式(3.33) 可得

$$d_2 \geqslant 0.8 \sqrt{\frac{F}{\psi[p]}} \tag{3.34}$$

对于锯齿形螺纹,$h = 0.75P$,则可得

$$d_2 \geqslant 0.65 \sqrt{\frac{F}{\psi[p]}} \tag{3.35}$$

式中　　$[p]$——许用压强,MPa,见表 3.8;

　　　　ψ——其值可根据螺母结构选定。对于整体式螺母,磨损后间隙不能调整,取 $\psi = 1.2 \sim 2.5$;对于剖分式螺母,间隙可调整;或需螺母兼作支承而受力较大时,可取 $\psi = 2.5 \sim 3.5$;对于传动精度较高,要求寿命较长时,允许取 $\psi = 4$。

计算出 d_2 后,根据 d_2 查标准确定螺旋副的公称直径 d 和螺距 P。为使旋合各圈螺纹受力较均匀,应使旋合圈数 $z \leqslant 10$。

2. 螺杆强度计算

螺杆断面承受轴向力 F 和转矩 T 作用,例如千斤顶的受力,如图 3.49 所示。根据第四

强度理论,螺杆危险截面的强度条件为

$$\sigma = \sqrt{\left(\frac{4F}{\pi d_1^2}\right)^2 + 3\left(\frac{16T}{\pi d_1^3}\right)^2} \leqslant [\sigma] \qquad (3.36)$$

对于起重螺旋,因所受轴向力大,速度低,常需根据螺杆强度确定螺杆螺纹小径。对于矩形和锯齿形螺纹,有

$$d_1 \geqslant \sqrt{\frac{4 \times 1.2F}{\pi[\sigma]}} \qquad (3.37)$$

对于梯形螺纹,有

$$d_1 \geqslant \sqrt{\frac{4 \times 1.25F}{\pi[\sigma]}} \qquad (3.38)$$

式中　　d_1——螺杆螺纹小径,mm;

　　　　$[\sigma]$——螺杆材料许用应力,见表3.9;

　　　　F——螺杆所受轴向力,N;

　　　　T——螺杆所受转矩,N·mm,$T = F\tan(\lambda + \rho')\dfrac{d_2}{2}$。

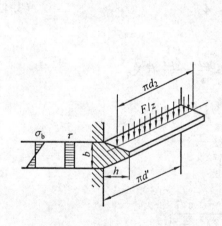

图 3.48　一圈螺纹的展开图

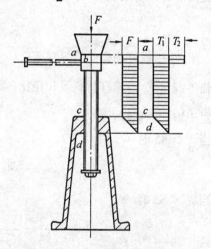

图 3.49　千斤顶螺杆截面受力图

3. 螺纹牙强度计算

因螺母材料强度低于螺杆,所以螺纹牙的剪切和弯曲破坏多发生在螺母上。可将展开后的螺母螺纹牙看做一悬臂梁,螺纹牙根部的剪切强度校核计算式为

$$\tau = \frac{F}{\pi d' b z} \qquad (3.39)$$

螺纹牙根部的弯曲强度校核计算式为

$$\sigma_b = \frac{\dfrac{F}{z}\dfrac{h}{2}}{\dfrac{\pi d' b^2}{6}} = \frac{3Fh}{\pi d' z b^2} \leqslant [\sigma]_b \qquad (3.40)$$

式中　　d'——螺母螺纹大径,mm;

h—— 螺纹牙的工作高度,mm;

b—— 螺纹牙根部厚,mm,梯形螺纹的 $b = 0.65P$,锯齿形螺纹的 $b = 0.74P$,矩形螺纹的 $b = 0.5P$;

$[\tau]$、$[\sigma]_b$—— 螺母材料的许用剪切应力和许用弯曲应力,MPa。

如果螺杆和螺母材料相同,因螺杆螺纹小径 d_1 小于螺母螺纹大径 d',应校核螺杆螺纹牙强度,只要将式(3.39)、(3.40) 中的 d' 改为 d_1 即可。

4. 螺纹副自锁条件校核

对有自锁要求的螺旋,要校核其自锁性,其条件为

$$\psi \leqslant \rho' \tag{3.41}$$

式中　ψ—— 螺纹升角,(°)(此 ψ 不是耐磨性计算中的系数);

ρ'—— 螺纹副的当量摩擦角,(°),$\rho' = \arctan f'$,f' 为螺纹副的当量摩擦因数。

5. 螺杆的稳定性计算

对于细长的受压螺杆,当轴向压力 F 大于某一临界值时,螺杆会发生横向弯曲而失去稳定。

受压螺杆的稳定性条件式为

$$\frac{F_c}{F} \geqslant 2.5 \sim 4 \tag{3.42}$$

式中　F_c—— 螺杆稳定的临界载荷。

临界载荷 F_c 与螺杆材料及长径比(柔度)$\lambda = \dfrac{\mu l}{i} = \dfrac{4\mu l}{d_1}$ 有关。

对于淬火钢螺杆:

当 $\lambda \geqslant 85$ 时

$$F_c = \frac{\pi^2 EI}{(\mu l)^2}$$

当 $\lambda < 85$ 时

$$F_c = \frac{490}{1 + 0.000\,2\lambda^2} \frac{\pi d_1^2}{4}$$

对于不淬火螺杆:

当 $\lambda > 90$ 时

$$F_c = \frac{\pi^2 EI}{(\mu l)^2}$$

当 $\lambda < 90$ 时

$$F_c = \frac{340}{1 + 0.000\,13\lambda^2} \frac{\pi d_1^2}{4}$$

对于 $\lambda < 40$ 的螺杆,一般不会失稳,不需进行稳定性校核。

上列各式中:

l—— 螺杆的最大工作长度,mm,若螺杆为两端支承,取 l 为两支点间的距离,若螺杆一端以螺母支承,则取 l 为螺母中部到另一端支点间的距离;

μ——螺杆长度系数,与螺杆的支承情况有关,见表 3.11;

I——螺杆危险截面的轴惯性矩,$I = \dfrac{\pi d_1^4}{64}$,$mm^4$;

i——螺杆危险截面的惯性半径,$i = \sqrt{\dfrac{I}{A}} = \dfrac{d_1}{4}$,mm,其中 A 为危险截面的面积;

E——螺杆材料的弹性模量,对于钢,$E = 2.07 \times 10^5$ MPa。

表 3.11　螺杆的长度系数

端部支承情况	长度系数 μ
两端固定	0.50
一端固定,一端不完全固定	0.60
一端铰支,一端不完全固定	0.70
两端不完全固定	0.75
两端铰支	1.00
一端固定,一端自由	2.00

注:判断螺杆支承情况的方法:

①若采用滑动支承时,则以轴承长度 l_0 与直径 d_0 的比值来确定:$l_0/d_0 < 1.5$ 时,为铰支;$l_0/d_0 = 1.5 \sim 3.0$ 时,为不完全固定;$l_0/d_0 > 3.0$ 时,为固定支承。

②若以整体螺母作为支承时,仍按上述方法确定。此时,取 $l_0 = H(H$ 为螺母高度)。

③若以剖分螺母作为支承时,可作为不完全固定支承。

④若采用滚动支承且有径向约束时,可作为铰支;有径向和轴向约束时,可作为固定支承。

思考题与习题

3-1　螺纹的主要参数有哪些?哪些参数影响螺纹连接的效率?在设计普通螺纹连接时,什么时候用粗牙螺纹连接?什么时候用细牙螺纹连接?

3-2　螺纹连接的主要类型有哪些?各有什么特点?适用于什么场合?

3-3　普通螺栓连接和铰制孔用螺栓连接在连接结构和传动横向载荷的工作原理上有何特点?

3-4　对螺纹连接进行预紧的目的是什么?在预紧的过程中螺杆的受力有何特点?在设计计算中如何考虑其影响?

3-5　螺纹连接防松的根本问题是什么?按工作原理防松的方法可分为几类?试举 1~2 个实例予以说明。

3-6　结合单个紧螺栓连接受力 - 变形线图,说明螺栓总拉力 F_0、轴向工作载荷 F、预紧力 F'、残余预紧力 F'' 之间的关系。

3-7　结构设计中,为什么要求将支承表面加工平整且与螺孔轴线垂直?为减小加工面,常采用哪些结构措施?

3-8　连接件刚度 C_B 和被连接件刚度 C_m 对连接的疲劳强度有何影响?对静强度有无影响?

3-9　为什么螺栓发生断裂的部位多在第一圈受载螺牙处?为提高该处强度可采取哪些措施?

3-10　图 3.50 为一刚性凸缘联轴器,材料为 HT100。凸缘之间用铰制孔用螺栓连接,螺栓数目 $z = 6$,螺杆无螺纹部分直径 $d_0 = 17$ mm,材料强度等级为8.8。试计算联轴器能传递的转矩。若欲采用普通螺栓连接且传递同样的转矩,请确定螺栓直径。

3-11 如图3.51所示,螺栓连接中采用两个M20的螺栓,其许用拉应力为 $[\sigma] = 160$ MPa,被连接件接合面间的摩擦因数 $f = 0.12$,可靠系数 $K_f = 1.2$,试计算该连接允许传递的横向工作载荷 F_R。

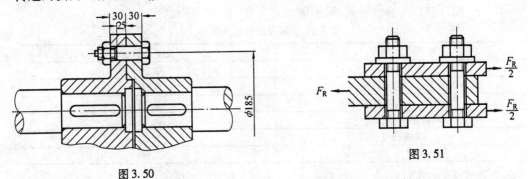

图 3.50

图 3.51

3-12 已知一个托架的边板用6个螺栓与相邻的机架相连接。托架受一与边板螺栓组的垂直对称轴线相平行、距离为250 mm、大小为60 kN的载荷作用。现有如图3.52所示的两种螺栓布置形式,如采用铰制孔用螺栓连接,试问哪一种螺栓布置形式所用的螺栓直径最小?

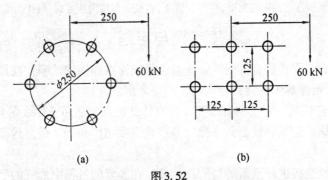

(a)   (b)

图 3.52

3-13 找出图3.53所示螺纹连接结构中的错误,并在图上予以改正。

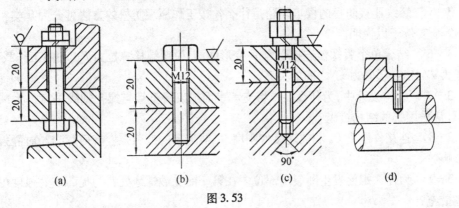

(a)   (b)   (c)   (d)

图 3.53

第 4 章

挠性件传动

4.1 带传动的概述

4.1.1 带传动的组成与类型

带传动的结构如图 4.1 所示，一般由主动轮 1、从动轮 2 和传动带 3 组成。按照带和带轮之间传递动力和运动的原理不同，带传动可以分成两大类，即摩擦型带传动（图 4.1(a)）和啮合型带传动（图 4.1(b)）。

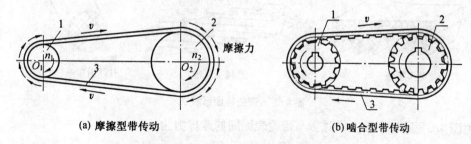

(a) 摩擦型带传动   (b) 啮合型带传动

图 4.1 带传动的组成、类型及工作原理

摩擦型带传动靠带与带轮间摩擦力传递运动和动力；工作时传动带以一定的初拉力 F_0 紧套在带轮上，在 F_0 的作用下，带与带轮的接触面间产生正压力，当主轮 1 回转时，接触面间产生摩擦力，主动轮靠摩擦力使传动带 3 与其一起运动。同时，传动带靠摩擦力驱使从动轮 2 与其一起转动，从而使主动轴上的运动和动力通过传动带传递给了从动轴。

而同步带传动通过带齿与轮齿的啮合传递运动和动力。与摩擦型带传动相比，同步带传动兼有带传动、链传动和齿轮传动的一些特点。

4.1.2 摩擦型带传动的特点及应用

摩擦型带传动的主要特点如下：

(1) 传动带具有弹性和挠性，可吸收振动并缓和冲击，从而使传动平稳、噪声小。

(2) 当过载时，传动带与带轮间可发生相对滑动而不损伤其他零件，起过载保护作用。

（3）适合于主、从动轴间中心距较大的传动。

（4）由于有弹性滑动存在，故不能保证准确的传动比，传动效率较低。

（5）张紧力会产生较大的压轴力，使轴和轴承受力较大，传动带寿命降低。

（6）摩擦易产生静电火花，不适合高温、易燃、易爆等场合。

因此摩擦型带传动适用于传动中心距大，对传动比准确性要求不高，中小功率的高速传动场合。

4.1.3　摩擦型传动带的类型

靠摩擦力工作的传动带按截面形状不同主要分为平带、V带（如普通V带、窄V带、联组V带）和特殊带（如多楔带、接头V带和圆形带），如图4.2所示。

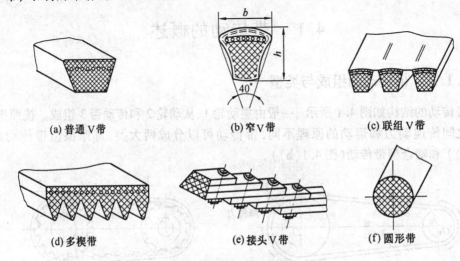

(a) 普通V带　　　　(b) 窄V带　　　　(c) 联组V带

(d) 多楔带　　　　(e) 接头V带　　　　(f) 圆形带

图4.2　带的截面形状

由图4.3可知，平带工作时带与带轮表面间的摩擦力为

$$F_f = fF_N = fF_Q \tag{4.1}$$

而V带工作时带与带轮轮槽两侧面的摩擦力为

$$F_f = 2fF_N = \frac{fF_Q}{\sin\dfrac{\varphi_0}{2}} = f'F_Q \tag{4.2}$$

式中　φ_0——V带轮的轮槽角（表4.3）；

f——带与带轮间的摩擦因数；

f'——V带传动的当量摩擦因数，$f' = \dfrac{f}{\sin\dfrac{\varphi_0}{2}}$。

由于 $f' > f$，在相同张紧力的情况下，V带在轮槽表面上能产生较大的正压力和摩擦力，即V带传动传递载荷的能力比平带传动传递的大，因此V带传动被广泛采用。

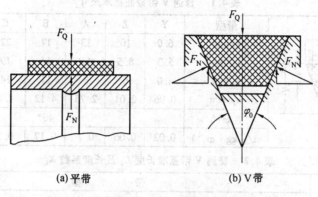

(a) 平带 (b) V 带

图 4.3 平带和 V 带传动的受力比较

4.1.4 V 带

1. V 带的结构

V 带其截面呈梯形,由胶帆布、顶胶、缓冲胶、芯绳、底胶等组成,如图 4.4 所示。根据结构 V 带分为包边 V 带和切边 V 带两种。胶帆布由涂胶帆布制成,它能增强带的强度,减小带的磨损;顶胶层、底胶层和缓冲胶由橡胶制成,在胶带弯曲时,顶胶层受拉,底胶层受压;芯绳是 V 带的骨架层,用来承受纵向拉力,它由一排粗线绳组成,线绳材料采用聚酯等纤维材料制成。

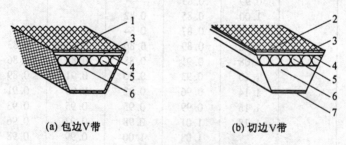

(a) 包边 V 带 (b) 切边 V 带

图 4.4 V 带的结构

1—胶帆布;2—顶布;3—顶胶;4—缓冲胶;5—芯绳;6—底胶;7—底布

2. 普通 V 带的型号和基本尺寸

根据国标 GB/T 11544—1997 规定,按截面尺寸的不同,我国的普通 V 带分为 Y、Z、A、B、C、D、E 七种型号,其截面基本尺寸见表 4.1。

国家标准规定,普通 V 带的长度用基准长度 L_d 表示。普通 V 带的基准长度见表 4.2。

表 4.1　普通 V 带截面基本尺寸

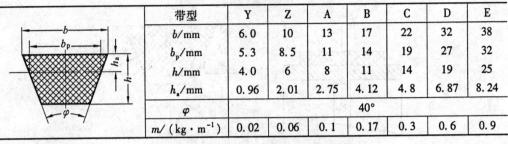

带型	Y	Z	A	B	C	D	E
b/mm	6.0	10	13	17	22	32	38
b_p/mm	5.3	8.5	11	14	19	27	32
h/mm	4.0	6	8	11	14	19	25
h_a/mm	0.96	2.01	2.75	4.12	4.8	6.87	8.24
φ	40°						
m/(kg·m⁻¹)	0.02	0.06	0.1	0.17	0.3	0.6	0.9

表 4.2　普通 V 带基准长度 L_d 及长度系数 K_L

基准长度 L_d/mm	Y	Z	A	B	C	D	E
				K_L			
200	0.81						
224	0.82						
250	0.84						
280	0.87						
315	0.90						
355	0.92						
400	0.96	0.87					
450	1.00	0.89					
500	1.02	0.91					
560		0.94					
630		0.96	0.81				
710		0.99	0.83				
800		1.00	0.85	0.82			
900		1.03	0.87	0.84	0.83		
1 000		1.06	0.89	0.86	0.86	0.83	
1 120		1.08	0.91	0.88	0.88	0.86	
1 250		1.10	0.93	0.90	0.91	0.89	
1 400		1.14	0.96	0.92	0.93	0.91	
1 600		1.16	0.99	0.95	0.95	0.93	
1 800		1.18	1.01	0.98	0.97	0.96	
2 000			1.03	1.00	0.99	0.98	
2 240			1.06	1.03	1.02	1.00	
2 500			1.09	1.05	1.04	1.03	
2 800			1.11	1.07	1.07	1.06	
3 150			1.13	1.09	1.09	1.08	
3 550			1.17	1.13	1.12	1.11	
4 000			1.19	1.15	1.15	1.14	
4 500				1.18	1.18	1.17	
5 000					1.21	1.20	
					1.23	1.22	

注：V 带在作垂直其底边的纵向弯曲时，在带中保持不变的周线称为 V 带的节线，由节线组成的面称为节面。V 带节面的宽度 b_p 称为节宽。在 V 带轮轮槽上与所配用的 V 带节面处于同一位置，并在规定公差范围内与 V 带的节宽值 b_p 相同的槽宽 b_d 称为 V 带轮轮槽的基准宽度(表 4.3 中的图)。带轮在轮槽基准宽度处的直径 d_d 称为 V 带轮的基准直径(表 4.3 中的图)。而在规定张紧力下，V 带位于两测量带轮基准直径上的周线长度 L_d 称为 V 带的基准长度。

表 4.3　普通 V 带基本额定功率 P_0

n_1/(r·min)$^{-1}$　　　　　　　　　　kW

带型	d_d/mm	100	200	400	700	800	950	1200	1450	1600	2000	2400	2800	3200	3600	4000	4500	5000	5500	6000
Y	20						0.01	0.02	0.02	0.03	0.04	0.04	0.04	0.06	0.06	0.06	0.07	0.08	0.09	0.10
	28					0.03	0.04	0.04	0.05	0.05	0.06	0.07	0.08	0.09	0.10	0.11	0.12	0.13	0.14	0.15
	35.5				0.04	0.05	0.05	0.06	0.06	0.07	0.08	0.09	0.11	0.12	0.13	0.14	0.16	0.18	0.19	0.20
	40				0.04	0.05	0.06	0.07	0.08	0.09	0.11	0.12	0.14	0.15	0.16	0.18	0.19	0.23	0.22	0.24
Z	50		0.04	0.06	0.09	0.10	0.12	0.14	0.16	0.17	0.20	0.22	0.26	0.28	0.30	0.32	0.33	0.34	0.33	0.31
	63		0.05	0.08	0.13	0.15	0.18	0.22	0.25	0.27	0.32	0.37	0.41	0.45	0.47	0.49	0.50	0.50	0.49	0.48
	71		0.06	0.09	0.17	0.20	0.23	0.27	0.30	0.33	0.39	0.46	0.50	0.54	0.58	0.61	0.62	0.62	0.61	0.58
	80		0.10	0.14	0.20	0.22	0.26	0.30	0.35	0.39	0.44	0.50	0.56	0.61	0.64	0.67	0.67	0.66	0.64	
A	75		0.15	0.26	0.40	0.45	0.51	0.60	0.68	0.73	0.84	0.92	1.00	1.04	1.08	1.09	1.07	1.02	0.96	0.80
	90		0.22	0.39	0.61	0.68	0.77	0.93	1.07	1.15	1.34	1.50	1.64	1.73	1.83	1.87	1.88	1.82		
	100		0.26	0.47	0.74	0.83	0.95	1.14	1.32	1.42	1.66	1.87	2.05	2.19	2.28	2.34	2.33			
	125		0.37	0.67	1.07	1.19	1.37	1.66	1.92	2.07	2.44	2.74	2.98	3.16	3.26					
B	125		0.48	0.84	1.30	1.44	1.64	1.93	2.19	2.33	2.64	2.85	2.96	2.94	2.80					
	140		0.59	1.05	1.64	1.82	2.08	2.47	2.82	3.00	3.42	3.70	3.85	3.83						
	160		0.74	1.32	2.09	2.32	2.66	3.17	3.62	3.86	4.40	4.75	4.89							
	180		0.88	1.59	2.53	2.81	3.22	3.85	4.39	4.68	5.30	5.67								
C	200		1.39	2.41	3.69	4.07	4.58	5.29	5.84	6.07	6.34	6.02								
	250		2.03	3.62	5.64	6.23	7.04	8.21	9.04	9.38	9.62									
	315		2.84	5.14	8.09	8.92	10.05	11.53	12.46	12.72										
	400		3.91	7.06	11.02	12.10	13.48	15.04	15.63											
D	355	3.01	5.31	9.24	13.70	14.83	16.15	17.25	16.77	15.63										
	400	3.66	6.52	11.45	17.07	18.46	20.06	21.20												
	450	4.37	7.90	13.85	20.63	22.25	24.01	24.84												
	500	5.08	9.21	16.20	23.99	25.76	27.50													
E	500	6.21	10.86	18.55	26.21	27.57	28.32													
	560	7.32	13.09	22.49	31.59	33.03	33.40													
	630	8.75	15.65	26.95	37.26	38.62														
	710	10.31	18.52	31.83	42.87	43.52														

注:①优先带轮直径系列:20,28,31.5,35.5,40,45,50,56,63,71,80,90,100,112,125,140,150,160,180,200,224,250,280,315,355,400,425,450,500,560,600,630,710,800。

②若 d_d 和 n_1 的数值与表中数值不同,则基本额定功率 P_0 的数值可运用线性插值法确定。如:A 型带,$d_{d1}=80$ mm,$n_1=1\,440$ r/min,则可先由 $d_{d1}=75$ mm,$n_1=1\,440$ r/min 时,$P_0=0.60$ kW,而 $n_1=1\,450$ r/min 时,$P_0=0.68$ kW,插值得出 $n_1=1\,440$ r/min 时,$P_0/\text{kW}=0.60+\dfrac{0.68-0.60}{1\,450-1\,200}×(1\,440-1\,200)=0.677$,或 $P_0/\text{kW}=$

$$0.68-\frac{0.68-0.60}{1\,450-1\,200}×(1\,450-1\,440)=0.677,$$

同理可求出 $d_{d1}=90$ mm,$n_1=1\,440$ r/min 时的 P_0 值,$P_0=1.064$ kW,再次插值得出 $d_{d1}=80$ mm,$n_1=1\,440$ r/min 的 P_0 值:$P_0/\text{kW}=$

$$0.677+\frac{1.064-0.677}{90-75}×(80-75)=0.806。$$

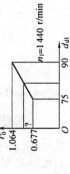

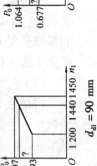

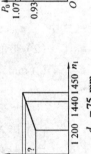

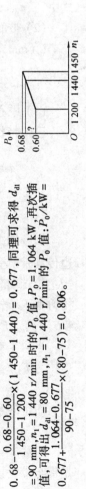

4.2 带传动的基本理论

4.2.1 带传动的几何计算

带传动的主要几何参数有:带轮的基准直径 d_{d1} 和 d_{d2}、带传动的中心距 a、包角 α、带的基准长度 L_d 等,它们的近似关系和计算公式如下所述(图4.5)。

(1)包角 α

传动带与带轮接触弧所对应的中心角称为包角。由图可见,小带轮上的包角为

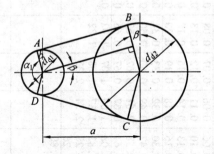

图4.5 带传动的几何关系

$$\alpha_1 \approx 180° - \frac{d_{d2} - d_{d1}}{a} \times 57.3° \tag{4.3}$$

式中 d_{d2}、d_{d1} —— 带轮基准直径,mm。

(2)带的基准长度

$L_d(\text{mm})$ 为

$$L_d \approx 2a + \frac{\pi}{2}(d_{d2} + d_{d1}) + \frac{(d_{d2} - d_{d1})^2}{4a} \tag{4.4}$$

(3)中心距 a

已知带长时,由式(4.4)得中心距 $a(\text{mm})$ 为

$$a \approx \frac{2L_d - \pi(d_{d2} + d_{d1}) + \sqrt{[2L_d - \pi(d_{d2} - d_{d1})]^2 - 8(d_{d2} - d_{d1})^2}}{8} \tag{4.5}$$

4.2.2 带传动的受力分析

靠摩擦力传递运动和动力的带传动,不工作时,主动轮上的驱动转矩 $T_1 = 0$,带轮两边传动带所受的拉力均为初拉力 F_0(图4.6(a));而工作时,主动轮上的驱动转矩 $T_1 > 0$,当主轮转动时,在摩擦力的作用下,带绕入主动轮的一边被进一步拉紧,称为紧边,其所受拉力由 F_0 增大到 F_1,而带的另一边则被放松,称为松边,其所受拉力由 F_0 降到 F_2(图4.6(b))。F_1、F_2 分别称为带的紧边拉力和松边拉力。

当取主动轮一端的带为分离体时,根据作用于带上的总摩擦力 F_f 及紧边拉力 F_1 与松边拉力 F_2 对轮心 O_1 的力矩平衡条件,可得

$$F_f = F_1 - F_2$$

而带的紧、松边拉力之差就是带传递的有效圆周力 F,即

$$F = F_1 - F_2 \tag{4.6}$$

显然 $F = F_f$,由图4.6(b)可以看出有效圆周力不是作用在某一固定点的集中力,而是带与带轮接触弧上各点摩擦力的总和。

若假设带在工作前后总长度不变,则带工作时,其紧边的伸长增量等于松边的伸长减

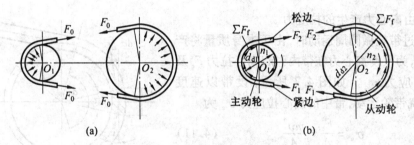

图 4.6　带传动的受力分析

量。由于带工作在弹性变形范围内,则可认为紧边拉力的增量等于松边拉力的减量,即

$$F_1 - F_0 = F_0 - F_2$$

或

$$F_1 + F_2 = 2F_0 \tag{4.7}$$

当带处于在带轮上即将打滑而尚未打滑的临界状态时,F_1 与 F_2 的关系可用著名的欧拉公式表示,即

$$F_1 = F_2 e^{f_{\alpha 1}} \tag{4.8}$$

式中　　e——自然对数的底($e = 2.718\cdots$);

　　　　f——带和带轮间的摩擦因数(对 V 带传动用当量摩擦因数 f');

　　　　α_1——带在小带轮上的包角,rad。

将式(4.6)、(4.7) 和(4.8) 联立求解,可得欧拉公式的另一形式,即传动带所能传递的最大有效圆周力(临界值) 为

$$F_{max} = 2F_0 \frac{1 - \dfrac{1}{e^{f_{\alpha 1}}}}{1 + \dfrac{1}{e^{f_{\alpha 1}}}} \tag{4.9}$$

由式(4.9) 可见,F_{max} 与初拉力 F_0、包角 α_1 和摩擦因数 f 等因素有关。F_0 大、α_1 大 f 大,则产生的摩擦力大,传递的最大有效圆周力亦大。

4.2.3　带传动的应力分析

1. 三种应力

(1) 由紧边和松边拉力产生的拉应力

紧边拉应力为

$$\sigma_1 = \frac{F_1}{A}$$

松边拉应力为

$$\sigma_2 = \frac{F_2}{A} \tag{4.10}$$

式中　A——传动带的横截面积,mm^2。

σ_1、σ_2 值不相等,带绕过主动轮时,拉力产生的应力由 σ_1 逐渐降为 σ_2,绕过从动轮时又由 σ_2 逐渐增大到 σ_1。

（2）由离心力产生的拉应力

带绕过带轮做圆周运动时，由于本身质量将产生离心力，为平衡离心力在带内引起离心拉力 F_c 及相应的拉应力 σ_c。如图 4.7 所示，设带以速度 $v(\mathrm{m/s})$ 绕带轮运动，带中的离心拉应力 σ_c 为

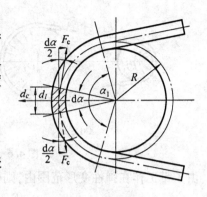

$$\sigma_c = \frac{F_c}{A} = \frac{mv^2}{A} \qquad (4.11)$$

式中　m——带每米长度的质量，$\mathrm{kg/m}$。其值见表 4.1。

离心力引起的拉应力作用在带的全长上，且各处大小相等。

图 4.7　带的离心拉力

（3）由带弯曲产生的弯曲应力

带绕过带轮时发生弯曲（图 4.8），产生弯曲应力（只发生绕在带轮部分上），由材料力学公式可得

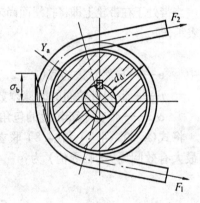

$$\sigma_b = \frac{E_b F_a}{\rho} = \frac{2E_b Y_a}{d_d} \qquad (4.12)$$

式中　d_d——带轮基准直径，mm；

　　　ρ——曲率半径，$\rho = \dfrac{d_d}{2}$，mm；

　　　Y_a——带最外层至中性层的距离，mm，对

　　　　　平带 $Y_a = \dfrac{h}{2}$，对 V 带 $Y_a \approx h_a$；

　　　E_b——带材料的弹性模量，MPa。

图 4.8　带的弯曲应力

由式（4.12）可见，带轮直径越小，带越厚，弯曲应力越大。

2. 应力分布图

带中各截面上的应力大小，如用自该处所作的径向线（即把应力相位转 90°）的长度表示，可画成如图 4.9 所示的应力分布图。可见，带在工作中所受的应力是变化的，最大应力产生在由紧边进入小带轮处，其值为

$$\sigma_{\max} = \sigma_1 + \sigma_{b1} + \sigma_c \qquad (4.13)$$

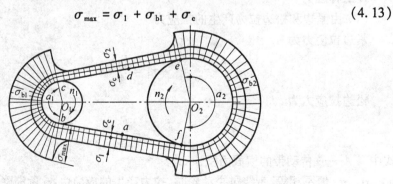

图 4.9　带工作时应力变化

在一般情况下,弯曲应力最大,离心应力较小,但离心应力随带速的增加而增加。

显然处于变应力状态下工作的传动带,当应力循环次数达到某一值后,带将发生疲劳破坏。

4.2.4　带传动的弹性滑动和打滑现象

1. 弹性滑动

由于带是弹性体,其弹性变形伸长量因松紧边的拉力不同而不同,如图 4.10 所示。当带的紧边在点 b 进入主动轮时,带速与带轮圆周速度相等,皆为 v_1。带随带轮的点 b 转到点 c 离开带轮时,其拉力逐渐由 F_1 减小到 F_2,从而使带的弹性伸长量也相应的减少,亦即带相对带轮向后缩了一点。而带速 v 也逐渐落后于带轮圆周速度 v_1,到点 c 后带速 v 降到 v_2。同样,当带绕过从动轮时,带所受的拉力由 F_2 逐渐增大到 F_1,其弹性伸长量逐渐增加,致使带相对带轮向前移动一点。而带速 v 也逐渐大于从动轮圆周速度 v_2,即 $v_2 < v < v_1$。这种由松紧边带的弹性变形量不同而引起带与带轮之间的相对滑动现象称为弹性滑动。弹性滑动是摩擦型带传动中不可避免的现象,是正常工作时固有的特性。

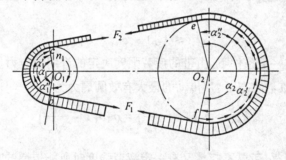

图 4.10　带传动中的弹性滑动

弹性滑动会引起下列后果。

① 从动轮的圆周速度总是落后于主动轮的圆周速度,并随载荷而变化,导致带传动的传动比不准确。

由于弹性滑动引起从动轮圆周速度低于主动轮圆周速度,其相对降低率通常称为带传动的滑动系数或滑动率,用 ε 表示为

$$\varepsilon = \frac{v_1 - v_2}{v_1} = \frac{\pi d_{d1} n_1 - \pi d_{d2} n_2}{\pi d_{d1} n_1} = \frac{n_1 - i n_2}{n_1} \tag{4.14}$$

这样,计入弹性滑动时的从动轮转速 n_2 与主动轮转速 n_1 的关系应为

$$n_2 = (1 - \varepsilon) \frac{d_{d1}}{d_{d2}} - n_1 \tag{4.15}$$

一般情况下,带传动的滑动系数 $\varepsilon = 1\% \sim 2\%$。

② 损失一部分能量,降低了传动效率,会使带的温度升高,并引起传动带磨损。

2. 打滑

在正常情况下,并不是全部接触弧上都发生弹性滑动。接触弧可分为有相对滑动的滑动弧和无相对滑动的静弧两部分,两段弧所对应的中心角分别称为滑动角 α' 和静角 α''。静弧总是发生在带与带轮同速度的接触区域(图 4.10)。

带不传递载荷时,滑动角为零。随着载荷的增加,滑动角 α' 逐渐增大,而静角 α'' 则逐渐减小。当滑动角 α' 增大到 α_1 时,达到极限状态,带传动的有效圆周力达到最大值。若传递的外载荷超过最大的有效圆周力,带就在带轮上发生显著的相对滑动现象,即打滑。打滑将造成带的严重磨损,并使带的运动处于不稳定状态,导致传动失效。带在大轮上的包角大于小轮上的包角,所以打滑总是在小轮上先开始。

打滑是由于过载引起的,因而避免过载就可避免打滑。打滑也可起过载保护的作用。

4.2.5 带传动的失效形式和设计准则

由前面分析可以看出,带传动的主要失效形式是打滑和带的疲劳破坏。因此,带传动的设计准则是在保证带工作时不打滑的条件下,具有一定的疲劳强度和寿命。

为满足强度条件,在设计时要求 $\sigma_{max} \leqslant [\sigma]$,即

$$\sigma_{max} = \sigma_1 + \sigma_{b1} + \sigma_c \leqslant [\sigma] \tag{4.16}$$

或

$$\sigma_1 \leqslant [\sigma] - \sigma_{b1} - \sigma_c$$

式中 $[\sigma]$ —— 在一定条件下,由带的疲劳强度决定的许用拉应力。

在即将打滑的临界状态下,带传动的最大有效圆周力为

$$F_{max} = F_1 \left(1 - \frac{1}{e f_{\alpha1}} \right) = \sigma_1 A \left(1 - \frac{1}{e f_{\alpha1}} \right) \tag{4.17}$$

由 $P = \dfrac{F_{max} v}{1\,000}$ 可得,带既不打滑又有一定疲劳强度时所能传递的功率为

$$P_0 = ([\sigma] - \sigma_{b1} - \sigma_c) \left(1 - \frac{1}{e f_{\alpha1}} \right) \frac{Av}{1\,000} \tag{4.18}$$

在载荷平稳、包角 $\alpha_1 = \pi$ rad(即 $i = 1$)、带长 L_d 为特定长度、强力层为化学纤维线绳结构的条件下,由式(4.18)求得单根普通 V 带所能传递的基本额定功率 P_0,见表4.3。

当实际工作条件与上述特定条件不同时,应对 P_0 值加以修正。

(1)若 $i \neq 1$,大轮和小轮对弯曲应力的影响是不同的。当 $i > 1$ 时,带在大轮上弯曲程度较小,即带绕过大轮时产生的弯曲应力较绕过小轮时要小。因此,在同样寿命条件下,$i > 1$ 时带所能传递的功率可以相应的增大一些。这一功率增量 $\Delta P_0(kW)$ 可由下式计算,即

$$\Delta P_0 = K_b n_1 \left(1 - \frac{1}{K_i} \right) \tag{4.19}$$

式中 K_b —— 弯曲影响系数,见表4.4;

K_i —— 传动比系数,见表4.5;

n_1 —— 小带轮转速,r/min。

表 4.4 弯曲影响系数 K_b

带 型	K_b
Z	$0.292\ 5 \times 10^{-3}$
A	$0.772\ 5 \times 10^{-3}$
B	$1.987\ 5 \times 10^{-3}$
C	5.625×10^{-3}
D	19.95×10^{-3}
E	37.35×10^{-3}

表 4.5 传动比系数 K_i

传动比 i	K_i
$1.00 \sim 1.01$	$1.000\ 0$
$1.02 \sim 1.04$	$1.013\ 6$
$1.05 \sim 1.08$	$1.027\ 6$
$1.09 \sim 1.12$	$1.041\ 9$
$1.13 \sim 1.18$	$1.056\ 7$
$1.19 \sim 1.24$	$1.071\ 9$
$1.25 \sim 1.34$	$1.087\ 5$
$1.35 \sim 1.51$	$1.103\ 6$
$1.52 \sim 1.99$	$1.120\ 2$
≥ 2.00	$1.137\ 3$

（2）在实际传动中，若带长 L_d 不为特定长度，包角 $\alpha_1 \neq 180°$，则引入带长修正系数 K_L（见表 4.2）和包角修正系数 K_α（见表 4.6），对基本额定功率（$P_0 + \Delta P_0$）进行修正。

表 4.6 包角修正系数 K_α

包角 α_1	220°	210°	200°	190°	180°	170°	160°	150°	140°	130°	120°	110°	100°	90°
K_α	1.20	1.15	1.10	1.05	1.00	0.98	0.95	0.92	0.89	0.86	0.82	0.78	0.73	0.68

因此，在实际工作条件下，单根 V 带所能传递的额定功率为（$P_0 + \Delta P_0$）$K_L K_\alpha$。

4.3　普通 V 带传动的设计

4.3.1　普通 V 带传动设计的已知条件和设计内容

进行普通 V 带传动设计时，一般已给定的数据有：①所传递的功率 P；②带轮转速 n_1、n_2 或传动比 i；③原动机的种类；④传动的场合，工作情况及结构要求（如安装尺寸、传动位置等）。

一般 V 带传动设计的内容有：①确定 V 带的型号、基准长度 L_d 和根数 z；②确定带轮的基准直径 d_{d1} 和 d_{d2}，带轮的结构尺寸及材料等；③确定传动的中心距 a；④确定初拉力 F_0、压轴力 F_Q 及张紧措施等。

4.3.2　普通 V 带传动的设计步骤及主要参数的选择

1. 确定设计功率 P_d

设计功率是根据需要传递的名义功率再考虑载荷性质、原动机类型和每天连续工作的时间长短等因素而确定的，表达式为

$$P_d = K_A P \tag{4.20}$$

式中　P—— 所需传递的名义功率，kW；

　　　　K_A—— 工作情况系数，按表 4.7 选取。

表 4.7　工作情况系数 K_A

工作机		原动机					
		Ⅰ 类			Ⅱ 类		
		一天工作时间 /h					
		< 10	10 ~ 16	> 16	< 10	10 ~ 16	> 16
载荷平稳	液体搅拌机离心水泵;通风机和鼓风机(≤ 7.5 kW);离心式压缩机;轻型运输机	1.0	1.1	1.2	1.1	1.2	1.3
载荷变动小	带式运输机(运送砂石、谷物),通风机(> 7.5 kW);发电机;旋转式水泵;金属切削机床;剪床;压力机;印刷机;振动筛	1.1	1.2	1.3	1.2	1.3	1.4
载荷变动较大	螺旋式运输机;斗式提升机;往复式水泵和压缩机;锻锤;磨粉机;锯木机和木工机械;纺织机械	1.2	1.3	1.4	1.4	1.5	1.6
载荷变动很大	破碎机(旋转式、颚式等);球磨机、棒磨机;起重机;挖掘机;橡胶辊压机	1.3	1.4	1.5	1.5	1.6	1.8

注:① Ⅰ 类 —— 普通鼠笼式交流电动机,同步电动机,直流电动机(并激),$n ≥ 600$ r/min 内燃机。

　　Ⅱ 类 —— 交流电动机(双鼠笼式、滑环式、单相、大转差率),直流电动机(复激、串激),单缸发动机,$n ≤ 600$ r/min 内燃机。

②在反复启动、正反转频繁、工作条件恶劣等场合,表中 K_A 值均应乘以 1.1。

2.选择带的型号

V 带的型号可根据设计功率 P_d 和小带轮转速 n_1 由图 4.11 选取。当 P_d 和 n_1 值坐标交点位于或接近两种型号区域边界处时,可取相邻两种型号同时计算,比较结果,最后选定一种。

3.确定带轮的基准直径 d_{d1} 和 d_{d2}

传动带中的弯曲应力变化是最大的,它是引起带疲劳破坏的主要因素。带轮直径越小,弯曲应力越大。因此,为减少弯曲应力应采用较大的小带轮直径 d_{d1}。但 d_{d1} 过大,会使传动的结构尺寸增大。如无特殊要求,一般取 d_{d1} 大于或等于许用的最小带轮基准直径 d_{dmin} 即可(表4.8)。所选带轮直径应圆整为带轮直径系列值,即表 4.3 中"注"所列数值。

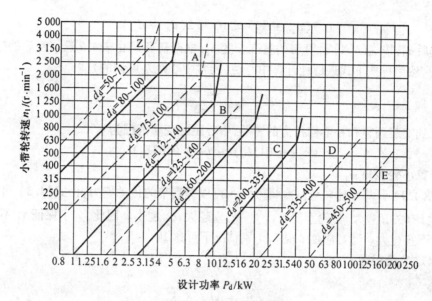

图 4.11 普通 V 带选型图

表 4.8 V 带带轮最小基准直径 d_{dmin} mm

槽型	Y	Z	A	B	C	D	E
d_{dmin}	20	50	75	125	200	355	500

大带轮基准直径 $d_{d2} = \dfrac{n_1}{n_2}d_{d1}$，计算后也应按表 4.8 及表 4.3 中"注"所列数值圆整。当要求传动比精确时，应考虑滑动系数 ε 来计算轮径，此时 d_{d2} 可不圆整。

$$d_{d2} = \frac{n_1}{n_2}d_{d1}(1 - \varepsilon) \tag{4.21}$$

通常取 $\varepsilon = 0.02$。

4. 验算带的速度 v

由 $P = \dfrac{Fv}{1\,000}$ 可知，传递一定功率时，带速越高，圆周力越小，所需带的根数越少，但带速过大，带在单位时间内绕过带轮的次数增加，使疲劳寿命降低。同时，增加带速会显著地增大带的离心力，减小带与带轮间接触压力，当带速达到某一数值后，不利因素将超过有利因素，因此，设计时应使 $v \leqslant v_{max}$，一般 v 在 $5 \sim 25$ m/s 内选取，以 $v = 20 \sim 25$ m/s 最有利。对 Y、Z、A、B、C 型带 $v_{max} = 25$ m/s，对 D、E 型带 $v_{max} = 30$ m/s。如 $v > v_{max}$，应减小 d_{d1}。

5. 确定中心距 a 和 V 带基准长度 L_d

中心距小，可以使传动结构紧凑。但也会因带的长度小，使带在单位时间内绕过带轮的次数多，降低带的寿命。同时，在传动比 i 和小带轮直径 d_{d1} 一定的情况下，中心距小，小带轮包角 α_1 将减小，传动能力降低。中心距大则反之。但是，中心距过大，当带速高时，易引起带工作时抖动。因此，设计时应视具体情况综合考虑，如无特殊要求，可在下列范围内初步选取中心距 a_0，即

$$0.7(d_{d1} + d_{d2}) \leqslant a_0 \leqslant 2(d_{d1} + d_{d2})$$

初选后 a_0，按式(4.4)计算带的基准长度 L_d'，根据初算 L' 由表4.2选取接近的标准基准长度 L_d，然后再按下式近似地计算中心距(通常中心距是可调的)

$$a \approx a_0 + \frac{L_d - L_d'}{2} \tag{4.22}$$

考虑到安装调整和补偿初拉力的需要，中心距的变动范围为

$$(a - 0.015L_d) \sim (a + 0.03L_d)$$

6. 计算小轮包角 α_1

按式(4.3)计算小轮包角 α_1。增大 α_1，可以提高带的传动能力，由式(4.3)可知，α_1 与传动比 i 有关，i 愈大，带轮直径差 $(d_{d2} - d_{d1})$ 越大，α_1 越小。因此，为了保证 α_1 不过小，传动比 i 不宜过大。通常应使 $i \leqslant 7$，个别情况下可达10。

7. 确定 V 带根数 z

$$z = \frac{P_d}{(P_0 + \Delta P_0)K_\alpha K_L} \tag{4.23}$$

因为带的根数越多，其受力越不均匀，因此一般限制带的根数 $z < 10$，否则应改选型号重新设计。

8. 确定初拉力 F_0

F_0 是保证带传动正常工作的重要因素，它影响带的传动能力和寿命。F_0 过小易出现打滑，传动能力不能充分发挥。F_0 过大带的使用寿命降低，且轴和轴承的受力增大。单根普通 V 带合适的初拉力可按下式计算

$$F_0 = 500 \frac{P_d}{vz}\left(\frac{2.5 - K_\alpha}{K_\alpha}\right) + mv^2 \tag{4.24}$$

式中各符号意义同前，普通 V 带每米长度的质量 m 值见表4.1。

9. 计算作用在轴上的压力 F_Q

轴的压力 F_Q 等于松边和紧边拉力的向量和，如果不考虑带两边的拉力差，可以近似地按带两边所受初拉力的合力来计算。由图4.12 得

$$F_Q = 2F_0 z\cos\frac{\beta}{2} = 2zF_0\sin\frac{\alpha_1}{2} \tag{4.25}$$

带初次安装在带轮上时，所需初拉力要比带正常工作时大很多，故计算轴和轴承时，通常取 $F_{Qmax} = 1.5F_Q$。

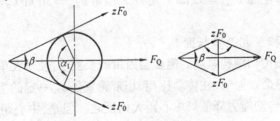

图4.12　传动带作用在轴上的压力

4.3.3 V带轮的结构设计

带轮通常由三部分组成:轮缘(用以安装传动带)、轮毂(与轴连接)、轮辐或腹板(连接轮缘和轮毂)。

对带轮的主要要求是:质量小且分布均匀,工艺性好,与带接触的工作表面要仔细加工(通常表面结构的粗糙度 $Ra = 3.2\ \mu m$ 或者 $Ra = 1.6\ \mu m$),以减小带的磨损。转速高时要进行动平衡。对于铸造和焊接带轮的内应力要小。

带轮的常用材料是铸铁,如 HT150、HT200;转速较高时可用铸钢或用钢板冲压后焊接而成;小功率时可用铸铝或非金属。

带轮的典型结构形式有以下几种:

① 实心轮(图4.13(a)),用于尺寸较小的带轮($d_d \leqslant (2.5 \sim 3)d$ 时);

② 腹板轮(图4.13(b)),用于中小尺寸的带轮($d_d \leqslant 300$ mm 时);

③ 孔板轮(图4.13(c)),用于尺寸较大的带轮($(d_s - d_k) > 100$ mm 时);

④ 椭圆轮辐轮(图4.13(d)),用于尺寸大的带轮($d_d > 500$ mm 时)。

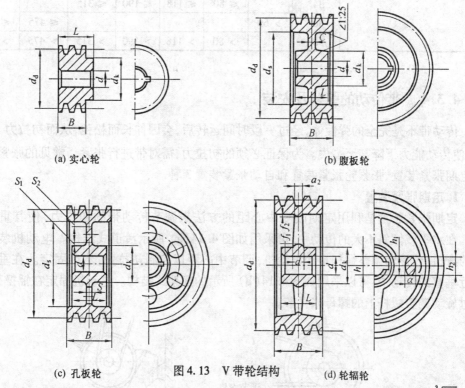

(a) 实心轮　　　　　　　　　(b) 腹板轮

(c) 孔板轮　　　图4.13 V带轮结构　　　(d) 轮辐轮

$d_k = (1.8 \sim 2)d, L = (1.5 \sim 2)d; s = (0.06 \sim 0.09)d_d/L, s_1 > 1.5\ s, s_2 > 0.5\ s; h_1/mm = 290\sqrt[3]{\dfrac{P}{nA}};$

$h_2 = 0.8h_1, a_1 = 0.4h_1; a_2 = 0.8a_1; f_1 = 0.2h_1, f_2 = 0.2h_2; P$—传递功率,kW;$A$—轮辐数;$n$—转速,r/min

V 带轮的结构设计主要是根据直径大小选择结构形式,根据带型确定轮槽尺寸(表 4.9),其他结构尺寸可参考图 4.13 中经验公式或根据有关资料确定。

普通 V 带两侧面间的夹角是 40°,带在带轮上弯曲时,由于截面形状的变化使带的楔角变小,为使带轮槽角适应这种变化,国标规定普通 V 带轮槽角为 32°、34°、36°、38°。

表 4.9　普通 V 带带轮轮槽尺寸(GB/T 13575.1—1992)　　mm

轮槽剖面尺寸		型号						
		Y	Z	A	B	C	D	E
h_e		6.3	9.5	12	15	20	28	33
h_{amin}		1.6	2.0	2.75	3.5	4.8	8.1	9.6
e		8 ±0.3	12 ±0.3	15 ±0.3	19 ±0.4	25.5 ±0.5	37 ±0.6	44.5 ±0.7
f		7 ±1	8 ±1	10^{+2}_{-1}	12.5^{+2}_{-1}	17^{+2}_{-1}	23^{+3}_{-1}	29^{+4}_{-1}
b_d		5.3	8.5	11	14	19	27	32
δ		5	5.5	6	7.5	10	12	15
B		$B=(z-1)e+2f$　z 为带根数						
φ_0 ±30′	32°	≤ 60						
	34°		≤ 80	≤ 118	≤ 190	≤ 315		
	36° d_d	> 60					≤ 475	≤ 600
	38°		> 80	> 118	> 190	> 315	> 475	> 600

4.3.4　带传动的张紧及安装

传动带不是完全的弹性体,经过一段时间运转后,会因伸长而松弛,从而初拉力 F_0 降低,使传动能力下降甚至丧失。为保证必须的初拉力,需对带进行张紧。常见的张紧装置有定期张紧装置、张紧轮张紧装置和自动张紧装置 3 种。

1.定期张紧装置

定期张紧装置是利用定期改变中心距的方法来调节传动带的初拉力,使其重新张紧。在水平或倾斜不大的传动中,可采用如图 4.14(a) 所示滑道式结构。电动机装在机座的滑道上,旋动调整螺杆推动电动机,调节中心距以控制初拉力,然后固定。在垂直或接近垂直的传动中,可以采用如图 4.14(b) 所示的摆架式结构。电动机固定在摇摆架上,通过旋动调整螺杆上的螺母来调节。

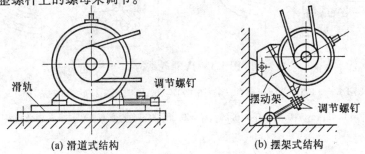

(a) 滑道式结构　　　　　　　　(b) 摆架式结构

图 4.14　定期张紧装置

2. 张紧轮张紧装置

采用张紧轮进行张紧,一般用于中心距不可调的情况。因置于紧边需要的张紧力大,且张紧轮也容易跳动,因此,通常张紧轮置于带的松边。图 4.15 所示为用张紧轮进行张紧的机构。图 4.15(a) 是张紧轮压在松边的内侧的情况,张紧轮应尽量靠近大带轮,以免小带轮上包角减小过多。V 带传动常采用这种装置。图 4.15(b) 是张紧轮压在松边的外侧的情况,它使带承受反向弯曲,会使寿命降低。这种装置形式常用于需要增大包角或空间受到限制的传动中。

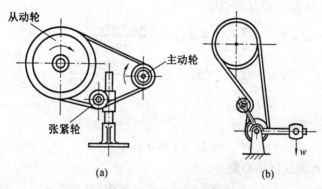

图 4.15　张紧轮张紧装置

3. 自动张紧装置

图 4.16 是一种能随外载荷变化而自动调节张紧力大小的装置。它将装有带轮的电机放在摆动架上,当带轮传递转矩 T_1 时,在电机座上产生反力矩 T_R,使电机轴 O 绕摇摆架轴 O_1 向外摆动。工作中传递的圆周力越大,反力矩 T_R 越大,电机轴向外摆动角度越大,张紧力越大。

安装 V 带传动时,两带轮轴线应相互平行,并且两带轮相对应的轮槽对称平面应重合,误差不得超过 $20'$。

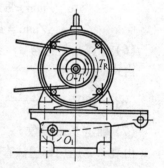

图 4.16　自动张紧装置

【例 4.1】　设计一带式运输机,用普通 V 带传动。已知用 Y112M – 4 型电动机驱动,额定功率 $P = 4$ kW,转速 $n_1 = 1\ 440$ r/min,传动比 $i = 3.2$,二班制工作,载荷变动小。

解　(1) 确定设计功率

由表 4.7 查得工作情况系数 $K_A = 1.2$,则

$$P_d / \text{kW} = K_A \cdot p = 1.2 \times 4 = 4.8$$

(2) 选取带型

根据 P_d、n_1,由图 4.11 查取,选 A 型带。

(3) 确定带轮的基准直径

根据表 4.8 选用最小基准直径,可选小带轮直径为 $d_{d1} = 90$ mm,则大带轮直径为

$$d_{d2} / \text{mm} = i \cdot d_{d1} = 3.2 \times 90 = 288$$

据表 4.3 取 $d_{d2} = 280$ mm,其传动比误差 $\dfrac{\Delta i}{i} = 2.8\% < 5\%$,故可用。

(4) 验算带的速度

$$v/(\text{m} \cdot \text{s}^{-1}) = \frac{\pi d_{d1} \cdot n_1}{60 \times 1\,000} = \frac{\pi \times 90 \times 1\,440}{60 \times 1\,000} \approx 6.78$$

介于 5 ~ 25 m/s 之间,故符合要求。

(5) 确定 V 带长度和中心距

根据 $0.7(d_{d1} + d_{d2}) \leqslant a_0 \leqslant (d_{d1} + d_{d2})$ 初步确定中心距

$$0.7(90\,\text{mm} + 280\,\text{mm}) = 259\,\text{mm} \leqslant a_0 \leqslant 2(90\,\text{mm} + 280\,\text{mm}) = 740\,\text{mm}$$

根据式(4.4)计算 V 带基本长度

$$L'_d/\text{mm} = 2a_0 + \frac{\pi}{2}(d_{d1} + d_{d2}) + \frac{(d_{d2} - d_{d1})^2}{4a_0} =$$

$$2 \times 500 + \frac{\pi}{2}(90 + 280) + \frac{(280 - 90)^2}{4 \times 500} \approx$$

$$1\,599\,\text{mm}$$

由表 4.2 选 V 带基准长度为

$$L_d = 1\,600\,\text{mm}$$

由式(4.22)计算实际中心距 a

$$a/\text{mm} \approx a_0 + \frac{L_d - L'_d}{z} = 500 + \frac{1\,600 - 1\,599}{2} = 500.5$$

$$a_{\min}/\text{mm} = a - 0.015L_d = 500.5 - 0.015 \times 1\,600 = 476.5$$

$$a_{\max}/\text{mm} = a + 0.03L_d = 500.5 + 0.03 \times 1\,600 = 548.5$$

(6) 计算小轮包角 α_1

由式(4.3) 得

$$\alpha_1 = 180° - \frac{d_{d2} - d_{d1}}{a} \times 57.3° = 180° - \frac{280\,\text{mm} - 90\,\text{mm}}{500.5} \times 57.3° \approx 158.2°$$

(7) 确定 V 带根数 z

由表 4.3 运用标值法查得单根 V 带所能传递的功率为

$$P_0 = 1.064\,\text{kW}$$

由表 4.4 查得系数 $K_b = 0.772\,5 \times 10^{-3}$,由表 4.5 查得系数 $K_i = 1.14$,则由式(4.19)计算功率增量为

$$\Delta P_0/\text{kW} = K_b n_1 \left(1 - \frac{1}{K_i}\right) = 0.772\,5 \times 10^{-3} \times 1\,440 \times \left(1 - \frac{1}{1.14}\right) \approx 0.14$$

由表 4.6 查得包角修正系数

$$K_\alpha = 0.95$$

由表 4.2 查得长度修正系数

$$K_L = 0.99$$

则由式(4.23)计算出带的根数为

$$z = \frac{P_d}{(P_0 + \Delta P_0) K_\alpha K_L} = \frac{4.8\,\text{kW}}{(1.064\,\text{kW} + 0.14\,\text{kW}) \times 0.95 \times 0.99} \approx 4.24$$

取 $z = 5$。

（8）计算的初拉力 F_0

由表4.1查得单位长度 A 型 V 带的质量 $m = 0.1\ kg/m$，由式（4.24）计算出初拉力为

$$F_0/N = 500\frac{P_d}{zv}\left(\frac{2.5 - K_\alpha}{K_\alpha}\right) + mv^2 =$$

$$500 \times \frac{4.8}{5 \times 6.78}\left(\frac{2.5 - 0.95}{0.95}\right) + 0.1 \times 6.78^2 \approx 119.8$$

（9）计算作用在轴上的压力

由式（4.25）计算出压轴力为

$$F_Q = 2zF_0\sin\frac{\alpha_1}{2} = 2 \times 5 \times 119.8 \times \sin\frac{158.2°}{2} \approx 1\ 176.4\ N$$

（10）带轮结构设计（略）

4.4　链传动的概述

4.4.1　链传动的特点、应用及类型

链传动由主动链轮、从动链轮及闭合的链条组成，如图4.17所示。工作时靠链轮轮齿与链条链节的啮合来传递运动和动力。

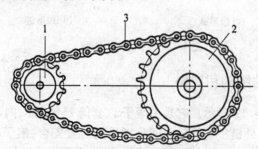

1—主动链轮；2—从动链轮；3—链条

图4.17　链传动

1. 链传动的特点及应用

链传动同时兼有带传动和啮合传动的一些特点。

与摩擦型带传动相比，链传动不会发生弹性滑动和打滑现象，平均传动比准确，传动效率稍高；链条不需要很大的张紧力，作用于轴上的压力较小；传递相同载荷时链传动结构较为紧凑；同时链传动还能在高温、多尘、油污等恶劣的环境下工作。

与齿轮传动相比，链传动的制造精度要求较低，成本低廉；中心距大而结构轻便；作为挠性件传动具有一定的缓冲和减振能力；链轮多齿同时啮合，承载能力较大。

但是，链传动对安装精度要求较高；运转时不能保持恒定瞬时链速和瞬时传动比；工作中易产生动载荷和冲击；传动平稳性差，有噪声，磨损后易发生跳齿和掉链。此外链传动只能用于平行轴间同向回转的传动，不宜用在载荷变化很大和急速反向的传动中。

因此，链传动通常使用于中心距较大、平均传动比要求准确的传动以及环境恶劣的开式传动或低速重载传动等场合。

2. 传动链的类型

传动链从结构形式上又划分为滚子链、套筒链、齿形链和成型链等,如图 4.18 所示。套筒链与滚子链在结构上基本相同,只是在啮合部位缺少了滚子,所以套筒容易磨损,适用于低速传动($v \leqslant 2$ m/s)。齿形链利用特定齿形的链片与链轮相啮合来实现传动,因而传动平稳准确,振动噪声小(故称无声链),承受冲击载荷的能力强;但其质量较大、制造及安装成本较高,适用于传动速度较高、载荷较大或传动精度要求较高的场合,允许线速度可达 40 m/s。成形链结构简单、装拆方便,通常应用于低速传动和农业机械中。本书只简单介绍滚子链传动。

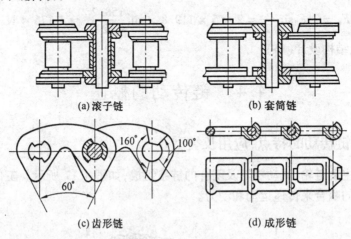

图 4.18　传动链的类型

4.4.2　滚子链的结构和规格

滚子链的结构如图 4.19 所示。它是由滚子 1、套筒 2、销轴 3、内链板 4 和外链板 5 组成。内链板与套筒之间、外链板与销轴之间分别采用过盈配合,滚子与套筒之间、套筒与销轴之间则均为间隙配合。当内、外链板相对挠曲时,套筒可绕销轴自由转动。工作时滚子沿链轮齿廓滚动,可减轻齿廓的磨损。故滚子链具有较长的使用寿命。

当传递大功率时,可采用双排链(图 4.19(c))或多排链。多排链各排间的载荷不易均匀,故排数不宜过多,一般在 6 排以下。滚子链的接头形式如图 4.20 所示。当链节数为偶数时,大节距可采用钢丝锁销(图 4.20(a))固定,小节距采用弹簧锁片(4.20(b))固定;当链节数为奇数时,需采用过渡链节(4.20(c))。过渡节中链板受到附加弯矩作用,降低链传动的强度,因此一般常用偶数链节。

如图 4.19 所示,滚子链和链轮啮合的主要参数是节距 p、滚子外径 d_1 和内链节内宽 b_1(对于多排链还有排距 p_t,见图 4.19(c))。其中节距 p 表示相邻链条拉直情况下两销轴之间的距离,是滚子链的基本特性参数。节距增大时,链条中各零件的尺寸相应增大,传动能力也随之增大。

滚子链结构及其基本参数和尺寸已经标准化(GB/T 1243—2006),分别为 A、B 两种系列。设计中推荐优先使用 A 系列规格。滚子链规格和主要尺寸见表 4.10,其中的链号为英制单位表示节距大小,节距 $p =$ 链号 × 25.4/16 mm。

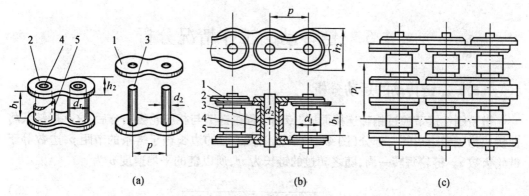

1—滚子;2—套筒;3—销轴;4—内链板;5—外链板

图 4.19 滚子链的结构

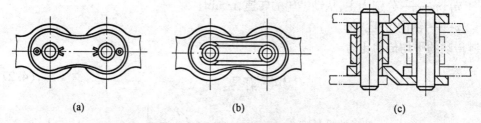

(a) (b) (c)

图 4.20 滚子链的接头形式

表 4.10 滚子链规格、基本参数及其抗拉载荷(摘自 GB/T 1243—2006)

链号	节距 p/ mm	排距 p_t/ mm	滚子外径 d_{1max}/ mm	内链节内宽 b_{1min}/ mm	销轴直径 d_{2max}/ mm	内链板高度 h_{2max}/ mm	拉伸载荷(单排)Q^0/ kN	每米质量(单排)q/ kg/m
05B	8.00	5.64	5.00	3.00	2.31	7.11	4.4	0.18
06B	9.525	10.24	6.35	5.72	3.28	8.26	8.9	0.40
08B	12.70	13.92	8.51	7.75	4.45	11.81	17.8	0.70
08A	12.70	14.38	7.92	7.85	3.98	12.07	13.9	0.60
10A	15.875	18.11	10.16	9.40	5.09	15.09	21.8	1.00
12A	19.05	22.78	11.91	12.57	5.96	18.10	31.3	1.50
16A	25.40	29.29	15.88	15.75	7.94	24.13	55.6	2.60
20A	31.75	35.76	19.05	18.90	9.54	30.17	87.0	3.80
24A	38.10	45.44	22.23	25.22	11.11	36.20	125.0	5.60
28A	44.45	48.87	25.40	25.22	12.71	42.23	170.0	7.50
32A	50.80	58.55	28.58	31.55	14.29	48.26	223.0	10.10
40A	63.50	71.55	39.68	37.85	19.85	60.33	347.0	16.10
48A	76.20	87.83	47.63	47.35	23.81	72.39	500.0	22.00

注:使用过渡链节时,其极限载荷按表列数值80%计算。

滚子链的标记方法为:

链号-排数-整链链节数　标准编号

例如:08A-1-88GB/T 1243—2006,表示 A 系列、节距为12.7 mm、单排、88 节组成的滚子链。

4.5　链传动的工作情况分析

4.5.1　链传动的运动分析

链由刚性链节通过销轴连接而成,传动过程中链节与相应轮齿啮合后,这一段链条将曲折成为正多边形的一部分(图 4.21)。该正多边形的边长等于链条的节距 p,边数等于链轮齿数 z。链轮每转一周,随之转过的链长为 zp,所以链的平均速度 v 为

$$v = \frac{n_1 z_1 p}{60 \times 1\ 000} = \frac{n_2 z_2 p}{60 \times 1\ 000} \tag{4.26}$$

式中　z_1、z_2——分别为主、从动链轮的齿数;

　　　　n_1、n_2——分别为主、从动链轮的转速,r/min;

　　　　p——链的节距,mm。

链传动的平均传动比为

$$i_{12} = \frac{n_1}{n_2} = \frac{z_2}{z_1} \tag{4.27}$$

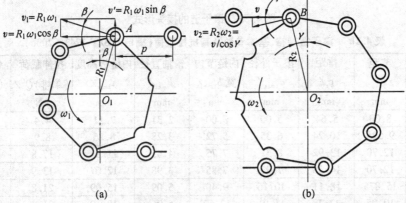

图 4.21　链传动的运动分析

但是,由于链条曲折为正多边形,即使主动链轮的角速度 ω_1 为常数,瞬时链速 v 和瞬时传动比 i_i 也是变化的,而且在每一链节的啮合过程中均作周期性变化。设紧边链在传动时总处于水平位置,但链节进入主动链轮时,其链节的销轴总随着链轮的转动而不断改变位置,销轴在主动链轮上的位置角 β 在 $\left(-\dfrac{180°}{z_1}\right)$ 至 $\left(+\dfrac{180°}{z_1}\right)$ 的范围内变化,当销轴位于图 4.21 中的点 A 位置时,链速 v 为销轴的圆周速度 v_1 在水平方向的分速度,即

$$v = v_1 \cos \beta = \omega_1 R_1 \cos \beta \tag{4.28}$$

式中　R_1——主动链轮分度圆半径,mm;

　　　　ω_1——主动链轮的角速度,rad/s;

　　　　β——链节啮合过程中,销轴在主动链轮上的位置角,(°)。

由式(4.28)可知,当 $\beta = 0°$ 时,链速达到最大值 $v_{max} = \omega_1 R_1$;当 $\beta = \pm\dfrac{180°}{z_1}$ 时,链速达到最小值,$v_{min} = \omega_1 R_1 \cos\left(\dfrac{180°}{z_1}\right)$。可见链的瞬时速度随着链轮转角而变化,而且每转过一个链齿就变化一次。

设从动轮的角速度为 ω_2,圆周速度为 v_2,销轴在从动轮上的位置角为 γ,由图 4.21 可知

$$v_2 = \omega_2 R_2 = \frac{v}{\cos\gamma} = \frac{v_1\cos\beta}{\cos\gamma} \tag{4.29}$$

故瞬时传动比

$$i_i = \frac{\omega_1}{\omega_2} = \frac{R_2\cos\gamma}{R_1\cos\beta} \tag{4.30}$$

由于位置角 β 和 γ 均随着链轮的转动而变化,故链传动的瞬时传动比 i_i 亦呈周期性变化。只有当两链轮的齿数相同,且传动中心距 a 为链节距 p 的整倍数时,才能使 β 与 γ 的变化时时相同,此时的瞬时传动的比才为恒定值。

这种瞬时链速和瞬时传动比的周期性变化,必然引起链传动的运动不均匀。链传动的这种由于多边形啮合所造成的运动不均匀性,称为链传动的多边形效应。实践证明,链轮齿数 z 越少,链节距 p 越大,位置角的变化范围越大,多边形效应越强,而转速 ω_1 越高,传动的不均匀性也越大。因此设计链传动时要合理选择参数。

4.5.2 链传动的动载荷

链传动在工作过程中,链条和从动链轮都是作周期性的变速运动,因而引起动载荷。主要有:

(1)链条前进加速度引起的动载荷为

$$F_{d1} = ma_c \tag{4.31}$$

式中　m——紧边链条的质量,kg;
　　　a_c——链条加速度,m/s^2。

(2)从动链轮转动角加速度引起的动载荷为

$$F_{d2} = \frac{J}{R_2}\cdot\frac{d\omega_2}{dt} \tag{4.32}$$

式中　J——从动系统转化到从动链轮轴上的转动惯量,kg·m^2;
　　　ω_1——从动链轮的角速度,rad/s;
　　　R_2——从动链轮的分度圆半径,m。

(3)链节和链轮啮合瞬间的相对速度,也将引起冲击和动载荷。如图 4.22 所示,当链节啮合上链轮轮齿的瞬间,作直线运动的链节铰链和作圆周运动的链轮轮齿,将以一定的相对速度突然相互啮合,从而使链条和链轮受到冲击,并产生附加动载荷。显然链节距越

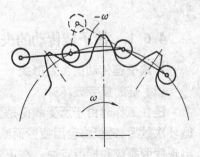

图 4.22　链条和链轮的啮合冲击

大,链轮的转速越高则冲击越强烈。

由上述分析可知,影响链传动运动不均匀性的各种因素(如 ω_1、p、z_1 等)也以同样的趋势影响着动载荷的大小。

4.5.3 链传动的受力分析

同带传动相同,链传动在安装时也应保持一定的张紧力。但链传动张紧的主要目的是使松边不至于过松,以免影响链条正常啮合和产生振动、跳齿或脱链现象,所需的张紧力比起带传动要小。

链传动工作过程中紧边拉力和松边拉力也不相等,链传递的有效圆周力 F 是紧边拉力 F_1 和松边拉力 F_2 的差值。不考虑传动中的动载荷,链的松边拉力 F_2 是由链条松边垂度引起的悬垂拉力 F_f 和链的离心拉力 F_c 组成。故有

$$F = F_1 - F_2 = 1\,000\frac{P}{v} \tag{4.33}$$

$$F_2 = F_c + F_f = qv^2 + K_f qga \tag{4.34}$$

$$F_1 = F + F_2 = F + F_c + F_f \tag{4.35}$$

式中　P——传递功率,kW;

　　　v——链速,m/s;

　　　q——单位长度链条的质量,kg/m,见表 4.10;

　　　K_f——垂度系数,指链松边垂度 $f = 0.02a$ 时的拉力系数,其值与两链轮中心连线和水平面的倾斜角 α 有关,$\alpha = 0°$,$K_f = 7$;$\alpha = 30°$,$K_f = 6$;$\alpha = 60°$,$K_f = 4$;$\alpha = 75°$,$K_f = 2.5$,$\alpha = 90°$,$K_f = 1$;

　　　g——重力加速度,$g = 9.8$ m/s^2。

链传动作用在轴上的压轴力为

$$F_Q = F_1 + F_2 = K_Q F \tag{4.36}$$

式中　K_Q——压轴力系数,对于水平传动,$K_Q = 1.15$;对于垂直传动 $K_Q = 1.05$;

　　　F——链传动传递的有效圆周力。

4.6　滚子链传动的设计

4.6.1　滚子链传动的失效形式和额定功率曲线

1. 滚子链传动的失效形式

（1）链的疲劳破坏

链在工作时由于所受载荷是变化的,导致链的各个元件在变应力下工作。经过一定循环次数后,链板将会因疲劳而断裂;套筒或滚子表面也会因进入或退出啮合时的冲击而出现疲劳裂纹和疲劳点蚀。在正常工作条件下,链传动的工作能力主要取决于链条的疲劳强度。

（2）链条铰链的磨损

链条铰链在进入和退出啮合时，相邻链节将产生相对转动，铰链中的销轴和套筒承受较大的工作载荷并产生相对转动，导致铰链磨损。磨损将造成链节的节距增大（图4.23），加重运动不均匀性，同时使链条与链轮的啮合点沿轮齿齿高方向上移，形成脱链而使传动失效。此外，链条总长也会伸长，其松边垂度发生改变，引起振动，使传动更不平稳。

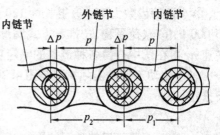

图4.23 链条磨损后的实际节距

（3）链条铰链的胶合

当链速度高时，销轴和套筒间的工作表面会因为剧烈摩擦而产生瞬时高温，使两个摩擦表面产生胶合现象（金属局部相焊），导致传动迅速失效。链传动的极限转速受制于铰链的胶合。

（4）静强度破断

在低速（$v < 0.6 \text{ m/s}$）重载时或有突然巨大过载时，链的静强度破断是主要失效形式。

2. A 系列滚子链的额定功率工线

额定功率 P_c 曲线是通过大量实验得到的。图4.24 所示即为在特定实验条件下获得

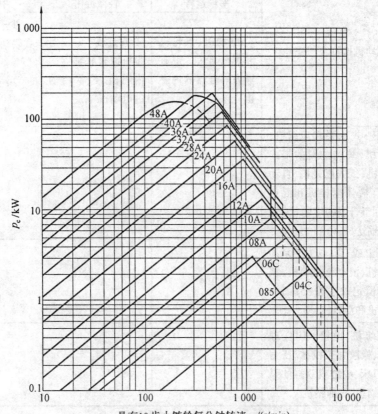

具有10齿小链轮每分钟转速 $n_1/(\text{r/min})$

图4.24 A系列单排滚子链的额定功率曲线图

（注：使用双排链时的额定功率是单排链的1.7倍；三排链时的额定功率是单排链的2.5倍）。

的 A 系列单排滚子链的额定功率曲线。其标准运转条件为：① 两链轮安装在水平平行轴上；② 小链轮齿数为 19；③ 链长为 120 个链节；④ 传动比为 1：3 到 3：1；⑤ 使用寿命为 15 000 h；⑥ 载荷平稳，按推荐方式润滑；⑦ 工作温度在 − 5℃ ~ 70℃ 等。根据小链轮的转速 n_1 可在图中查得各种链条的额定功率 P_c。

若链传动工作的实际情况与图 4.24 的实验条件不符时，则应对链传递的实际功率进行修正，即

$$P_c \geqslant f_1 f_2 P \tag{4.37}$$

式中　P——链传递的功率，kW；

　　　f_1——应用系数，主要考虑由链传动的工作条件和主、从动机械特性引起的附加动载荷的影响，其值查表 4.11；

　　　f_2——齿数系数，主要考虑小链轮齿数变化对由链板疲劳破坏限定额定功率的影响，其值可按下式计算，即

$$f_2 = (19/z_1)^{1.08} \tag{4.38}$$

式中　z_1——小链轮的齿数。

表 4.11　应用系数 f_1（摘自 GB/T 18150—2000）

从动机械特性		主动机械特性		
		平稳运转	轻微冲击	中等冲击
		电动机、汽轮机和燃气轮机、带有液力耦合器的内燃机	六缸或六缸以上带机械式联轴器的内燃机、经常启动的电动机	少于六缸带机械式联轴器的内燃机
平稳运转	离心式水泵和压缩机、印刷机、均匀加料的带式运输机、纸张压光机、自动扶梯、液体搅拌机和混料机、回转干燥炉、风机、轻负荷输送机	1.0	1.1	1.3
中等冲击	三缸或三缸以上的泵和压缩机、混凝土搅拌机、载荷非恒定的运输机、固体搅拌机和混料机	1.4	1.5	1.7
严重冲击	刨煤机、电铲、轧机、球磨机、橡胶加工机械、压力机、剪床、单缸或双缸的泵和压缩机、石油钻机	1.8	1.8	2.1

4.6.2　滚子链传动的主要参数及其选择

1. 链的节距 p 和排数

链节距增大,虽然增大了传动能力,但多边形效应亦更严重,动载荷和噪声以及传动尺寸亦增大,所以在链传动设计时,应在满足其承载能力的前提下尽量选用小节距的单排链。传递载荷大、中心距小而传动比大时,宜采用小节距多排链;中心距大、传动比小时选用大节距单排链经济性好。

2. 链轮齿数 z_1、z_2 和传动比 i

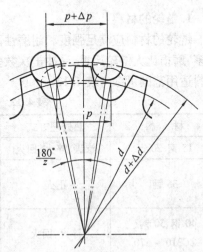

小链轮齿数对工作平稳性及使用寿命影响很大。当小链轮齿数过少时,会使传动的不均匀性趋于严重,动载荷加大;同时链条铰链相对转角增大,加之单链节(或单齿)受力加大,将加剧链条铰链的磨损并增大功率损耗。因此,增加小链轮的齿数有利于改善传动性能。但是小链轮齿数也不能过多,齿数过多除了增大传动尺寸和质量外,还易引起跳齿和脱链现象。由图 4.25 可见,在正常工作时由于链条铰链磨损而产生的链节距增量 Δp 和节圆由分度圆的外移量 Δd 之间有如下关系

$$\Delta p = \Delta d \sin(180°/z)$$

节距 p 一定时,齿高也一定,所允许的节圆外移量 Δd 就一定。显然,齿数越多,则允许不发生脱链的节距增长量 Δp 就越小,链的使用寿命也就越短。故一般推荐 $z_{1\min} \geq 17$, $z_{1\max} \leq 114$。

图 4.25　链节距的伸长对啮合的影响

由于链节数常取偶数以便连接,为磨损均匀起见,链轮齿数一般应取奇数,并优先选用以下数:17、19、21、23、25、38、57、76、95 和 114。

传动比过大将使链条在小链轮上的包角过小,啮合齿数与链节数均少,加速轮齿的磨损,易出现跳齿或脱链失效。故一般推荐 $i = 2 \sim 3.5$。当链速较低($v < 3$ m/s)且载荷平稳时,允许 i 可达 $8 \sim 10$。

3. 中心距 a 和链节数 L_p

中心距大则链条长,吸振好且磨损慢,寿命较长;但中心距过大则会使链条松边垂度过大,引起振颤。中心距过小($i \neq 1$),则小链轮上的包角小,参与承载的啮合链节数(或齿数)少,单链节(或单齿)载荷增大,降低了疲劳强度,加剧链的磨损,易造成跳齿或脱链现象。基于上述考虑,推荐初选中心距 $a_0 = (30 \sim 50)p$,但应保证链条在小链轮上的包角不小于 $120°$。

链条长度用链节数 L_p 来表示。在计算 L_p 之前,应先根据结构要求初选链传动中心距 a_0。再按式(4.39)计算 L_p

$$L_p = \frac{2a_0}{p} + \frac{z_1 + z_2}{2} + \left(\frac{z_2 - z_1}{2\pi}\right)^2 \frac{p}{a_0} \tag{4.39}$$

计算出的 L_p 应圆整为整数,最好取偶数,避免采用过渡链节。根据圆整后的链节数

计算理论中心距为

$$a = \frac{p}{4}\left[\left(L_p - \frac{z_1 + z_2}{2}\right) + \sqrt{\left(L_p - \frac{z_1 + z_2}{2}\right)^2 - 8\left(\frac{z_2 - z_1}{2\pi}\right)^2}\right] \quad (4.40)$$

为便于安装并保证链条松边有一个合适的垂度 $f = (0.01 \sim 0.02)a$，实际中心距 a 应较理论中心距略小。

4.6.3 链轮的结构设计

1. 链轮的材料

链轮的材料应满足强度和耐磨性两方面的要求。由于小链轮轮齿的啮合次数比大链轮多，磨损比大链轮严重，受冲击次数多，故对材料和强度的要求比大链轮高。链轮常用材料适用范围可参考表 4.12。

表 4.12 链轮常用材料适用范围

材　　料	热处理方式	热处理后硬度	适 用 范 围
15 钢、20 钢	渗碳、淬火、回火	50 ~ 60HRC	$z \leqslant 25$，有冲击载荷的主、从动链轮
35 钢	正火	(160 ~ 200)HBW	正常工作条件下齿数较多($z > 25$)的链轮
40 钢、50 钢、ZC310 - 570	淬火、回火	(40 ~ 50)HRC	无剧烈振动及冲击的链轮
15Cr、20Cr	渗碳、淬火、回火	(50 ~ 60)HRC	有动载荷及传递较大功率的重要链轮($z < 25$)
35SiMn、40Cr、35CrMo	淬火、回火	(40 ~ 50)HRC	使用优质链条的重要链轮
Q235、Q275	焊接后退火	140HBW	中等速度、传递中等功率的较大链轮
普通灰铸铁（不低于 HT150）	淬火、回火	(260 ~ 280)HBW	$z_2 > 50$ 的从动链轮
夹布胶木	——	——	功率小于 6 kW、速度较高、要求传动平稳和噪声小的链轮

2. 链轮的结构

对于小、中直径的链轮、可采用整体式(图 4.26(a))或孔板式(图 4.26(b))结构。对于大直径的链轮，考虑到轮齿磨损后便于更换齿圈，可采用装配式结构(图 4.26(c)、(d))，齿圈可以焊接或用螺栓连接在轮毂上。

3. 链轮的参数尺寸及齿形

链轮的主要参数为相配链条的节距 p，滚子直径 d_1 及轮齿数 z。其主要尺寸有

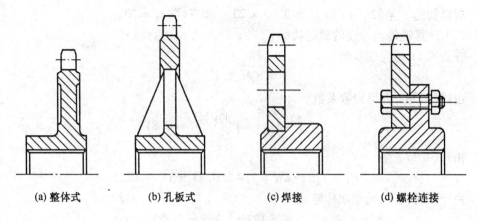

(a) 整体式　　　(b) 孔板式　　　(c) 焊接　　　(d) 螺栓连接

图 4.26　链轮结构

分度圆直径　　　　$d = p/\sin(180°/z)$

齿顶圆直径　$\begin{cases} d_{amin} = d + p(1 - 1.6/z) - d_1 \\ d_{amax} = d + 1.25p - d_1 \end{cases}$

齿根圆直径　　$d_f = d - d_1$

齿高　$\begin{cases} h_{amin} = 0.5(p - d_1) \\ h_{amax} = 0.625p - 0.5d_1 + 0.8p/z \end{cases}$

(4.41)

以上各参数的几何意义如图 4.27 所示。

滚子链与链轮的啮合属于非共轭啮合,其链轮齿形可有不同的形状。但无论采用何种齿形,均应保证链节能平稳自如地进入、退出啮合,并且齿形应尽量简单易制。GB/T 1243—2006 没有规定具体的链轮齿形,只规定了最大和最小的齿槽形状。实际齿槽形状取决于刀具和加工方法,具体设计时可参考 GB/T 1243—2006 进行。

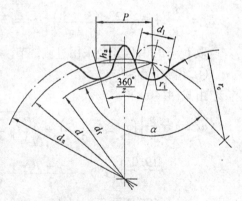

图 4.27　链轮齿槽形状

4.6.4　一般链速($v \geqslant 0.6$ m/s)的滚子链传动设计示例

【例 4.2】　设计一多缸往复式压气机用滚子链传动。已知选用型号 Y160L – 6 的电动机驱动,其额定功率为 $P = 11$ kW,满载转速 $n_m = 970$ r/min,中等冲击载荷,水平布置,压气机转速 $n_2 = 320$ r/min。

解　(1)选择链轮齿数 z_1、z_2

由题给条件知:小链轮的转速 $n_1 = n_m = 970$ r/min,故传动比

$$i = \frac{n_1}{n_2} = \frac{970}{320} \approx 3.03$$

所以初选 $z_1 = 23$，则 $z_2 = iz_1 = 3.03 \times 23 = 69.7$，取 $z_2 = 70$。

（2）计算链传动传递的额定功率 P_c

查表 4.11 得应用系数

$$f_1 = 1.4$$

由式（4.38）算得齿数系数

$$f_2 = \left(\frac{19}{z_1}\right)^{1.08} = \left(\frac{19}{23}\right)^{1.08} \approx 0.81$$

由式（4.37）得

$$P_c \geq f_1 f_2 P/\text{kW} = 1.4 \times 0.81 \times 11 \approx 12.5$$

由于载荷较大，选用双排链，故

$$P_c/\text{kW} = 1.7 \times 12.5 = 21.25$$

（3）选择链条的型号，确定链条的节距 p

根据链条传递的额定功率 P_c 及小链轮的转速 n_1 查图 4.24，选用 12A 链条。查表 4.10，链条的节距为 $p = 19.05\ \text{mm}$。

（4）计算链节数 L_p 和中心距 a

① 初选中心距 $a_0 = 40p = 40 \times 19.05 = 762\ \text{mm}$

② 计算链节数 L_p

由式（4.39）得

$$L_p = \frac{2a_0}{p} + \frac{z_1 + z_2}{2} + \left(\frac{z_2 - z_1}{2\pi}\right)^2 \frac{p}{a_0} = \frac{2 \times 762}{19.05} + \frac{23 + 70}{2} + \left(\frac{70 - 23}{2\pi}\right)^2 \times \frac{19.05}{762} \approx 126.7$$

取 $L_p = 120$，以避免采用过渡链节。

④ 实际中心距

由式（4.40）得

$$a/\text{mm} = \frac{p}{4}\left[\left(L_p - \frac{z_1 + z_2}{2}\right) + \sqrt{\left(L_p - \frac{z_1 + z_2}{2}\right)^2 - 8\left(\frac{z_2 - z_1}{2\pi}\right)^2}\right] =$$

$$\frac{19.05}{4}\left[\left(120 - \frac{23 + 70}{2}\right) + \sqrt{\left(120 - \frac{23 + 70}{2}\right)^2 - 8\left(\frac{70 - 23}{2\pi}\right)^2}\right] \approx$$

685.3

考虑安装的初垂度，取 $a = 680\ \text{mm}$。

（5）验算链速，确定链传动的润滑方式

① $$v/(\text{m} \cdot \text{s}^{-1}) = \frac{z_1 p n_1}{60 \times 1\,000} = \frac{23 \times 19.05 \times 970}{60 \times 1\,000} \approx 7.08$$

② 根据链节距 p 及链速 v 查图 4.28，采用压力喷油润滑。

（6）计算链传动作用于轴上的压轴力 F_Q

由式（4.36）得

$$F/\text{N} = \frac{1\,000P}{v} = \frac{1\,000 \times 11}{7.08} \approx 1\,554$$

故

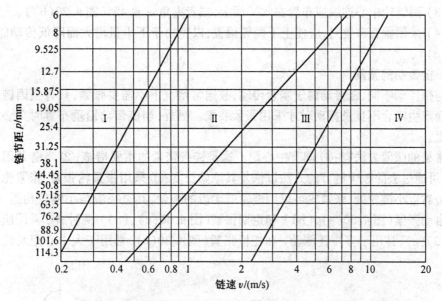

I—1～2定期润滑；II—滴油润滑；III—浸油或飞溅润滑；IV—压力喷油润滑

图 4.28　滚子链推荐润滑方式

$$F_Q = 1.15 \times 1554 \approx 1787 \text{ N}$$

（7）链轮的结构设计（略）

4.6.5　链传动的布置、张紧、润滑与防护

1. 链传动的正确布置

链传动的布置应考虑以下原则：

（1）两个链轮的回转平面必须布置于同一铅垂面内，不能布置在水平面或倾斜面上，否则将引起脱链和不正常磨损。

（2）通常情况下，应使链条的紧边在上，松边在下（图 4.29（a）），否则会由于松边下垂量增大导致链条与链轮卡死。

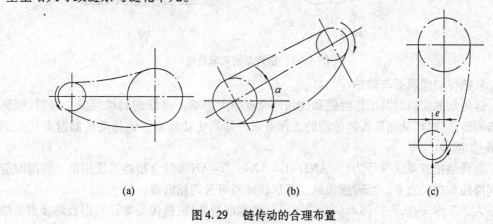

（a）　　　　　　　　　　（b）　　　　　　　　　（c）

图 4.29　链传动的合理布置

（3）两链轮中心连线应布置在水平面上，或者夹角 $\alpha \leqslant 45°$（图4.29(b)）。

（4）采用垂直布置对，应使上下两轮偏置，以免由于下垂量增大而降低传动能力（图4.29(c)）。

2. 链传动的张紧

与带传动不同，链传动属于啮合传动，故通常情况下不需要张紧，只有当因链条垂度过大而产生啮合不良及振动时才采用张紧装置。另外，当链传动铅垂布置时则必须有张紧装置。

常见的张紧方法有：① 调节中心距。这是链条张紧的主要措施；② 当链条因磨损变长时，可通过去除数个链节的方法以恢复其原始长度；③ 采用张紧轮张紧，张紧轮应紧压在松边靠近小链轮处，张紧轮可以用链轮或无齿的滚轮，其直径应与小链轮相近，张紧装置有自动张紧（图4.30(a)、(b)）和定期张紧（图4.30(c)、(d)）两种；④ 采用压板张紧（图4.30(e)，常用于多排链传动）和托板张紧（图4.30(e)，常用于大中心距及低速链传动中）。

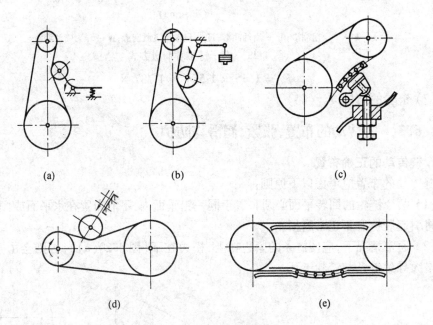

图4.30　链传动的张紧装置

3. 链传动的润滑与防护

链传动的润滑对其工作性能和使用寿命有很大影响。良好的润滑可减少磨损、缓和冲击和防止胶合，从而延长链传动的工作寿命并提高传动效率。链传动的润滑方式按图4.26选定。

润滑油推荐采用牌号为L‒AN32、L‒AN46、L‒AN68的全损耗系统用油。润滑时应将润滑油加在松边上。当转速很低又无法供油时可采用脂润滑。

为了工作安全，保持传动的正常工作环境和润滑条件，链传动常设有钢板焊接成的防护罩或链条箱（大功率、重要传动用）。

思考题与习题

4-1　V 带工作时受哪些力的作用？V 带中将会产生哪些应力？这些应力将会引起何种失效？

4-2　何谓 V 带传动中的弹性滑动和打滑现象？它们对传动有何影响？

4-3　V 带传动中的失效形式是什么？设计中如何保证不发生这些失效？

4-4　V 带传动中主要参数（如 α_1、d_{d1}、i 及 a 等）是如何影响其传动能力？应如何选择这些参数？

4-5　在 V 带传动设计中，为什么要限制最小带轮尺寸 d_{min} 和带的最高圆周速度 v_{max}？

4-6　单根带所能传递的额定功率主要受哪些因素影响？设计过程中，为什么要对表中单根带所能传递的基本额定功率进行修正？修正过程中考虑了哪些因素的影响？

4-7　平带传动和 V 带传动各有什么特点？分别适用于什么场合？

4-8　摩擦型带传动为什么要张紧？有哪些常见的张紧形式？如果用张紧轮张紧，张紧轮应该置于松边还是紧边？靠近大带轮还是小带轮？带的内侧还是外侧？为什么？

4-9　滚子链传动的多边形效应是如何引起的？其影响因素有哪些？

4-10　滚子链传动的主要失效形式有哪些？计算准则如何确定？

4-11　滚子链传动中主要参数（如 z、i、p、L_p、a 等）是如何影响其传动能力的？应如何选择这些参数？

4-12　有一普通 V 带传动，其传动简图如图 4.31 所示。已知小带轮主动，且 $n_1 = 1\,440$ r/min，$d_{d1} = 160$ mm，$d_{d2} = 450$ mm，中心距 $a = 860$ mm。试求：

（1）在图上画出 α_1 和 α_2，指出松边和紧边；

（2）求传动带的基准长度 L_d；

（3）求滑动率 $\varepsilon = 0.02$ 时，大带轮的实际转速。

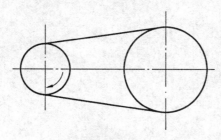

图 4.31

4-13　请设计车床用普通 V 带传动。已知传递的名义功率 $P = 3.2$ kW，小带轮的转速 $n_1 = 1\,460$ r/min，传动比 $i = 3.6$。要求每日两班制工作，结构尽可能紧凑。

4-14　若单根普通 V 带所传递的额定功率 $P = 5$ kW，主动轮直径 $d_1 = 140$ mm，转速 $n_1 = 1\,440$ r/min，包角 $\alpha_1 = 140°$，带与带轮间的当量摩擦因数 $f_v = 0.5$。试求最大有效圆周力 F_{max} 和紧边拉力 F_1。

4-15　设计一带式运输机用的普通 V 带传动。已知电动机功率为 $P = 5.5$ kW，转速

$n_1 = 1\,440$ r/min,传动比 $i = 2.5$,双班工作,工作时单向连续运转并有轻度冲击。

4-16　已知一单排滚子链传动,主动轮转速为 $n_1 = 960$ r/min,齿数 $z_1 = 23$,$z_2 = 65$,链号为16A,工况系数 $K_A = 1.3$。试求该传动所能传递的最大功率。

4-17　设计一用于带式运输机的滚子链传动。已知传递功率 $P = 4$ kW,输入轴转速为 $n_1 = 160$ r/min,要求传动比 $i = 3$,载荷平稳。

第 5 章

齿轮传动

5.1　齿轮传动的概述

5.1.1　齿轮传动的类型

齿轮传动是机械传动中应用最广泛的一种传动形式。它的类型很多,以适应对传动的不同要求。如:

(1) 按齿廓曲线类型分为:渐开线齿轮传动、摆线针轮传动、圆弧齿轮传动等。其中渐开线齿廓的齿轮传动应用最为广泛,本章主要讲述渐开线齿轮传动的设计计算。

(2) 按齿轮传动轴线间的相对位置不同分为:轴线平行的圆柱齿轮传动、轴线相交的锥齿轮传动、轴线相错的螺旋齿轮传动和轴线相错且垂直的蜗杆传动等。

(3) 按齿面硬度不同分为:软齿面、中硬齿面(齿面硬度小于或等于350HBW)及硬齿面(齿面硬度大于350HBW)的齿轮传动。

(4) 按齿轮的工作条件不同分为:开式、半开式和闭式齿轮传动。

开式齿轮传动,齿轮完全暴露在外,工作条件不如闭式,不能防尘,只能靠人工定期更换、施加润滑剂,因此仅用于低速、对传动要求不高的场合。

半开式齿轮传动的工作条件较开式有所改善,多数情况是齿轮部分浸入润滑油中,外装防护罩,但不完全封闭,因而防尘效果差。

闭式齿轮传动工作条件较好,齿轮、轴系部件等皆安装在密封的箱体内并且采用防尘措施,其安装精度较高,齿轮及轴承的润滑也能够得到保证,是广泛应用的传动形式。

5.1.2　齿轮传动的特点及应用

1. 特点

(1) 瞬时传动比恒定,而且可实现大传动比。

单级谐波齿轮传动的传动比范围可达几十至几百,比单级带传动、链传动的传动比要大得多。

(2) 传动效率高,一对齿轮副传动效率可达98% ~ 99%。

（3）工作可靠、使用寿命长。

（4）结构紧凑。

（5）适用范围大，传递功率小至 1 W 以下、大到数万 kW，转速可以从每分几转至上万转。

但是，齿轮的加工需要专门的机床、刀具和量仪，成本高，精度低时噪声大，不宜用于轴间距离过大的传动。

2. 应用

由于齿轮传动可以用来传递空间任意两轴间的运动和动力，适用范围大，因此它广泛应用于仪器、仪表、冶金、矿山、机床、汽车及航空、航天、船舶等各个领域中。

5.1.3 渐开线齿轮的标准模数及精度等级

1. 国家标准（GB/T 1357—2008）中规定的齿轮的标准模数

国家标准中规定了齿轮的标准模数，见表 5.1。

表 5.1 渐开线齿轮的标准模数 m（GB/T 1357—2008）　　　　mm

第一系列	1	1.25	1.5	2.0	2.5	3	4	5	6	8	10	12	16	20	25	32	40	50
第二系列	1.75	2.25	2.75	(3.25)	3.5	(3.75)	4.5	5.5	(6.5)	7	9	(11)	14	18	22	28	36	45

注：① 对于斜齿圆柱齿轮及人字齿轮，取法面模数为标准模数；对锥齿轮，取大端模数为标准模数。

② 应优先选用第一系列，括号中的模数尽可能不用。

2. 渐开线圆柱齿轮精度等级

渐开线圆柱齿轮精度国家标准（GB/T 10095.1 ~ 2—2008）对齿轮及齿轮副规定 0、1 ~ 12 级精度共 13 个精度等级，数字越大精度越低，第 0 级的精度最高，第 12 级最低。常用的精度等级是 7 级和 8 级。要求精度较高时，可采用 5 级和 6 级。

5.2 齿轮传动的主要失效形式、设计准则和常用材料

5.2.1 齿轮传动的主要失效形式

齿轮传动的失效主要发生在轮齿部分，其主要失效形式有：轮齿的折断、齿面点蚀、齿面磨损、齿面胶合和轮齿塑性变形五种。

1. 轮齿的折断

齿轮传动工作时轮齿受载情况相当于悬臂梁，齿根处有最大的弯曲应力，而且齿根的过渡圆角处有应力集中，齿轮周而复始地转动意味着齿根受交变的弯曲应力作用，当齿根弯曲应力超过材料的弯曲疲劳极限且多次重复作用时，在齿根处受拉一侧产生的微小疲劳裂纹会逐渐扩展，最终导致轮齿疲劳折断。

对于用脆性材料（如铸铁、整体淬火钢等）制成的齿轮，当受到过大的冲击或严重过载时，工作中产生的裂纹会瞬间急剧扩大，导致轮齿容易发生突然折断，即导致轮齿脆性折断。

宽度较小的直齿圆柱齿轮，一般是在齿根部发生全齿折断，如图 5.1(a) 所示。斜齿

圆柱齿轮、人字齿轮因其接触线是倾斜的,其折断往往是局部折断,如图5.1(b)所示。宽度较大的直齿圆柱齿轮,当其载荷沿齿向分布不均匀时,也会发生局部折断。

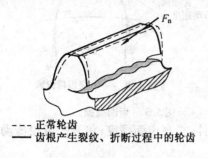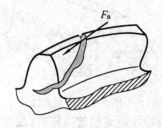

- - - 正常轮齿
—— 齿根产生裂纹、折断过程中的轮齿

(a) 直齿轮轮齿　　　　　　　　　　　　(b) 斜齿轮轮齿

图 5.1　轮齿的折断

轮齿折断是齿轮传动中一种十分危险的失效形式,应尽可能避免这种失效形式的发生。为提高轮齿的抗折断能力,可采取的措施有:加大模数;增大齿根圆角半径以减少应力集中对疲劳强度的影响;在齿根处采用喷丸处理等强化措施;采用适当的材料和热处理方法使轮齿芯部变韧、表面变硬,从而提高轮齿的抗折断能力;适当提高齿轮的制造及安装精度。

2. 齿面疲劳点蚀

齿轮传动工作时,齿面间的接触相当于轴线平等的两圆柱滚子间的接触,在接触处将产生脉动循环变化的接触应力 σ_H,在 σ_H 反复作用下,轮齿表面出现疲劳裂纹并向周围逐渐扩展,使得齿面金属剥落而形成麻点状凹坑,这种现象称为齿面疲劳点蚀,如图 5.2 所示。

实践证明:

(1) 齿面疲劳点蚀一般首先出现在齿面节线附近的齿根部分(图5.2)。

(2) 发生点蚀后,齿廓形状遭到破坏,齿轮在啮合过程中会产生剧烈的振动,噪声增大,以致于齿轮不能正常工作而失效。

(3) 在开式齿轮传动中,由于齿面磨损较快,裂纹还来不及出现或扩展就被磨掉,因此开式齿轮传动中通常无点蚀现象。

(4) 齿面抗蚀能力主要与齿面硬度有关,齿面越硬,则抗点蚀能力越强。因此齿面疲劳点蚀是软齿面闭式齿轮传动最主要的失效形式。

提高齿面抗点蚀能力的措施有:适当增大分度圆直径和齿宽;提高齿面硬度;降低齿面的粗糙度;合理选用黏度大的润滑油。

3. 齿面磨损

齿面磨损是开式齿轮传动的主要失效形式。在齿轮传动中,当工作环境不良,有杂质颗粒、铁屑等磨粒性物质进入相啮合的齿面间时,齿面逐渐被磨损,磨损后的齿廓如图5.3所示。

轮齿面被磨损后,齿廓形状被破坏,从而引起冲击、振动,噪声加大;轮齿磨损后齿厚减薄,承载能力下降,严重时导致轮齿折断。

图 5.2　齿面点蚀　　　　　　　　　图 5.3　齿面磨损

减轻齿面磨损的措施有:改善密封和润滑条件;提高齿面硬度;将开式齿轮传动改为闭式齿轮传动。

4. 齿面胶合

胶合是指相啮合的两齿面,在高压下直接接触发生黏着,同时随着两齿面的切向相对滑动,使金属从齿面上撕落而形成的一种比较严重的黏着磨损现象(图5.4)。

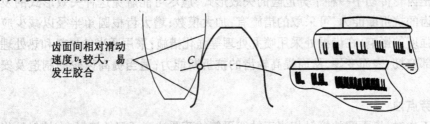

图 5.4　齿面胶合

胶合通常发生在高速重载的齿轮传动中。由于重载和很大的齿面相对滑动速度,在接触处产生局部瞬时高温导致油膜破裂,两相互接触的轮齿表面由于高温融焊而产生热胶合。对于重载低速的齿轮传动,由于啮合处局部压力很高,且齿面相对滑动速度低,也会导致两金属表面间油膜破裂而黏着,从而引起冷胶合。

胶合发生在齿面相对滑动速度大的齿顶或齿根部位,胶合在齿面上形成的条痕沿着相对滑动的方向(图5.4)。

齿轮传动一旦发生胶合,振动和噪声增大,导致失效。热胶合是高速重载齿轮传动的主要失效形式。

提高齿面抗胶合能力的措施有:减小模数,降低齿高,以降低滑动系数;提高齿面硬度,降低齿面的粗糙度;采用抗胶合能力强的齿轮材料和加入极压添加剂的润滑油。

5. 轮齿塑性变形

轮齿塑性变形常发生在齿面材料较软、低速重载、频繁启动的齿轮传动中。它有齿体塑性变形和齿面塑性变形两种情况。

由于突然过载引起的轮齿歪斜,称为"齿体塑性变形"(图 5.5(a));对重载、低速的齿轮传动,如果轮齿表面硬度较低,则齿面材料在很大的摩擦力作用下,可能出现沿摩擦力方向的滑移,形成主动轮齿面在节线附近凹下、从动轮齿面在节线附近凸起的现象,这种现象称为齿面塑性变形(图 5.5(b))。

轮齿的塑性变形破坏了轮齿的齿廓形状和正确的啮合位置。提高齿面硬度和采用黏度高的润滑油可以防止或减轻轮齿的塑性变形。

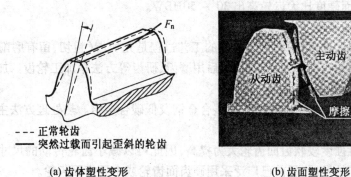
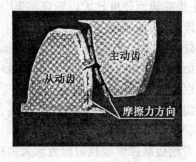

−−− 正常轮齿
—— 突然过载而引起歪斜的轮齿

(a) 齿体塑性变形　　　　　　　　　　　　(b) 齿面塑性变形

图 5.5　轮齿塑性变形

5.2.2　齿轮传动的设计准则

齿轮传动设计应遵循的设计准则取决于齿轮传动可能出现的失效形式。

(1) 对于软齿面闭式齿轮传动,齿面点蚀是其主要失效形式,因此通常按齿面接触疲劳强度进行设计,计算齿轮的分度圆直径(或中心距)及主要几何参数,然后校核齿根弯曲疲劳强度。

(2) 对于硬齿面闭式齿轮传动,齿面接触承载能力较高,因此通常按齿根弯曲疲劳强度进行设计,确定出齿轮模数及其余几何参数,然后校核齿面接触疲劳强度。

(3) 对于高速重载齿轮传动,齿面胶合是其主要失效形式,因此除按(1) 或者(2) 选择设计准则之外,还需校核齿面胶合强度。

(4) 对于开式齿轮传动,齿面磨损是其主要失效形式,而且在轮齿被磨薄后往往会发生轮齿折断。但目前对于齿面磨损尚无完善的计算方法,因此通常按齿根弯曲疲劳强度进行设计,然后考虑磨损的影响,须将算得的模数适当增大,一般将模数增大10% ~ 15%后取标准值。

5.2.3　齿轮的常用材料及其热处理方法

对齿轮材料的基本要求是:齿面硬、齿芯韧,良好的加工性能和经济性。适用于制造齿轮的材料很多,其中最常用的是锻钢,其次是铸钢和铸铁,轻载并要求低噪声时,也可采用非金属材料。

1. 锻钢

锻钢是齿轮传动中应用最广的材料。为了提高齿面抗点蚀、胶合、磨损的能力,一般要进行热处理来提高齿面硬度。按热处理后齿面的硬度不同,可分为软齿面和硬齿面两大类。

(1) 软齿面(齿面硬度 ≤ 350HBW)

软齿面齿轮的材料通常为 45 钢、40Cr、40MnB、42SiMn 等中碳钢或中碳合金钢,热处理方式为正火调质。其工艺过程是先对齿轮毛坯进行热处理,然后再进行切齿(滚齿、插齿、铣齿)。由于在啮合过程中,小齿轮轮齿的啮合次数比大齿轮多,为使大、小齿轮寿命相近,应使小齿轮齿面硬度比大齿轮高出 30 ～ 50HBW。

(2) 硬齿面(齿面硬度 > 350HBW)

由于热处理后齿面硬度很高,这类齿轮的工艺过程是先切齿(粗切,留有磨削余量),然后进行表面热处理使齿面达到高硬度,最后用磨齿、研齿等方法精加工轮齿。加工精度一般在 6 级以上。

硬齿面齿轮常用的材料有:中碳钢、中碳合金钢及低碳合金钢。热处理方法主要有整体淬火、表面淬火、表面渗碳或渗氮等。

硬齿面齿轮接触强度较软齿面齿轮大为提高,因此可以减小齿轮传动的尺寸。随着齿轮加工设备及工艺的发展,目前已广泛采用硬齿面齿轮或中硬齿面齿轮。

2. 铸钢

直径较大(顶圆直径 $d_a \geqslant 500$ mm) 不易锻造的齿轮毛坯,常用铸钢制造。铸钢齿轮毛坯应进行正火处理以消除残余应力和硬度不均匀现象。

3. 铸铁

铸铁易铸成形状复杂的齿轮毛坯,容易加工,成本低,但抗弯强度及抗冲击能力较差。常用于制造受力较小,无冲击载荷和大尺寸的低速齿轮(圆周速度小于 6 m/s)。常用铸铁材料有灰铸铁和球墨铸铁等。球墨铸铁的力学性能和抗冲击性能优于灰铸铁。可替代调质钢制造某些大齿轮,应用较广泛。

4. 非金属材料

非金属材料(如夹布胶木、尼龙) 常用于高速、小功率、精度不高或要求噪声低的齿轮传动中。其优点是质量轻、韧性好、噪声小、不生锈、便于维护;缺点是强度低、导热性差、不适于高温环境下工作。由于非金属材料的导热性差,与其配对的齿轮应采用金属材料,以利于散热。

齿轮常用材料及其热处理后的力学性能见表 5.2。

表 5.2 齿轮常用材料及其力学性能

材料牌号	热处理方法	抗拉强度 σ_b/MPa	屈服点 σ_s/MPa	硬度	
				HBW	HRC(表面淬火)
45 钢	正火	580	290	162 ～ 217	40 ～ 50
	调质	640	350	217 ～ 255	
35SiMn,42SiMn	调质	785	510	229 ～ 286	45 ～ 55
40MnB	调质	735	490	241 ～ 286	45 ～ 55
38SiMnMo	调质	735	588	229 ～ 286	45 ～ 55
40Cr	调质	735	539	241 ～ 286	48 ～ 55
20Cr	渗碳淬火	637	392		56 ～ 62
20CrMnTi	渗碳淬火	1 079	834		56 ～ 62
ZG310 － 570	正火	570	310	163 ～ 197	
ZG340 － 640	正火	640	340	197 ～ 207	
HT300	人工时效	290		182 ～ 273	
HT350	人工时效	340		197 ～ 298	
QT500 － 7	正火	500	320	170 ～ 230	
QT600 － 3	正火	600	370	190 ～ 270	
夹布胶木		100		25 ～ 35	
MC 尼龙		90		21	

5.3　齿轮传动的计算载荷

在对齿轮轮齿进行受力分析时,通常认为载荷是在理想状态下作用到轮齿上的,可由齿轮传动传递的额定功率计算出来,称为名义载荷。但是,由于原动机及工作机的工作特性、齿轮啮合的内部因素(如基节与齿形误差)引起的附加动载荷的影响,载荷沿齿宽分布不均匀和同时啮合的各对轮齿间的分配不均对轮齿应力的影响,实际作用于轮齿上的载荷大于名义载荷。因此,在对齿轮传动进行强度计算时,应对名义载荷进行修正,即将名义载荷乘以大于1的载荷系数 K,称此载荷为计算载荷。

计算载荷 F_{cn} = 载荷系数 K × 名义载荷 F_n

载荷系数 K 可由表 5.3 选取。

表 5.3　载荷系数 K

原动机工作特性 工作机工作特性	平稳 (电动机、汽轮机)	轻微冲击 (液压马达)	中等冲击 (多缸内燃机)	严重冲击 (单缸内燃机)
平　稳	1.2 ~ 1.5	1.5 ~ 1.8	1.8 ~ 2.0	2.0 ~ 2.2
轻微冲击	1.5 ~ 1.8	1.8 ~ 2.0	2.0 ~ 2.2	2.2 ~ 2.4
中等冲击	1.8 ~ 2.0	2.0 ~ 2.2	2.2 ~ 2.4	2.4 ~ 2.6
严重冲击	2.0 ~ 2.2	2.2 ~ 2.4	2.4 ~ 2.6	2.6 或更大

选取载荷 K 时,还要考虑到下列因素:

(1) 齿轮精度等级高时,由于制造安装误差而引起的附加动载荷小,K 取较小值;反之,K 取较大值。

(2) 齿轮相对轴承是对称布置时,K 取小值;而齿轮相对轴承是非对称布置或悬臂布置,轴变形易使齿轮偏斜,引起载荷沿齿宽分布不均匀,K 取较大值。

(3) 齿宽系数 ϕ_d 小时,K 取小值;ϕ_d 大时,会增加载荷沿齿宽分布不均匀的程度,故 K 取大值。

(4) 软齿面,易跑合,K 取小值;硬齿面,不易跑合,K 取大值。

5.4　标准直齿圆柱齿轮传动的强度计算

5.4.1　轮齿的受力分析

图 5.6 为一对标准直齿圆柱齿轮的轮齿正在节点 C 处啮合。为简化计算,不计齿面间的摩擦力,并用作用于齿宽中点处的集中力代替沿齿宽接触的分布载荷,则作用于齿面只有沿啮合线方向的法向力 F_n。将 F_n 分解成两个相互垂直的分力,即圆周力 F_t 和径向力 F_r。由图 5.6(b) 可知:

· 101 ·

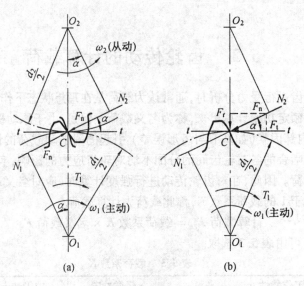

图 5.6　直齿圆柱齿轮传动的受力分析

$$
\left.
\begin{array}{l}
F_t = \dfrac{2T_1}{d_1} \\[3mm]
F_r = F_t \tan \alpha \\[3mm]
F_n = \dfrac{F_t}{\cos \alpha}
\end{array}
\right\}
\tag{5.1}
$$

式中　　d_1——齿轮 1 的分度圆直径,mm;

　　　　α——分度圆上的压力角,(°);

　　　　T_1——齿轮 1 传递的转矩,N·mm。

作用于主动轮和从动轮上的各对力均大小相等、方向相反。在主动轮上,圆周力是阻力,其方向与力作用点处的圆周速度方向相反;而在从动轮上,圆周力是驱动力,其方向与力作用点处的圆周速度方向相同。径向力的方向与啮合方式有关,对于外啮合,主、从动轮上的径向力分别指向各自的轮心。总之,作用于轮齿上的力总是指向其工作齿面。

5.4.2　齿面接触疲劳强度计算

齿面接触疲劳强度计算的目的是防止齿面在预定使用寿命期限内发生疲劳点蚀。其强度条件式为

$$
\sigma_H \leqslant [\sigma]_H
\tag{5.2}
$$

式中　　σ_H——齿面的接触应力,MPa;

　　　　$[\sigma]_H$——齿轮的许用接触应力,MPa。

因此,齿面接触疲劳强度计算的主要内容就是如何通过分析找到齿轮工作时作用在齿面上的最大接触应力 σ_H 及许用接触应力 $[\sigma]_H$ 的计算式,再根据强度条件式(5.2)确定满足条件的齿轮主要参数。

1. 齿面接触应力 σ_H 的计算

一对渐开线直齿圆柱齿轮的啮合相当于两个轴线平行的圆柱滚子的接触,这两个圆柱滚子的半径分别等于两齿廓在啮合点处的曲率半径。由于节点处几何条件明了,同时疲劳点蚀也往往出现在节点附近,因此,通常按节点啮合来计算齿面的接触应力 σ_H(图5.7)。

由式(2.6)知

$$\sigma_H = Z_E \sqrt{\frac{F_n}{L} \cdot \frac{1}{\rho_\Sigma}}$$

式中　F_n——正压力,即法向力,考虑到载荷系数 K,则计算载荷 $F_{nc} = \dfrac{KF_t}{\cos \alpha}$,N;

　　　　L——接触线长度,mm,$L = b$(齿宽);

　　　　±——"+"号用于外啮合,"−"用于内啮合;

　　　　ρ_Σ——综合曲率半径,mm,$\dfrac{1}{\rho_\Sigma} = \dfrac{1}{\rho_1} \pm \dfrac{1}{\rho_2}$。

由图5.7知

$$\rho_1 = \overline{N_1 P} = \frac{d_1}{2} \sin \alpha$$

$$\rho_2 = \overline{N_2 P} = \frac{d_2}{2} \sin \alpha$$

令 $u = \dfrac{z_2}{z_1} = \dfrac{d_2}{d_1}$($u$ 称为齿数比),经整理可得

$$\frac{1}{\rho_\Sigma} = \frac{u \pm 1}{u} \cdot \frac{2}{d_1 \sin \alpha}$$

式中　Z_E——材料弹性系数,$\sqrt{\text{MPa}}$,由表5.4查取。

表5.4　材料弹性系数 Z_E　　　　　　　　　　　　　　　　　　　$\sqrt{\text{MPa}}$

小齿轮材料＼大齿轮材料	钢	铸钢	铸铁	球墨铸铁	夹布胶木
钢	189.8	186.9	165.4	181.4	56.4
铸钢	186.9	188.0	161.4	180.5	
铸铁	165.4	161.4	146.0	56.6	
球墨铸铁	181.4	180.5	156.6	173.9	

将上述各参数代入式(2.6),并经整理可得

$$\sigma_H = Z_E \sqrt{\frac{KF_t}{bd_1} \cdot \frac{u \pm 1}{u} \cdot \frac{2}{\cos \alpha \sin \alpha}}$$

令 $Z_H = \sqrt{\dfrac{2}{\cos \alpha \sin \alpha}}$,称为节点区域系数,反映节点齿廓形状对接触应力 σ_H 的影响,其值可由图5.8查取。对于标准直齿轮,$\alpha = 20°$,则 $Z_H = 2.5$。

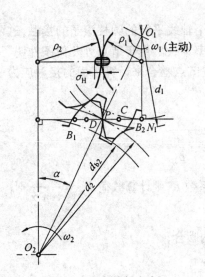

图 5.7　齿面接触应力

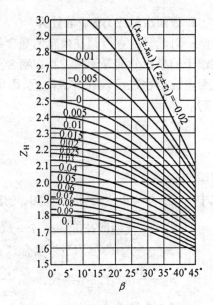

图 5.8　节点区域系数 $Z_H(\alpha_N = 20°)$

则 $\sigma_H = Z_E Z_H \sqrt{\dfrac{KF_t}{bd_1} \cdot \dfrac{u \pm 1}{u}} = Z_E Z_H \sqrt{\dfrac{2KT_1}{bd_1^2} \cdot \dfrac{u \pm 1}{u}}$ 　　　　　(5.3)

2. 齿轮的许用接触应力 $[\sigma]_H$ 的确定

$$[\sigma]_H = \frac{\sigma_{Hlim} Z_N}{S_H}$$

式中　　σ_{Hlim}——试验齿轮的齿面接触疲劳极限,MPa,由图 5.9 根据齿轮材料、热处理方式及齿面硬度查取;

Z_N——接触强度计算的寿命系数。

当设计齿轮为有限寿命时,用寿命系数 Z_N 提高其极限应力,Z_N 可由下式计算

$$Z_N = \sqrt[m]{\frac{N_0}{N}}$$　　　　　(5.5)

式中　　N_0——应力循环基数,与疲劳曲线指数 m、材料及热处理方式有关;

N——所设计齿轮的应力循环次数,根据齿轮的使用寿命 L_h(h)、每转一周同一侧齿面啮合次数 a、齿轮的转速 n(r/min) 由下式确定

$$N = 60naL_h$$　　　　　(5.6)

Z_N——可根据齿轮应力循环次数 N 由图 5.10 查取。

S_H——接触强度计算的安全系数。一般按与试验齿轮失效概率 1% 相同的失效要求条件,取 $S_H = 1.0$;当要求齿轮的失效概率大于或小于 1% 时,S_H 可参考表 5.5 选取。

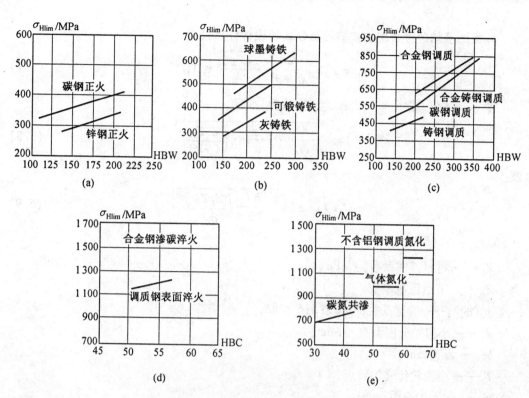

图 5.9　齿面接触疲劳强度极限应力

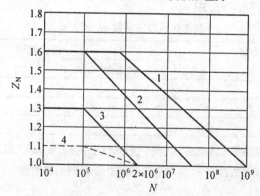

图 5.10　齿面接触疲劳强度寿命系数 Z_N

1—钢正火,调质或表面硬化,球墨铸铁,可锻铸铁,允许有局限性点蚀;

2—钢正火,调质或表面硬化,球墨铸铁,可锻铸铁;

3—钢气体氮化,灰铸铁;4—钢调质后液体氮化

表 5.5　安全系数 S_H、S_F 的参考值

要求的失效概率	S_H	S_F
0.1%	≥ 1.25	≥ 1.5
1%	≥ 1.0	≥ 1.25
10%	在 $0.8 \leqslant S_H < 1.0$ 范围取值	在 $1.0 \leqslant S_H < 1.25$ 范围取值

3. 齿面接触疲劳强度的校核计算公式和设计计算公式

$$\sigma_H = Z_E Z_H \sqrt{\frac{2KT_1}{bd_1^2} \cdot \frac{u \pm 1}{u}} \leqslant [\sigma]_H \qquad (5.7)$$

令 $\phi_d = b/d_1$ 或 $\phi_a = b/a$，称为齿宽系数，则有

$$d_1 \geqslant \sqrt[3]{\frac{2KT_1}{\phi_d} \cdot \frac{u \pm 1}{u} \cdot \left(\frac{Z_E Z_H}{[\sigma]_H}\right)^2} \qquad (5.8)$$

或

$$a \geqslant (u \pm 1) \sqrt[3]{\frac{KT_1}{2\phi_a u}\left(\frac{Z_E Z_H}{[\sigma]_H}\right)^2} \qquad (5.9)$$

式(5.7) ~ 式(5.9)中

Z_E—— 材料弹性系数，$\sqrt{\mathrm{MPa}}$；

Z_H—— 节点区域系数；

$\phi_d(\phi_a)$—— 齿宽系数，可按表5.6查取；

d_1—— 小齿轮分度圆直径，mm；

b—— 齿宽，mm；

T_1—— 小齿轮传递的转矩，N·mm；

a—— 传动中心距，mm；

$[\sigma]_H$—— 许用接触应力，MPa。

表5.6 齿宽系数 $\phi_d = b/d_1$

齿轮相对于轴承的布置形式	齿面软硬	
	软齿面	硬齿面
对称布置	0.8 ~ 0.14	0.4 ~ 0.9
非对称布置	0.6 ~ 1.2	0.3 ~ 0.6
悬臂布置	0.3 ~ 0.4	0.2 ~ 0.25

注:① 对于直齿圆柱齿轮宜取取值范围中的偏小值,斜齿轮情况下可取偏大值,人字齿轮甚至可取到2;

② 载荷稳定,轴刚度大的情况下,宜取取值范围中的偏大值,轴刚度小的宜取偏小值。

4. 几点说明

(1) 当载荷 F_n、材料(Z_E)、齿数比($z_1/z_2 = u$)、齿宽 b 一定时,齿面接触应力 σ_H 主要取决于 d_1 或 a。d_1 或 a 越大,则 σ_H 越小。

(2) d_1 或 a 确定后,无论齿数 z_1 和模数 m 如何组合,σ_H 不变。如 $z_1 = 25, m = 2.0; z_1 = 20, m = 2.5$。

(3) 一对齿轮啮合时两啮合齿面所受的接触应力是大小相等、方向相反的一对作用力和反作用力,因此,两啮合齿面的接触应力大小是相等的,即 $\sigma_{H1} = \sigma_{H2}$。但许用接触应力 $[\sigma]_{H1}$、$[\sigma]_{H2}$ 分别与一对齿轮的材料、热处理、应力循环次数有关,一般情况下 $[\sigma]_{H1}$ 与 $[\sigma]_{H2}$ 并不相等。因此,式(5.7) 或式(5.9)中,应取 $[\sigma]_H = \min\{[\sigma]_{H1}, [\sigma]_{H2}\}$。

(4) 由 $\sigma_H \leqslant [\sigma]_H$ 可知,减小 σ_H、增大 $[\sigma]_H$,可提高齿面接触疲劳强度。

5.4.3　齿根弯曲疲劳强度计算

齿根弯曲疲劳强度计算的目的是防止在预定寿命期限内发生轮齿疲劳折断,其强度条件式为

$$\sigma_F \leq [\sigma]_F \tag{5.10}$$

1. 齿根弯曲应力 σ_F 的计算

由于齿轮轮缘的刚度较大,因此可将轮齿在啮合过程中的受载情况看做齿顶受法向力 F_n 作用的齿宽为 b 的悬臂梁,其危险截面用 30° 切线法确定,如图 5.11 所示。并按悬臂梁的弯曲应力公式计算齿根弯曲应力。按全部载荷作用于齿顶来计算 σ_F 与轮齿的受载情况是有差距的,产生最大弯矩时的载荷作用点是单对齿啮合的上界点 D,如图 5.12 所示。但按全部载荷作用于齿顶来计算 σ_F,则可简化计算,且轮齿有较富裕的弯曲强度。

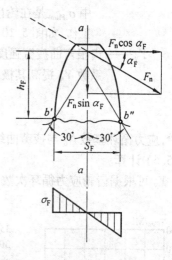

图 5.11　齿根弯曲应力计算简图

如图 5.11 所示,作用于齿顶的法向力 F_n 可分解成相互垂直的两个分力,即 $F_n\cos\alpha_F$ 和 $F_n\sin\alpha_F$。$F_n\cos\alpha_F$ 使齿根受弯和剪切;$F_n\sin\alpha_F$ 使齿根受压。通常只计算由 $F_n\cos\alpha_F$ 在齿根危险截面处产生的弯曲应力 σ_F。

由材料力学中悬臂梁应力计算公式可知

$$\sigma_F = \frac{M}{W} = \frac{F_n\cos\alpha_F h_F}{\dfrac{bS_F^2}{6}} = \frac{F_t}{bm}\frac{6\left(\dfrac{h_F}{m}\right)\cos\alpha_F}{\left(\dfrac{S_F}{m}\right)^2\cos\alpha}$$

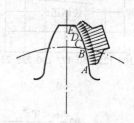

图 5.12　齿面受载情况

令

$$Y_F = \frac{6\left(\dfrac{h_F}{m}\right)\cos\alpha_F}{\left(\dfrac{S_F}{m}\right)\cos\alpha} \tag{5.11}$$

则有

$$\sigma_F = \frac{F_t}{bm}Y_F \tag{5.12}$$

再引入应力修正系数 Y_S 以考虑作用于危险截面的其他应力和应力集中的影响;计入载荷系数 K,则有

$$\sigma_F = \frac{KF_t}{bm}Y_F Y_S = \frac{2KT_1}{bmd_1}Y_F Y_S \tag{5.13}$$

2. 齿根的许用弯曲应力 $[\sigma]_F$ 的确定

$$[\sigma]_F = \frac{\sigma_{Flim}Y_N}{S_F} \tag{5.14}$$

式中　σ_{Flim}——计入了齿根应力修正系数 $Y_{ST}(=2.0)$ 之后试验齿轮的齿根弯曲疲劳极限应力，MPa，由图 5.13 根据齿轮材料、热处理方式及齿面硬度查取；图中 σ_{Flim} 是在轮齿单向受载（图 5.14(a)）时作出的，若轮齿为双侧齿面工作，如图 5.10(b) 所示的惰轮 2'，应将图中值乘以 0.7；

Y_N——齿根弯曲疲劳强度计算的寿命系数。当设计齿轮为有限寿命时，用寿命系数 Y_N 提高其极限应力，Y_N 可由下式计算

$$Y_N = \sqrt[m']{\frac{N_0}{N}} \qquad\qquad (5.15)$$

式中，应力循环基数 N_0 与疲劳曲线指数 m' 由实验获得，随材料而异。应力循环次数 N 按式(5.6) 计算。

Y_N 可根据齿轮应力循环次数 N 由图 5.15 查取。

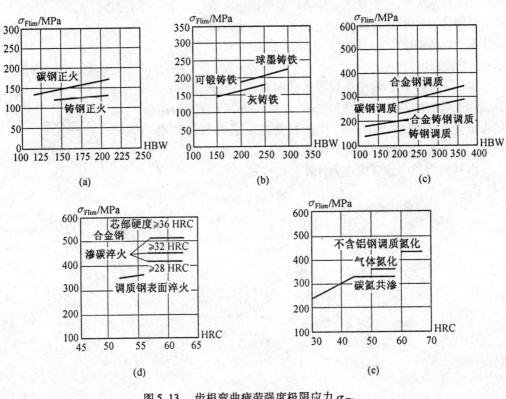

图 5.13　齿根弯曲疲劳强度极限应力 σ_{Flim}

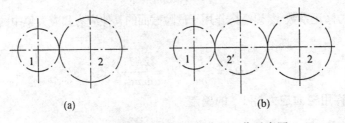

图 5.14　轮齿单侧齿面、双侧齿面工作示意图

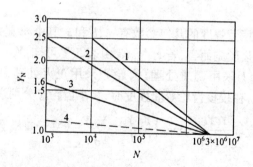

图 5.15 齿根弯曲疲劳强度寿命系数 Y_N

1—结构钢,调质钢,灰铸铁,球墨铸铁,可锻铸铁;2—渗碳硬化钢;3—气体氮化钢;4—钢调质后液体氮化

S_F——齿根弯曲疲劳强度计算的安全系数。与齿面接触疲劳损伤(齿面点蚀)相比,轮齿折断造成的后果更为严重,所以,一般取 $S_F = 1.25$;当要求齿轮的失效概率大于或小于 1% 时,S_F 可参考表 5.5 选取。

3. 齿根弯曲疲劳强度的校核计算公式和设计计算公式

$$\sigma_{F1} = \frac{KF_t}{bm}Y_{F1}Y_{S1} = \frac{2KT_1}{bmd_1}Y_{F1}Y_{S1} \leqslant [\sigma]_{F1} \quad (5.14)$$

$$\sigma_{F2} = \frac{KF_t}{bm}Y_{F2}Y_{S2} = \frac{2KT_1}{bmd_1}Y_{F2}Y_{S2} \leqslant [\sigma]_{F2} \quad (5.15)$$

令 $\phi_d = b/d_1$,$d_1 = mZ_1$ 则有

$$m = \sqrt[3]{\frac{2KT_1}{\phi_d Z_1^2} \cdot \frac{Y_F Y_S}{[\sigma]_F}} \quad (5.16)$$

上述各式中

Y_F——齿形系数,反映了轮齿几何形状对齿根弯曲应力 σ_F 的影响。凡影响齿廓形状的参数(z、x、α、h_a^*、曲率半径 ρ_{a0} 等)都影响 Y_F,而与模数 m 无关。因为只模数变化时,就像放大镜一样使齿廓放大(或缩小),但齿廓形状不变,因此 Y_F 不变。对于符合基准齿形的标准圆柱外齿轮,其 Y_F 可根据齿数 z(或当量齿数 z_v) 由表 5.7 查取。

Y_S——应力修正系数,用以考虑齿轮过渡圆角处的应力集中和除弯曲应力以外的其他应力对齿根应力的影响。其值可根据齿数 z(或当量齿数 z_v) 由表 5.7 查取。

表 5.7 标准圆柱外齿轮的齿形系数 Y_F 及应力修正系数 Y_S

$z(z_v)$	17	18	19	20	21	22	23	24	25	26	27	28	29
Y_F	2.97	2.91	2.85	2.80	2.76	2.76	2.69	2.65	2.62	2.60	2.57	2.55	2.53
Y_S	1.52	1.53	1.54	1.55	1.56	1.57	1.575	1.58	1.59	1.595	1.60	1.61	1.62
$z(z_v)$	30	35	40	45	50	60	70	80	90	100	150	200	∞
Y_F	2.52	2.45	2.40	2.35	2.32	2.28	2.24	2.22	2.20	2.18	2.14	2.12	2.06
Y_S	1.625	1.65	1.67	1.68	1.70	1.73	1.75	1.77	1.78	1.79	1.83	1.865	1.97

注:① 基准齿形的参数为 $\alpha = 20°$、$h_a^* = 1$、$c^* = 0.25$、$\rho = 0.38m$(m 为齿轮模数)。

② 对内齿轮:当 $\alpha = 20°$、$h_a^* = 1$、$c^* = 0.25$、$\rho = 0.15m$ 时,齿形系数 $Y_{Fa} = 2.053$,应力修正系数 $Y_{Sa} = 2.65$。

③ ϕ_d、d_1、b、T_1 的含义同前。

4. 几点说明

(1) 影响齿根弯曲疲劳强度的几何参数有 m、b 和 z，其中 m 是最主要的参数。

(2) 对于相啮合的齿轮副而言，若 $z_1 < z_2$，由表5.7可知：$Y_{F1} > Y_{F2}$、$Y_{S1} < Y_{S2}$，但有 $Y_{F1}Y_{S1} > Y_{F2}Y_{S2}$，若齿轮1采用调质处理，齿轮2采用正火处理，则往往有：$\sigma_{F1} > \sigma_{F2}$，$[\sigma]_{F1} > [\sigma]_{F2}$。因此，在校核齿轮弯曲强度时，大小齿轮应分别进行计算。

(3) 设计计算时，应取 $\dfrac{Y_F Y_S}{[\sigma]_F} = \max\left\{\dfrac{Y_{F1}Y_{S1}}{[\sigma]_{F1}}, \dfrac{Y_{F2}Y_{S2}}{[\sigma]_{F2}}\right\}$ 来计算模数 m。

5.5 标准斜齿圆柱齿轮传动的强度计算

5.5.1 轮齿的受力分析

采用与标准直齿圆柱齿轮相似的方法，将作用于斜齿圆柱齿轮节点 P 处法截面的法向力 F_n 分解成三个互相垂直的分力（图5.16）。即

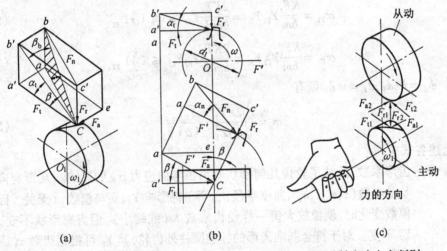

图5.16 斜齿圆柱齿轮传动节点 C 处啮合时轮齿受力分析及轴向力方向判别

$$
\left.
\begin{array}{ll}
\text{圆周力} & F_t = \dfrac{2T_1}{d_1} \\[3mm]
\text{径向力} & F_r = F_t \dfrac{\tan\alpha_n}{\cos\beta} = F_t\tan\alpha_t \\[3mm]
\text{轴向力} & F_a = F_t\tan\beta \\[3mm]
\text{法向力} & F_n = \dfrac{F_t}{\cos\alpha_n\cos\beta} = \dfrac{F_t}{\cos\alpha_t\cos\beta_b}
\end{array}
\right\}
\tag{5.16}
$$

式中　d_1——小齿轮分度圆直径，mm；

T_1——小齿轮传递的名义转矩，N·mm；

α_n——分度圆柱上的法向压力角，$\alpha_n = 20°$；

α_t——分度圆柱上的端面压力角，(°)；

β_b——基圆柱上的螺旋角,(°);

β——分度圆柱上的螺旋角,(°)。

作用于主、从动轮上的各对力均大小相等、方向相反,如图 5.16(b)、图 5.16(c) 所示。其中,法向力、圆周力、径向力方向的判别方法同直齿圆柱齿轮相同,而轴向力 F_a 的方向要由三要素来判别,即 ① 主、从动轮;② 转向 —— 顺、逆时针;③ 轮齿旋向 —— 左旋、右旋。知道了这三要素,就能用力分析方法或左(右) 手法则判断出 F_a 方向。

F_a 方向判别的主动轮左(右) 手法则:对主动轮,轮齿的旋向若为右旋,则用右手(左旋用左手) 握住齿轮的轴线,并使四指的方向顺着齿轮的转向方向,此时拇指的指向即为主动轮上轴向力的方向,如图 5.16(c) 所示。

5.5.2 斜齿圆柱齿轮传动的强度计算特点及计算方式

1. 斜齿圆柱齿轮传动的强度计算特点

(1)计算齿面接触疲劳强度时,啮合的曲率半径 ρ_1 和 ρ_2 应按法面内的曲率半径 ρ_{n1} 和 ρ_{n2} 计算,其值大于端面内的曲率半径。

(2)计算齿根弯曲疲劳强度时,用一对当量直齿圆柱齿轮来代替,计算 Y_F 和 Y_S 应按当量齿数 $Z_v = Z/\cos^3\beta$ 查取。

(3)斜齿轮的接触线是倾斜的,接触线的总长度比直齿轮的接触线长,而且同一接触线上各点到齿根危险截面的弯曲力臂由大到小。实践证明,这对斜齿轮的齿面接触疲劳强度和齿根弯曲疲劳强度都带来了有利的影响,因此要引入螺旋角系数 Z_β 和 Y_β 来计及这一影响。

2. 斜齿圆柱齿轮传动的强度计算公式

采用与直齿圆柱齿轮强度计算的相似方法,考虑上述计算特点,可推出下述斜齿圆柱齿轮传动的强度计算公式。

(1)齿面接触疲劳强度计算公式

$$\sigma_H = Z_E Z_H Z_\beta \sqrt{\frac{2KT_1}{bd_1^2} \cdot \frac{u \pm 1}{u}} \leqslant [\sigma]_H \tag{5.17}$$

$$d_1 = \sqrt[3]{\frac{2KT_1}{\phi_d} \cdot \frac{u \pm 1}{u} \cdot \left(\frac{Z_E Z_H Z_\beta}{[\sigma]_H}\right)^2} \tag{5.18}$$

或

$$a \geqslant (u \pm 1) \sqrt[3]{\frac{KT_1}{2\phi_a u} \left(\frac{Z_E Z_H Z_\beta}{[\sigma]_H}\right)^2} \tag{5.19}$$

(2)齿根弯曲疲劳强度计算公式

$$\sigma_{F1} = \frac{2KT_1}{bm_n d_1} Y_{F1} Y_{S1}\beta \leqslant [\sigma]_{F1} \tag{5.20}$$

$$\sigma_{F2} = \frac{2KT_1}{bm_n d_2} Y_{F2} Y_{S2}\beta \leqslant [\sigma]_{F2} \tag{5.20}$$

$$m_n \geqslant \sqrt[3]{\frac{2KT_1 Y_\beta \cos^2\beta}{\phi_d Z_1^2} \cdot \left(\frac{Y_F Y_S}{[\sigma]_F}\right)} \tag{5.21}$$

上述各式中

Z_E——材料弹性系数,$\sqrt{\mathrm{MPa}}$,由表5.4查取;

Z_H——节点区域系数,由图5.8查取;

Z_β——齿面接触疲劳强度计算时的螺旋角系数,其值可按下式计算

$$Z_\beta = \sqrt{\cos\beta} \tag{5.23}$$

其中　　β——分度圆螺旋角,(°);

Y_F——齿形系数,由表5.7查取;

Y_S——应力修正系数,由表5.7查取;

Y_β——齿根弯曲疲劳强度计算时的螺旋角系数,其值可根据螺旋角 β 和轴向重

合度 $\varepsilon_\beta = \dfrac{b\sin\beta}{\pi m_n}$ 由图5.17查取。

其他参数同直齿圆柱齿轮。

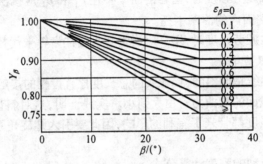

图5.17　螺旋角系数 Y_β

轴向重合度 $\varepsilon_\beta = \dfrac{b\sin\beta}{\pi m_n}$

5.6　标准直齿锥齿轮传动的强度计算

5.6.1　直齿锥齿轮的几何参数和尺寸计算

渐开线直齿锥齿轮的齿廓,理论上是球面渐开线,但由于球面渐开线无法展开成平面,致使锥齿轮的设计和制造出现很多困难。为此常用锥齿轮的背锥上的齿形代替球面渐开线齿形。将齿宽中点处的背锥展成平面,得到一对以背锥母线长度 $\dfrac{d_{v1}}{2}$、$\dfrac{d_{v2}}{2}$ 为分度圆半径的扇形直齿轮,再将它补足为完整的直齿轮,则称这样的齿轮为锥轮的当量齿轮,其齿数 Z_v 称为锥齿轮的当量齿数。图5.18给出了直齿锥齿轮的背锥及其当量直齿轮。

由图5.18可知,锥齿轮1、2的当量齿轮的分度圆直径分别为

$$d_{v1} = d_{m1}/\cos\delta_1 = m_m z_1/\cos\delta_1, \quad d_{v2} = d_{m2}/\cos\delta_2 = m_m z_2/\cos\delta_2$$

而 $d_{v1} = m_m Z_{v1}$,$d_{v2} = m_m Z_{v2}$,式中 m_m 为锥齿轮齿宽中点处的模数,也是当量齿轮的模数 m_v,即 $m_v = m_m$。所以

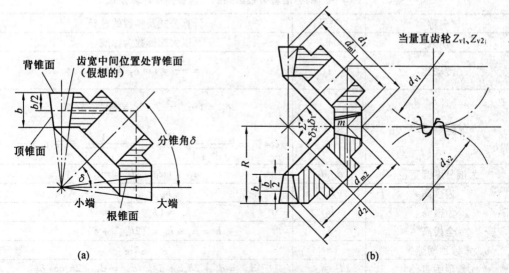

图 5.18　直齿锥齿轮的背锥及其当量直齿轮

$$Z_{v1} = z_1/\cos \delta_1, \quad Z_{v2} = z_2/\cos \delta_2 \qquad (5.24)$$

由上述可知,锥齿轮大端的齿形可用齿数为 Z_v 的当量齿轮的齿形来近似表示。同样,利用当量齿轮可把有关圆柱齿轮的传动的一些结论直接应用于锥齿轮传动。

图 5.19 给出了一对标准直齿锥齿轮啮合时各部分的几何尺寸,其相应的计算公式见表 5.8。

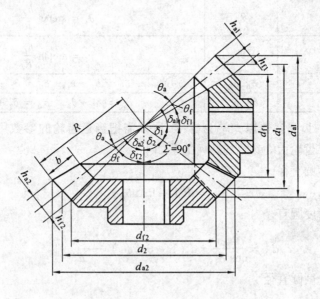

图 5.19　直齿锥齿轮的几何尺寸

表5.8 $\Sigma = 90°$ 的标准直齿锥齿轮的几何参数及计算公式

名称	符号	计算公式及参数的选择
模数	m	以大端模数为标准
传动比	i	$i = \dfrac{z_2}{z_1} = \tan \delta_2 = \cot \delta_1$
分度圆锥角	δ_1, δ_2	$\delta_2 = \tan^{-1} \dfrac{z_2}{z_1}$, $\delta_1 = 90° - \delta_2$ 或 $\cos \delta_1 = \dfrac{u}{\sqrt{u^2 + 1}}$, $\cos \delta_2 = \dfrac{1}{\sqrt{u^2 + 1}}$,式中 $u = \dfrac{z_2}{z_1}$
大端分度圆直径	$d_1 \smallsetminus d_2$	$d_1 = mz_1$, $d_2 = mz_2$
齿顶高	h_a	$h_a = h_a^* m$
齿根高	h_f	$h_f = (h_a^* + c^*) m$
全齿高	h	$h = h_a + h_f = (2h_a^* + c^*) m$
齿顶间隙	c	$c = c^* m$
齿顶圆直径	$d_{a1} \smallsetminus d_{a2}$	$d_{a1} = d_1 + 2h_a \cos \delta_1$, $d_{a2} = d_2 + 2h_a \cos \delta_2$
齿根圆直径	$d_{f1} \smallsetminus d_{f2}$	$d_{f1} = d_1 - 2h_f \cos \delta_1$, $d_{f2} = d_2 - 2h_f \cos \delta_2$
锥顶距	R	$R = \sqrt{r_1^2 + r_2^2} = \dfrac{m}{2} \sqrt{z_1^2 + z_2^2} = \dfrac{d_1}{2\sin \delta_1} = \dfrac{d_2}{2\sin \delta_2}$
齿宽	b	$b \leqslant \dfrac{R}{3}$, $b \leqslant 10\ m$
齿宽系数	ϕ_R	$\dfrac{b}{R}$
齿顶角	θ_a	$\theta_a = \arctan \dfrac{h_a}{R}$
齿根角	θ_f	$\theta_f = \arctan \dfrac{h_f}{R}$
根锥角	$\delta_{f1} \smallsetminus \delta_{f2}$	$\delta_{f1} = \delta_1 - \theta_f$, $\delta_{f2} = \delta_2 - \theta_f$
顶锥角	$\delta_{a1} \smallsetminus \delta_{a2}$	$\delta_{a1} = \delta_1 + \theta_a$, $\delta_{a2} = \delta_2 + \theta_a$

直齿锥齿轮的齿廓参数以大端为标准,所以需把当量齿轮的参数用大端参数来表达。当量齿轮与锥齿轮大端参数的几何关系如下:

齿宽中点分度圆直径

$$d_m = d(1 - 0.5\phi_R) \tag{5.25}$$

当量小齿轮分度圆直径

$$d_{v1} = \frac{d_{m1}}{\cos \delta_1} = d_1(1 - 0.5\phi_R) \frac{\sqrt{u^2 + 1}}{u} \tag{5.26}$$

当量大齿轮分度圆直径

$$d_{v2} = \frac{d_{m2}}{\cos \delta_2} = d_2(1 - 0.5\phi_R) \sqrt{u^2 + 1} \tag{5.27}$$

齿宽中点处的模数

$$m_m = m(1 - 0.5\phi_R) \tag{5.28}$$

当量齿轮的齿数比

$$u_v = \frac{Z_{v2}}{Z_{v1}} = \frac{z_2/\cos \delta_2}{z_1/\cos \delta_1} = \frac{u}{\tan \delta_1} = u^2 \tag{5.29}$$

5.6.2 轮齿的受力分析

类似于圆柱齿轮的分析方法,将直齿锥齿轮轮齿所受的法向载荷 F_n 视为集中作用在齿宽中点处分度圆上。F_n 可分解为相互垂直的三个分力,即圆周力 F_t、径向力 F_r、轴向力 F_a,如图 5.20 所示。

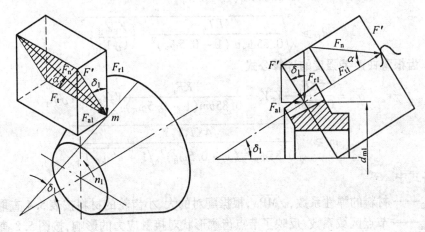

图 5.20 直齿锥齿轮传动轮齿的受力分析

$$
\begin{aligned}
\text{圆周力} \quad & F_t = \frac{2T_1}{d_{m1}} = \frac{2T_1}{d_1(1 - 0.5\varphi_R)} \\
\text{径向力} \quad & F_{r1} = F'\cos \delta_1 = F_t \tan \alpha \cos \delta_1 = -F_{a2} \\
\text{轴向力} \quad & F_{a1} = F'\sin \delta_1 = F_t \tan \alpha \sin \delta_1 = -F_{r2}
\end{aligned}
\right\} \tag{5.30}
$$

法向力

$$F_n = \frac{F_t}{\cos \alpha} \tag{5.31}$$

式中　　d_{m1}——小齿轮齿宽中点处分度圆直径,mm;

　　　　d_1——小齿轮大端分度圆直径,mm;

　　　　ϕ_R——齿宽系数,$\phi_R = b/R$;

　　　　T_1——小齿轮传递的名义转矩,N·mm;

　　　　δ_1——小齿轮分度圆锥角,(°);

　　　　α——分度圆压力角,(°),标准齿轮 $\alpha = 20°$;

　　　　"$-$"——负号表示力的方向相反。

圆周力 F_t 和径向力 F_r 的方向判别方法同直齿圆柱齿轮;主、从动轮上的轴向力 F_a 各自指向大端。

5.6.3 直齿锥齿轮传动的强度计算

直齿锥齿轮传动的强度计算按其齿宽中点处背锥展开得到的当量直齿圆柱齿轮进行,可以直接应用直齿圆柱齿轮的强度计算公式。但公式中的参数应为当量齿轮的参数;考虑到锥齿轮齿廓精度低,承载能力较当量直齿轮低,因此要将齿宽 b 减小 15%。

1. 齿面接触疲劳强度的计算公式

$$\sigma_H = Z_E Z_H \sqrt{\frac{KF_t}{0.85bd_1(1 - 0.5\phi_R)} \cdot \frac{\sqrt{1 + u^2}}{u}} \leq [\sigma]_H \qquad (5.32)$$

$$d_1 \geq \sqrt[3]{\frac{4KT_1}{0.85\phi_R u (1 - 0.5\phi_R)^2} \cdot \left(\frac{Z_E Z_H}{[\sigma]_H}\right)^2} \qquad (5.33)$$

2. 齿根弯曲疲劳强度的计算公式

$$\sigma_F = \frac{KF_t}{0.85bm_m} Y_F Y_S = \frac{KF_t}{0.85bm(1 - 0.5\phi_R)} Y_F Y_S \leq [\sigma]_F \qquad (5.34)$$

$$m \geq \sqrt[3]{\frac{4KT_1 Y_F Y_S}{0.85\phi_R z_1^2 (1 - 0.5\phi_R)^2 \sqrt{1 + u^2} [\sigma]_F}} \qquad (5.35)$$

上述各式中

Z_E —— 材料的弹性系数,$\sqrt{\text{MPa}}$,根据配对的大、小齿轮的材料按表 5.4 查取;

Z_H —— 节点区域系数,反映了节点齿廓形状对接触应力的影响,按图 5.8 查取,对于标准传动或高变位传动,取 $Z_H = 2.5$;

$[\sigma]_H$ —— 许用接触应力,按式(5.4) 计算;

T_1 —— 小锥齿轮所传递的转矩,$N \cdot mm$;

Y_F —— 齿形系数,根据当量齿数 $Z_v = z/\cos\delta$ 按表 5.7 查取;

Y_S —— 应力修正系数,根据当量齿数 Z_v 按表 5.7 查取;

$[\sigma]_F$ —— 许用弯曲应力,按式(5.14) 计算;

u —— 锥齿轮的传动比,$u = z_2/z_1$。

5.7 齿轮传动的设计

5.7.1 齿轮传动的主要参数选择

1. 模数 m 和 z_1 的选择

模数 m 主要影响齿根弯曲疲劳强度,在其他参数不变的情况下,m 越大,齿根越厚,齿根弯曲应力 σ_F 越小,轮齿抗弯曲的强度就越高。但对软齿面闭式齿轮传动,影响齿面接触疲劳强度的主要参数是分度圆直径 d_1(或中心距 a),当 d_1 一定,改变 m 和 z_1,其他参数不变时,齿面接触疲劳强度不变。而模数 m 越小,齿数 z_1 就越多,重合度就越大,齿轮传动就越平稳,同时模数越小,齿顶高也越小,齿面间的相对滑动越小,齿轮的减磨性和抗胶合能力越好,齿轮的尺寸小,轮齿加工量小,成本低。因此对于软齿面闭式齿轮传动,在满足齿根弯曲强度的条件下应尽量选取较小的模数 m 和较多的齿数 z_1,一般选取 $z_1 \geqslant$ 18 ～ 30,或根据接触疲劳强度计算出的 d_1 或 a,按经验公式 $m = (0.01 ～ 0.02)a$ 计算出 m,并按表 5.1 取标准模数。但对于动力传动,模数 m 应不小于 1.5 ～ 2 mm,以防止短期过载时轮齿折断。对硬齿面闭式齿轮传动或开式齿轮传动,为避免传动尺寸过大,并增大模数,加强轮齿的抗弯曲能力,因此,按弯曲强度设计时,应取较少的齿数 z_1,$z_1 = 17 ～$ 20。对于开式齿轮传动,考虑到齿面磨损,对计算出的模数 m 要增大 10% ～ 15%,然后圆整为标准模数。

2. 齿宽系数 ϕ_d、ϕ_a 与 ϕ_R

由齿轮传动强度计算公式可以看出:当增大齿宽 b 时 σ_H、σ_F 均减小,承载能力在一定程度上得到提高,而且可使 d_1、d_2 和 a 减小,即齿轮传动的结构尺寸变小。但是,如果齿宽过大,将使载荷沿齿向分布更趋于不均匀,反而使 σ_H、σ_F 增大。因此,齿宽系数 $\phi_d(\phi_a)$ 既不能太大也不能太小,应合理选择。一般取 $\phi_a = 0.1 ～ 1.2$,闭式传动 $\phi_a = 0.3 ～ 0.6$,通用减速器取 $\phi_a = 0.4$;开式传动 $\varphi_a = 0.1 ～ 0.3$。如使用 φ_d,可根据齿轮相对于轴承的位置、齿面硬度从表 5.6 中选取。对于锥齿轮传动,一般取 $\phi_R = 0.3$,但应使齿宽 $b \geqslant 4m$,m 为模数。

3. 分度圆压力角 α

若分度圆压力角 α 增大,则轮齿齿根厚度、齿面曲率半径都增大,使 σ_H、σ_F 均减小,因此齿根弯曲疲劳强度和齿面接触疲劳强度都得到提高;但从齿轮径向力计算公式 $F_r = F_t \tan \alpha_n / \cos \beta = F_t \tan \alpha_t$ 来看,α 增大也使得径向力 F_r 增大,从而增加了轴系上轴承的载荷。因此,一般用途齿轮的标准压力角 $\alpha = 20°$,在我国航空齿轮标准中,还规定了 $\alpha = 25°$ 的标准分度圆压力角,以提高航空齿轮传动的齿根弯曲疲劳强度和齿面接触疲劳强度。

4. 齿数比 $u = z_2 / z_1$

选择齿数比 u 时要综合考虑传动系统整体结构尺寸大小的问题,即各级传动要合理地分配传动比,以使各级传动保持合理的尺寸比例,原则是使整个传动系统的结构尺寸最小、质量最轻。图 5.21 给出了总传动比为 10 左右的齿轮单级和两级传动总体尺寸的对比情况,显然,用两级传动得到的总体尺寸要比只用单级情况下小。因此,一般单级圆柱齿轮传动取 $u \leqslant 7$,对于锥齿轮,因为齿数比 u 影响锥顶角的大小,一般取 $u \leqslant 3$。

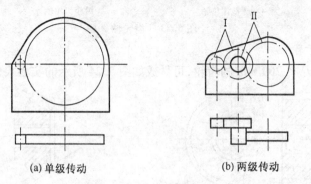

(a) 单级传动　　　　　　　(b) 两级传动

图 5.21　单级齿轮传动与两级齿轮传动的总体尺寸比较

5. 分度圆螺旋角 β

分度圆螺旋角 β 选得太小,则斜齿轮传动平稳及承载能力得到提高的优点没有得到充分的发挥,体现得不明显;若 β 选得过大,从公式 $F_a = F_t \tan\beta$ 可以看出:轴向力随着螺旋角 β 的增大而增大,导致齿轮传递给轴承的轴向力加大,这会影响轴承部件的结构。因此,分度圆螺旋角 β 既不能选太大也不能选过小,一般取 $\beta = 8° \sim 20°$;对于人字齿轮(可以假想为两个轮齿旋向相反的斜齿轮对在一起),因其轴向力可以抵消,可取 $\beta = 25° \sim 30°$。

5.7.2 齿轮的结构

齿轮一般由轮缘、轮辐和轮毂三部分组成。这些部分的形状和尺寸通常是根据制造工艺和经验公式确定的。按毛坯制造方法的不同,齿轮结构可分为锻造齿轮、铸造齿轮、镶圈齿轮和焊接齿轮等类型。

1. 锻造齿轮

(1) 齿轮轴

根据图 5.22,对直径较小的钢制齿轮,若齿根圆直径与轴的直径相差不多,当圆柱齿轮 $e \leqslant 2.5\ m$(或 m_n)或锥齿轮 $e < 1.6\ m$ 时,应将齿轮和轴做成一体,称为齿轮轴,如图 5.23 所示。如果 e 值超过上述尺寸时,则无论从方便制造还是从节约贵重金属材料的角度来考虑,都应把齿轮和轴分开制造。

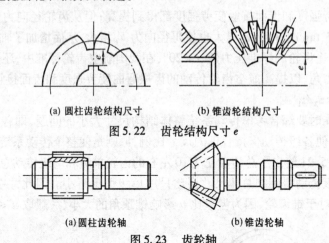

(a) 圆柱齿轮结构尺寸　　　　(b) 锥齿轮结构尺寸

图 5.22　齿轮结构尺寸 e

(a) 圆柱齿轮轴　　　　(b) 锥齿轮轴

图 5.23　齿轮轴

(2) 实心式齿轮

齿顶圆直径 $d_a \leqslant 200\ mm$ 的齿轮,可做成如图 5.24 所示的实心式齿轮。

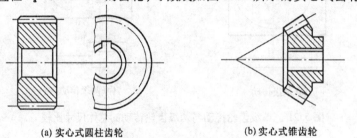

(a) 实心式圆柱齿轮　　　　(b) 实心式锥齿轮

图 5.24　实心式齿轮结构

（3）辐板式齿轮

当 $200\ \mathrm{mm} < d_a \leqslant 500\ \mathrm{mm}$ 时，为减轻质量和节约材料，常采用辐板式齿轮，如图 5.25 所示。齿轮各部分的结构尺寸，可参考图 5.25 下方所列经验公式确定。辐板式齿轮上的圆孔，主要是为了便于齿轮的搬运及加工时的装夹而开设的。

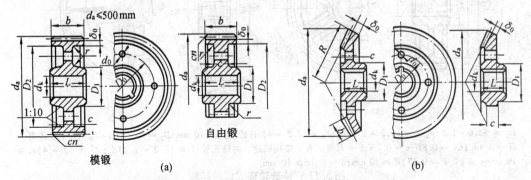

(a)   (b)

$D_1 \approx 1.6 d_k; \delta_0 = (2.5 \sim 4)m（或\ m_n）\geqslant 10\ \mathrm{mm}; D_2 \approx d_k - 2(h + \delta_0)（h——全齿高）; L = (1.2 \sim 1.5)d_k; r = 0.5_c;$
圆柱齿轮：$D_0 \approx 0.5(D_1 + D_2); d_0 \approx 0.25(D_2 - D_1); c = (0.2 \sim 0.3)b;$ 锥齿轮：$\delta_0 = (3 \sim 4)m \geqslant 10\ \mathrm{mm};$ 或
$\delta_0 \approx 0.2R; D_0、d_0$ 由结构设计确定

图 5.25 锻造辐板式齿轮结构

2. 铸造齿轮

若齿轮直径较大（$d_a > 500\ \mathrm{mm}$），锻造比较困难，这时应采用铸造齿轮，一般铸成辐板式齿轮或轮辐式齿轮，如图 5.26 和图 5.27 所示。结构尺寸由图 5.27 下方所列经验公式确定。

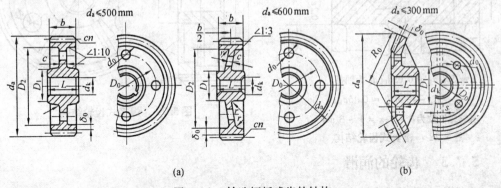

(a)   (b)

图 5.26 铸造辐板式齿轮结构

3. 镶套式齿轮

对于大直径齿轮，为节省材料可采用如图 5.28 所示的镶套式齿轮。如锻造的钢齿圈，用热压配合而镶套在铸铁或铸钢材料的、有齿轮轮辐和轮毂的轮芯上，为防止大载荷下配合面的相对滑动，在配合缝上加 4 ～ 8 个紧定螺钉或六角头螺钉（拧紧后将露在外面的部分锯掉）。根据齿轮大小和齿圈部分的尺寸，轮芯部分可采用铸造辐板式结构或铸造轮辐式结构。

4. 焊接式齿轮

对于单件生产、尺寸过大且不宜铸造或受锻造设备能力限制也不宜锻造轮坯的齿轮，可采用焊接齿轮毛坯的结构。焊接出轮坯并经充分的时效处理以消除内应力后，才能加工齿轮的轮齿部分。焊接式齿轮结构如图 5.29 所示。

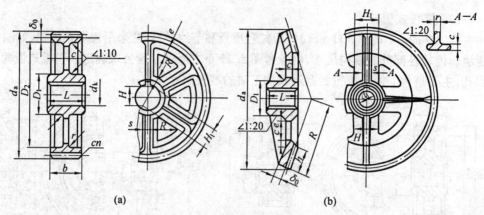

$D_1 = (1.6 \sim 1.8)d_k; L = (1.2 \sim 1.5)d_k; \delta_0 = (2.5 \sim 4)m(\text{或} m_n) \geqslant 10 \text{ mm}; D_2 \approx d_k - 2(h + \delta_0)(h—\text{全齿高});$
$H \approx 0.8d_k; H_1 \approx 0.8H; c \approx 0.2H; S \approx H/6; r \text{、} R \text{ 由结构确定}. 对锥齿轮: L = (1.0 \sim 1.2)d_k; \delta_0 = (3 \sim 4)m \geqslant$
$10 \text{ mm}; c = (0.1 \sim 0.17)R \geqslant 10 \text{ mm}; S \approx 0.8c \geqslant 10 \text{ mm}$

图 5.27　铸造轮辐式齿轮结构

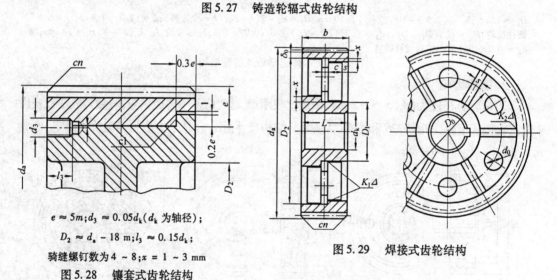

$e \approx 5m; d_3 \approx 0.05d_k(d_k \text{ 为轴径});$

$D_2 \approx d_a - 18 \text{ m}; l_3 \approx 0.15d_k;$

骑缝螺钉数为 $4 \sim 8; x = 1 \sim 3 \text{ mm}$

图 5.28　镶套式齿轮结构

图 5.29　焊接式齿轮结构

5.7.3　齿轮的润滑

齿轮传动时,相啮合的齿面间作用有很大的正压力且有相对滑动,因此,为了减小摩擦,减轻齿面磨损,齿轮传动必须进行润滑。此外,润滑还有散热、减小振动和噪声的作用。

1.润滑方式

开式和半开式齿轮传动的速度较低,所以一般采用人工定期加油或在齿面涂润滑脂。

闭式齿轮传动中,润滑方式取决于齿轮的圆周速度 v。当 $v \leqslant 10 \text{ m/s}$ 时,可采用齿轮浸油润滑,如图 5.30 所示。将大齿浸入油池中,靠大齿轮工作时的转动,将油带入啮合处对齿面进行润滑,齿轮的浸油深度应不小于 10 mm。当 $v > 10 \text{ m/s}$ 时,若靠齿轮浸油润滑,被带到齿面上的润滑油很快会因较大的离心力而被甩掉,造成供油不足,因此,一般都采用如图 5.31 所示的喷油润滑方式,将 $2 \sim 2.5$ 个大气压的压力油用喷嘴喷入啮合处。

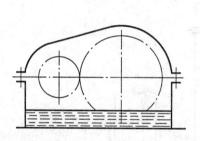

图 5.30　浸油润滑

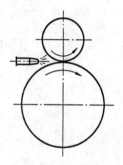

图 5.31　喷油润滑

2. 润滑剂的选择

选择润滑剂时,要考虑啮合齿面间载荷大小、齿轮圆周速度高低以及齿轮工作温度等因素,以使齿面上能够保持有一定厚度且能够承受一定压力的润滑油膜。一般根据齿轮的圆周速度 v 选择润滑油黏度,再根据润滑油黏度选择润滑油的型号。表 5.9 为齿轮传动润滑油黏度荐用值表。

表 5.9　齿轮传动荐用的润滑油运动黏度 $v_{40℃}$ 　　　　mm² · s⁻¹

齿轮材料	抗拉强度 σ_b/MPa	圆周速度 v/m · s⁻¹						
		< 0.5	0.5 ~ 1	1 ~ 2.5	2.5 ~ 5	5 ~ 12.5	12.5 ~ 25	> 25
铸铁、青铜	—	320	220	150	100	80	60	—
钢	450 ~ 1 000	500	320	220	150	100	80	60
	1 000 ~ 1 250	500	500	320	220	150	100	80
	1 250 ~ 1 600	1 000	500	500	320	220	150	100
渗碳或表面淬火钢								

注:多级减速器的润滑油黏度应按各级黏度的平均值选取。

【例 5.1】　设计如图 5.32 所示带式运输机二级圆柱齿轮减速器中的齿轮传动,高速级采用斜齿圆柱齿轮传动,低速级采用直齿圆柱齿轮传动。已知小齿轮 1 传递的功率 $P_1 = 3.7$ kW,小齿轮 1 的转速 $n_1 = 1\,440$ r/min,高速级传动比 $i_Ⅰ = 4.8$,低速级传动比 $i_Ⅱ = 3.4$,运输机单向运转,载荷有轻微冲击,二班制,使用期限为 5 年(每年工作日按 250 天计),大批量生产。

解　(1)高速级斜齿圆柱齿轮传动设计

①选择齿轮材料、热处理方式和精度等级

考虑到带式运输机为一般机械,故大、小齿轮均选用 45 钢,采用软齿面,由表 5.2 得:小齿轮调质处理,齿面硬度为 217 ~ 255 HBW,平均硬度为 236 HBW;大齿轮正火处理,齿面硬度为 162 ~ 217 HBW,平均硬度为 190 HBW。大、小齿轮齿面硬度差为 46 HBW,在 30 ~ 50HBW 范围内。选用 8 级精度。

②初步计算传动主要尺寸

因为是软齿面闭式传动,故按齿面接触疲劳强度进行设计。由式(5.18)

$$d_1 \geq \sqrt[3]{\frac{2KT_1}{\phi_d} \cdot \frac{u+1}{u} \cdot \left(\frac{Z_E Z_H Z_\beta}{[\sigma]_H}\right)^2}$$

式中各参数为:

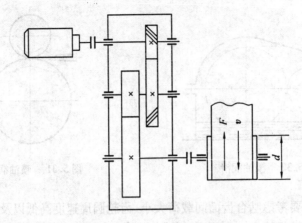

图 5.32　带式运输机传动简图

a. 小齿轮传递的转矩

$$T_1/(\text{N} \cdot \text{mm}) = 9.55 \times 10^6 \times \frac{P_1}{n_1} = 9.55 \times 10^6 \times \frac{3.7}{1\,440} \approx 24\,538.2$$

b. 选择载荷系数,由表 5.3 取 $K = 1.6$;

c. 选择齿宽系数,由表 5.6 取 $\phi_d = 1.1$;

d. 确定材料弹性系数,由表 5.4 取 $Z_E = 189.8\sqrt{\text{MPa}}$;

e. 初选螺旋角 $\beta = 12°$,则由图 5.8 查得节点区域系数 $Z_H = 2.46$,由式(5.23)计算得螺旋角系数 $Z_\beta = \sqrt{\cos\beta} = \sqrt{\cos 12°} \approx 0.99$;

f. 齿数比 $u = i_1 = 4.8$;

g. 许用接触应力由式(5.4) $[\sigma]_H = \dfrac{Z_N \sigma_{\text{Hlim}}}{S_H}$ 算得。

由图 5.9(c)、图 5.9(a) 得接触疲劳极限应力 $\sigma_{\text{Hlim1}} = 570$ MPa;$\sigma_{\text{Hlim2}} = 390$ MPa,小齿轮 1 与大齿轮 2 的应力循环次数分别为

$$N_1 = 60n_1 a L_h = 60 \times 1\,440 \times 1.0 \times 2 \times 8 \times 250 \times 5 \approx 1.73 \times 10^9$$

$$N_2 = \frac{N_1}{i_1} = \frac{1.73 \times 10^9}{4.8} \approx 3.6 \times 10^8$$

由图 5.10 查得寿命系数 $Z_{N1} = 1.0$,$Z_{N2} = 1.04$。

由表 5.5 取安全系数 $S_H = 1.0$

$$[\sigma]_{H1}/\text{MPa} = \frac{Z_{N1}\sigma_{\text{Hlim1}}}{S_H} = \frac{1.0 \times 570}{1.0} = 570$$

$$[\sigma]_{H2}/\text{MPa} = \frac{Z_{N2}\sigma_{\text{Hlim2}}}{S_H} = \frac{1.04 \times 390}{1.0} \approx 406$$

故取

$$[\sigma]_H = [\sigma]_{H2} = 406 \text{ MPa}$$

初算小齿轮 1 分度圆 d_{1t},得

$$d_1/\text{mm} \geqslant \sqrt[3]{\frac{2KT_1}{\phi_d} \cdot \frac{u+1}{u} \cdot \left(\frac{Z_E Z_H Z_\beta}{[\sigma]_H}\right)^2} =$$

$$\sqrt[3]{\frac{2 \times 1.6 \times 24\,538.2}{1.1} \times \frac{4.8+1}{4.8} \times \left(\frac{189.8 \times 2.46 \times 0.99}{406}\right)^2} \approx 48.18$$

③ 确定传动尺寸

a. 选择齿数 z_1、z_2

初选 $z_1 = 25$，则 $z_2 = uz_1 = 4.8 \times 25 = 120$。

b. 确定模数 m_n

$$m_n = \frac{d_{1t}\cos\beta}{Z_1} = \frac{48.12 \times \cos 12°}{25} \approx 1.89，按表 5.1，取 m_n = 2 \text{ mm}。$$

c. 确定传动中心距 a

初定中心距 $a_t/\text{mm} = \dfrac{m_n(z_1 + z_2)}{2\cos\beta} = \dfrac{2 \times (25 + 120)}{2 \times \cos 12°} \approx 148.239$

圆整为 $a = 150$ mm

则螺旋角 $\beta = \arccos \dfrac{m_n(z_1 + z_2)}{2a} = \arccos \dfrac{2 \times (25 + 120)}{2 \times 150} \approx 14.835° = 14°50'6''$

β 在允许范围内。由于 β 变化后 d_1 由 $\dfrac{2 \times 25}{\cos 12°} \approx 51.117$ （mm）增大为 $\dfrac{2 \times 25}{\cos 14.835°} \approx$

51.724 （mm），变化量很小，故不再修订 m_n 和 a。

d. 确定分度圆直径

$$d_1/\text{mm} = \frac{z_1 \times m_n}{\cos\beta} = \frac{25 \times 2}{\cos 14.835°} \approx 51.724$$

$$d_2/\text{mm} = \frac{z_2 \times m_n}{\cos\beta} = \frac{120 \times 2}{\cos 14.835°} \approx 248.276$$

e. 确定齿宽

$b_2 = \phi_d \times d_1 = 1.1 \times 51.724 = 56.896$ mm，取 $b_2 = 58$ mm。

$b_1 = b_2 + (5 \sim 10)$ mm，取 $b_1 = 64$ mm。

④ 校核齿根弯曲疲劳强度

$$\sigma_F = \frac{2KT_1}{bm_n d_1} Y_F Y_S Y_\varepsilon Y_\beta \leqslant [\sigma]_F$$

式中各参数：

a. K、T_1、m_n、d_1 值同前；

b. 齿宽 $b = b_2 = 58$ mm；

c. 齿形系数 Y_F 和应力修正系数 Y_S。

当量齿数

$$Z_{v1} = \frac{z_1}{\cos^3\beta} = \frac{25}{\cos^3 14.835°} \approx 27.7$$

$$Z_{v2} = \frac{z_2}{\cos^3\beta} = \frac{120}{\cos^3 14.835°} \approx 132.8$$

由表 5.7 查得 $Y_{F1} = 2.55, Y_{F2} = 2.15$；

由表 5.7 查得 $Y_{S1} = 1.61, Y_{S2} = 1.82$。

d. 由轴向重合度 $\varepsilon_\beta = \dfrac{b\sin\beta}{\pi m_n} = \dfrac{58 \text{ mm} \times \sin 14.835°}{\pi \times 2 \text{ mm}} \approx 2.36$，查图 5.17 得螺旋角系数 $Y_\beta = 0.875$。

e. 许用弯曲应力可由式(5.14) $[\sigma]_F = \dfrac{Y_N \sigma_{Flim}}{S_F}$ 算得。

由图 5.13(c)、图 5.13(a) 查得弯曲疲劳极限应力

$$\sigma_{Flim1} = 220 \text{ MPa}, \quad \sigma_{Flim2} = 170 \text{ MPa}$$

由图 5.15 查得寿命系数 $Y_{N1} = Y_{N2} = 1.0$。

由表 5.5 查得安全系数 $S_F = 1.25$，故

$$[\sigma]_{F1}/\text{MPa} = \frac{Y_{N1}\sigma_{Flim1}}{S_F} = \frac{1.0 \times 220}{1.25} = 176$$

$$[\sigma]_{F2}/\text{MPa} = \frac{Y_N \sigma_{Flim2}}{S_F} = \frac{1.0 \times 170}{1.25} = 136$$

$$\sigma_{F1}/\text{MPa} = \frac{2KT_1}{bm_n d_1}Y_{F1}Y_{S1}Y_\beta = \frac{2 \times 1.6 \times 24\,538.2}{58 \times 2 \times 51.724} \times 2.55 \times 1.61 \times 0.875 \approx 47 < [\sigma]_{F1}$$

$$\sigma_{F2}/\text{MPa} = \sigma_{F1}\frac{Y_{F2}Y_{S2}}{Y_{F1}Y_{S1}} = 47 \times \frac{2.15 \times 1.82}{2.55 \times 1.61} \approx 44.8 < [\sigma]_{F2}$$

满足齿根弯曲疲劳强度。

⑤ 计算齿轮传动其他尺寸(略)

⑥ 结构设计并绘制零件工作图(略)

(2) 低速级直齿圆柱齿轮传动设计

① 选择齿轮材料、热处理方式和精度等级(同(1))。

② 初步计算主要尺寸

按齿面接触疲劳强度进行设计。由式(5.8) 可知

$$d_3 \geqslant \sqrt[3]{\frac{2KT_3}{\phi_d} \cdot \frac{u+1}{u} \cdot \left(\frac{Z_E Z_H}{[\sigma]_H}\right)^2}$$

式中各参数：

a. 小齿轮 3 传递的转矩 T_3。

8 级精度的齿轮传动效率 $\eta_{齿轮} = 0.97$，滚动球轴承效率 $\eta_{轴承} = 0.99$，小齿轮 3 所传递的转矩为

$$T_3/(\text{N}\cdot\text{mm}) = T_1 i_1 \eta_{齿轮} \eta_{轴承} = 24\,538.2 \times 4.8 \times 0.97 \times 0.99 \approx 113\,107.4$$

b. 载荷系数 $K = 1.6$，材料弹性系数 $Z_E = 189.8\sqrt{\text{MPa}}$，数据同(1)；

c. 由表 5.6 取齿宽系数 $\phi_d = 1.0$；

d. 由图 5.8 查得节点区域系数 $Z_H = 2.5$；

e. 齿数比 $u = i_{\text{II}} = 3.4$；

f. 许用接触应力由式(5.4) $[\sigma]_H = \dfrac{Z_N \sigma_{Hlim}}{S_H}$ 算得。由(1) 可知 $\sigma_{Hlim3} = 570 \text{ MPa}, \sigma_{Hlim4}$

= 390 MPa, $S_H = 1.0$。而 $N_3 = N_2$，故 $Z_{N3} = Z_{N2} = 1.04$；$N_4 = \dfrac{N_3}{i_{\mathrm{II}}} = \dfrac{3.6 \times 10^8}{3.4} \approx 1.06 \times 10^8$，由图 5.10 查得 $Z_{N4} = 1.13$，则

$$[\sigma]_{H3}/\mathrm{MPa} = \frac{Z_{N3}\sigma_{\mathrm{Hlim3}}}{S_H} = \frac{1.04 \times 570}{1.0} = 592.8$$

$$[\sigma]_{H4}/\mathrm{MPa} = \frac{Z_{N4}\sigma_{\mathrm{Hlim4}}}{S_H} = \frac{1.13 \times 390}{1.0} = 440.7$$

故取

$$[\sigma]_H/\mathrm{MPa} = [\sigma]_{H4} = 440.7$$

计算小齿轮 3 的分度圆直径 d_{3t} 得

$$d_{3t} \geqslant \sqrt[3]{\frac{2K_t T_3}{\varphi_d} \cdot \frac{u+1}{u} \cdot \left(\frac{Z_E Z_H}{[\sigma]_H}\right)^2} =$$

$$\sqrt[3]{\frac{2 \times 1.6 \times 113\,107.4}{1.0} \cdot \frac{3.4+1}{3.4} \cdot \left(\frac{189.8 \times 2.5}{440.7}\right)^2} \approx 81.583$$

③ 确定传动尺寸

a. 初选齿数 z_3、z_4

选 $z_3 = 28$，则 $z_4 = uz_3 = i_{\mathrm{II}}z_3 = 3.4 \times 28 = 95.2$，取 $z_4 = 96$，则传动比变化量为 $\left(\dfrac{96}{28} - 3.4\right) /3.4 = 0.8\% < 5\%$，允许。

b. 确定模数 m

$m = d_{3t}/z_3 = 81.583/28 \approx 2.914$，按表 5.1 取标准模数 $m = 3$ mm。

c. 计算分度圆直径 d_3、d_4 和传动中心距 a

$$d_3/\mathrm{mm} = z_3 \times m = 28 \times 3 = 84$$

$$d_4/\mathrm{mm} = z_4 \times m = 96 \times 3 = 288$$

$$a/\mathrm{mm} = \frac{1}{2}(d_1 + d_2) = \frac{1}{2}(84 + 288) = 186$$

d. 确定齿宽

$$b_4/\mathrm{mm} = \phi_d d_3 = 1 \times 84 = 84$$

$$b_3/\mathrm{mm} = b_4 + (5 \sim 10)\,\mathrm{mm}，取 b_3 = 90\ \mathrm{mm}$$

④ 校核齿根弯曲疲劳强度（略）

⑤ 计算齿轮其他几何尺寸（略）

⑥ 结构设计并绘制齿轮零件工作图（略）

【例 5.2】　设计一个单级直齿锥齿轮减速器的锥齿轮传动，如图 5.33 所示。已知：轴交角 $\varepsilon = 90°$，小锥齿轮 1 传递的功率为 5.2 kW，转速 $n_1 = 960$ r/min，传动比 $i = 2.6$，电动机驱动，载荷平稳，二班制工作，使用年限 10 年。

解　（1）选择齿轮材料、热处理方式和精度等级

考虑到减速器为一般机械，故大、小齿轮均选用 45 钢，采用软齿面，由表 5.2 得：小齿

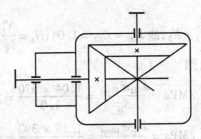

图 5.33　一级直齿锥齿轮传动简图

轮调质处理,齿面硬度为 217 ~ 255 HBW,平均硬度为 236 HBW;大齿轮正火处理,齿面硬度为 162 ~ 217 HBW,平均硬度为 190 HBW。大、小齿轮齿面平均硬度差为 461 HBW,在 30 ~ 50 HBW 范围内。选用 8 级精度。

(2)初步计算传动主要尺寸

因为是软齿面闭式传动,故按齿面接触疲劳强度进行设计。由式(5.33)

$$d_1 \geqslant \sqrt[3]{\frac{4KT_1}{0.85\phi_R u (1 - 0.5\phi_R)^2} \left(\frac{Z_E Z_H}{[\sigma]_H}\right)^2}$$

式中各参数为:

①小齿轮传递的转矩

$$T_1 / (\mathrm{N \cdot mm}) = 9.55 \times 10^6 \times \frac{P_1}{n_1} = 9.55 \times 10^6 \times \frac{5.2}{960} \approx 51\ 729.2$$

②由表 5.3 取载荷系数 $K = 1.4$。

③取齿宽系数 $\phi_R = 0.3$。

④由表 5.4 查得材料弹性系数 $Z_E = 189.8 \sqrt{\mathrm{MPa}}$。

⑤由表 5.8 查得节点区域系数 $Z_H = 2.5$。

⑥齿数比 $u = i = 2.6$。

⑦许用接触应力由式(5.4) $[\sigma]_H = \frac{Z_N \sigma_{Hlim}}{S_H}$ 算得。

由图 5.9(c)、5.9(a) 得接触疲劳极限应力 $\sigma_{Hlim1} = 570$ MPa、$\sigma_{Hlim2} = 390$ MPa。小齿轮 1 与大齿轮 2 的应力循环次数分别为

$$N_1 = 60 n_1 a L_h = 60 \times 960 \times 1.0 \times 2 \times 8 \times 250 \times 10 \approx 2.3 \times 10^9$$

$$N_2 = \frac{N_1}{u} = \frac{2.3 \times 10^9}{2.6} \approx 8.8 \times 10^8$$

由图 5.10 查得寿命系数 $Z_{N1} = Z_{N2} = 1.0$。

由表 5.5 取安全系数 $S_H = 1.0$。

$$[\sigma]_{H1} / \mathrm{MPa} = \frac{Z_{N1} \sigma_{Hlim1}}{S_H} = \frac{1.0 \times 570}{1.0} = 570$$

$$[\sigma]_{H2} / \mathrm{MPa} = \frac{Z_{N2} \sigma_{Hlim2}}{S_H} = \frac{1.0 \times 390}{1.0} = 390$$

故取

$$[\sigma]_H = [\sigma]_{H2} = 390 \text{ MPa}$$

初算小齿轮 1 的分度圆直径 d_{1t},得

$$d_{1t}/\text{mm} \geqslant \sqrt[3]{\frac{4KT_1}{0.85\phi_R u(1-0.5\phi_R)^2}\left(\frac{Z_E Z_H}{[\sigma]_H}\right)^2} =$$

$$\sqrt[3]{\frac{4 \times 1.4 \times 51\,729.2}{0.85 \times 0.3 \times 2.6(1-0.5 \times 0.3)^2} \times \left(\frac{189.8 \times 2.5}{390}\right)^2} \approx$$

96.377

(3) 确定传动尺寸

① 确定齿数 z_1、z_2

选 $z_1 = 25$,则 $z_2 = uz_1 = 2.6 \times 25 = 65$。

② 确定大端模数 m

$m = \dfrac{d_{1t}}{z_1} = \dfrac{96.377}{25} \approx 3.85$,按表 5.1,取 $m = 4$,

③ 计算大端分度圆直径

$$d_1/\text{mm} = mz_1 = 4 \times 25 = 100$$

$$d_2/\text{mm} = mz_2 = 4 \times 65 = 260$$

④ 计算锥顶距 R 由表 5.7 中公式得

$$R/\text{mm} = \frac{m}{2}\sqrt{z_1^2 + z_2^2} = \frac{4}{2}\sqrt{25^2 + 65^2} \approx 139.284$$

⑤ 确定齿宽 b

$$b = \phi_R R = 0.3 \times 139.284 = 41.785,\text{取 } b = 42 \text{ mm}。$$

(4) 校核齿根弯曲疲劳强度

由式(5.34)知

$$\sigma_F = \frac{KF_t}{0.85bm(1-0.5\phi_R)}Y_F Y_S \leqslant [\sigma]_F$$

式中各参数:

① K、b、m、ϕ_R 值同前。

② 圆周力可由式(6.40)算得

$$F_t/\text{N} = \frac{2T_1}{d_1(1-0.5\phi_R)} = \frac{2 \times 51\,729.2}{100 \times (1-0.5 \times 0.3)} \approx 1\,217.2$$

③ 齿形系数 Y_F 和应力修正系数 Y_S。

由表 5.8 中的计算公式得

$$\cos\delta_1 = \frac{u}{\sqrt{u^2+1}} = \frac{2.6}{\sqrt{2.6^2+1}} \approx 0.933\,3$$

$$\cos\delta_2 = \frac{1}{\sqrt{u^2+1}} = \frac{1}{\sqrt{2.6^2+1}} \approx 0.359\,0$$

由式(5.24)得

$$Z_{v1} = \frac{Z_1}{\cos \delta_1} = \frac{25}{0.933\,3} \approx 26.8$$

$$Z_{v2} = \frac{Z_2}{\cos \delta_2} = \frac{65}{0.359\,0} \approx 181.1$$

由表 5.7 查得 $Y_{F1} = 2.57$，$Y_{F2} = 2.13$。

由表 5.7 查得 $Y_{S1} = 1.6$，$Y_{s2} = 1.85$。

④ 许用弯曲应力可由式(5.4) $[\sigma]_F = \dfrac{Y_N \sigma_{\text{Flim}}}{S_F}$ 算得。

由图 5.13(c)、图 5.13(a) 查得弯曲疲劳极限应力

$$\sigma_{\text{Flim1}} = 220 \text{ MPa} \qquad \sigma_{\text{Flim2}} = 170 \text{ MPa}$$

由图 5.15 查得寿命系数 $Y_{N1} = Y_{N2} = 1.0$。

由表 5.5 查得安全系数 $S_F = 1.25$，故

$$[\sigma]_{F1}/\text{MPa} = \frac{Y_{N1}\sigma_{\text{Flim1}}}{S_F} = \frac{1.0 \times 220}{1.25} = 176$$

$$[\sigma]_{F2}/\text{MPa} = \frac{Y_{N2}\sigma_{\text{Flim2}}}{S_F} = \frac{1.0 \times 170}{1.25} = 136$$

$$\sigma_{F1}/\text{MPa} = \frac{KF_t}{0.85bm(1 - 0.5\varphi_R)}Y_{F1}Y_{S1} =$$

$$\frac{1.4 \times 1\,217.2}{0.85 \times 42 \times 4(1 - 0.5 \times 0.3)} \times 2.57 \times 1.6 \approx$$

$$57.7 < [\sigma]_{F1}/\text{MPa}$$

$$\sigma_{F2}/\text{MPa} = \sigma_{F1}\frac{Y_{F2}Y_{S2}}{Y_{F1}Y_{S1}} = 57.7 \times \frac{2.13 \times 1.85}{2.57 \times 1.6} \approx 55.3 < [\sigma]_{F2}/\text{MPa}$$

满足齿根弯曲疲劳强度。

(5) 计算齿轮传动其他尺寸(略)。

(6) 结构设计并绘制齿轮零件工作图(略)。

思考题与习题

5-1 分析图 5.34 中的斜齿轮 1 和 2 上的圆周力 F_t、径向力 F_r 和轴向力 F_a 的方向。

当：

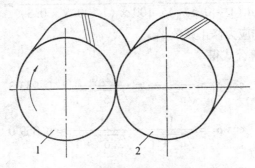

图 5.34

(1)1 轮主动、齿的旋向和转动方向如图5.34 所示时;

(2)1 轮主动,齿的旋向和图示相反时;

(3)2 轮主动,其他条件与(1) 相同;

(4) 转向与图示相反,其他条件与(1) 相同。

5-2 已知如图5.35 所示二级齿轮减速器中第一级小齿轮的轮齿旋向为右旋。试求:

(1) 第一级大齿轮的旋向;

(2) 第二级小齿轮的轮齿旋向如何确定,才能使中间轴上的轴向力最小(使最中间轴上的两齿轮的轴向力相反,以便抵消一部分)。

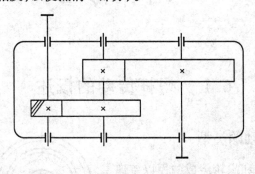

图 5.35

5-3 齿轮有哪些失效形式? 采取哪些措施可减轻或防止各种失效?

5-4 闭式和开式齿轮传动在设计上有何不同特点?

5-5 计算轮齿应力时为什么不用名义载荷而用计算载荷?

5-6 试述齿轮传动强度计算公式中的系数 Z_E、Z_H、Z_β 和 Y_F、Y_S、Y_β 的物理意义。

5-7 一对传动齿轮的轮齿弯曲应力 σ_F 是否相等? 许用弯曲应力 $[\sigma]_F$ 是否相同? 为什么?

5-8 一对齿轮传动中,主、从动轮齿面上的接触应力 σ_H 是否相等? 而许用接触应力 $[\sigma]_H$ 又是否相同? 为什么?

5-9 设计软齿面闭式齿轮传动时为何小齿轮的齿面硬度要高于大齿轮? 如何实现这一要求?

5-10 设计一物料搅拌机的传动装置中的一级硬齿面闭式斜齿圆柱齿轮传动,已知电动机驱动,小齿轮传递的功率为22 kW,转速 $n_1 = 970$ r/min,传动比 $i = 4.6$,载荷有较大冲击,单班制工作,预期工作寿命为 10 年。

5-11 一闭式单级直齿圆柱齿轮减速器。小齿轮 1 的材料为 40Cr,调质处理,齿面硬度为 260 HBW,大齿轮 2 的材料为 45 钢,调质处理,齿面硬度为 220 HBW。电动机驱动,传递功率 $P = 11$ kW,$n_1 = 970$ r/min,单向转动,载荷平稳,工作寿命为 8 年(每年工作250 天,单班制工作)。齿轮的基本参数为:$m = 3$ mm,$z_1 = 27$,$z_2 = 81$,$b_1 = 65$ mm,$b_2 = 60$ mm。试验算齿轮的接触疲劳强度和弯曲疲劳强度。

5-12 设计一 $\Sigma = 90°$ 的直齿锥齿轮传动,已知:$P_1 = 5.5$ kW,$n_1 = 960$ r/min,使用寿命约为 2 000 h,小齿轮作悬臂布置,电动机驱动。

第6章

蜗杆传动

6.1 蜗杆传动的概述

6.1.1 蜗杆传动的类型

蜗杆传动是由蜗杆和蜗轮组成的用以传递空间两交错轴之间的运动和动力的一种机械传动,通常交错角为90°,如图6.1所示。

1. 按蜗杆形状分类

按蜗杆上的螺旋线分别绕在圆柱面、环面上和锥面上的不同,相应地将蜗杆传动分为圆柱蜗杆传动(图6.1)、环面蜗杆传动(图6.2)和锥蜗杆传动(图6.3)三大类。

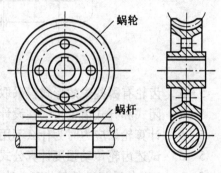

图6.1 圆柱蜗杆传动

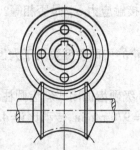

图6.2 环面蜗杆传动

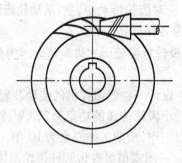

图6.3 锥蜗杆传动

2. 按蜗杆齿面形状分类

根据齿面形状的不同,圆柱蜗杆传动又分为普通圆柱蜗杆传动和圆弧圆柱蜗杆传动两类。如图6.4(a)所示。普通圆柱蜗杆传动的螺旋面是用直线刃或圆盘刀具加工的;而圆弧圆柱蜗杆的螺旋面是用刃边为凸圆弧形刀具加工出来的,如图6.4(b)所示。

普通圆柱蜗杆传动按蜗杆齿廓曲线不同,可分为以下四种:

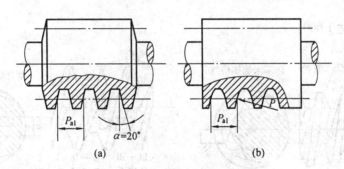

图 6.4　按齿面形状分圆柱蜗杆的类型

(1) 阿基米德蜗杆(ZA 蜗杆)

蜗杆的螺旋面可在车床上用直线刃的梯形刀加工,加工时车刀的刀刃与蜗杆轴线在同一水平面内。在垂直于蜗杆轴线的剖面(即端面)上,齿廓为阿基米德螺旋线,在通过蜗杆轴线的 Ⅰ－Ⅰ 剖面(即轴面)上,齿廓为直线,相当于直齿齿条齿廓,如图 6.5(a) 所示。当导程角 γ 较大时蜗杆加工不便且难于磨削,不易保证加工精度。因此这种蜗杆材料通常只进行调质处理,然后车削,一般用于低速、轻载或不太重要的传动。

(2) 渐开线蜗杆(ZI 蜗杆)

蜗杆的螺旋面可用两把直线刀刃的车刀在车床上加工,刀刃顶面应与基圆柱相切,其中一把刀具刀刃高于蜗杆轴线,另一把刀具刀刃则低于蜗杆轴线。在端面上,齿廓为渐开线;在轴面 Ⅰ－Ⅰ 上,齿廓为凸曲线,如图 6.5(b) 所示。这种蜗杆可以磨削,易保证机械加工精度,传动效率较其他直齿廓圆柱蜗杆传动高,一般用于蜗杆头数多、转速较高、较精密、传动功率较大的传动中。

(3) 法向直廓蜗杆(ZN 蜗杆)

蜗杆的螺旋面也可以用两把直线刀刃的车刀在车床上加工出来,但是车刀刀刃平面要置于螺旋线的法面上。在端面上,齿廓为延伸渐开线;在法面 $N-N$ 上,齿廓为直线,如图 6.5(c) 所示。这种蜗杆可以磨削,一般用于蜗杆头数多的精密传动中。

(4) 锥面包络圆柱蜗杆(ZK 蜗杆)

蜗杆的螺旋面是圆锥面族的包络曲面,是用盘状铣刀或砂轮加工的,加工时,除蜗杆做螺旋运动外,刀具还要绕其自身的轴线作回转运动。蜗杆在各个剖面上的齿廓均为曲线,如图 6.5(d) 所示。这种蜗杆更便于磨削,易获得高精度,应用日渐广泛。

蜗轮齿廓完全取决于与之相啮合的蜗杆齿廓。蜗轮一般是在滚齿机上用蜗轮滚刀加工的,加工时就像蜗轮与蜗杆的啮合传动一样,加工蜗轮的滚刀就相当于蜗杆。为了保证蜗杆与蜗轮的正确啮合,切削蜗轮的滚刀齿廓除滚刀齿顶高比相应蜗杆齿顶高大 $C^* m$ 外(C^* 为径向间隙系数,m 为模数),其余部分完全相同。滚齿加工蜗轮时,蜗轮与滚刀的中心距与蜗轮蜗杆啮合传动的中心距相同。

6.1.2　蜗杆传动主要特点及应用

与齿轮传动相比的主要特点:

(1) 单级传动比大,结构紧凑。传递动力时,单级传动比 $i = 8 \sim 80$;只传递运动时,如分度机构, i 可达 1 000。

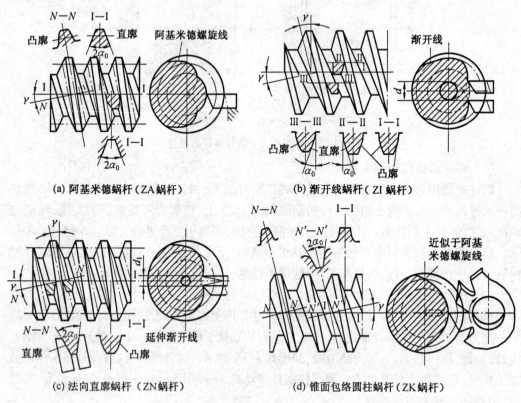

(a) 阿基米德蜗杆（ZA蜗杆）

(b) 渐开线蜗杆（ZI蜗杆）

(c) 法向直廓蜗杆（ZN蜗杆）

(d) 锥面包络圆柱蜗杆（ZK蜗杆）

图 6.5　按齿廓曲线分普通圆柱蜗杆的类型

（2）由于蜗杆齿与蜗轮轮齿的啮合是连续的且同时啮合齿对多，所以传动平稳，噪声小。

（3）当蜗杆导程角 γ 小于当量摩擦角 ρ' 时，可实现自锁。

（4）传动效率低。因为其齿面间相对滑动速度 v_S 大，摩擦损失大，效率 η 较低。当蜗杆主动时, $\eta = 70\% \sim 90\%$;传动自锁时, $\eta < 50\%$。

（5）蜗轮采用青铜等贵重减磨材料时，成本较高。

由于上述特点，蜗杆传动适用于传动比大而且结构要求紧凑或自锁的中小功率传动场合。所以蜗杆传动在机床、汽车、冶金、矿山和起重运输机械等设备的传动系统及仪表中被广泛使用。例如在机床设备的一般低转速工作台和分度机构中;在各种提升设备、电梯和自动扶梯等起重运输机械中采用蜗杆传动。

6.2　普通圆柱蜗杆传动的主要参数和几何尺寸计算

在图 6.6 所示的普通圆柱蜗杆传动中，通过蜗杆轴线并垂直于蜗轮轴线的平面，称为中间平面。在中间平面上，蜗杆传动相当于直齿齿条与渐开线齿轮的啮合传动。因此在设计蜗杆传动时，均以中间平面内的参数为基准，并沿用齿轮传动的关系式来计算蜗轮和蜗杆各部分尺寸和强度。

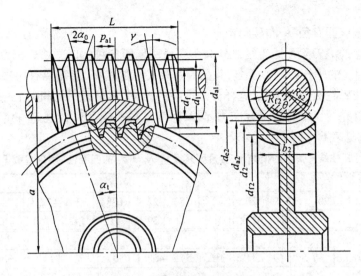

图 6.6　普通圆柱蜗杆传动

6.2.1　普通圆柱蜗杆传动的主要参数及其选择

蜗杆传动主要参数有:模数 m、压力角 α、蜗杆头数 z_1、蜗轮齿数 z_2、蜗杆分度圆直径 d_1 等。这些参数在进行蜗杆传动设计计算之前必须正确选择。

1. 蜗杆传动的正确啮合条件及模数 m、压力角 α

(1) 蜗杆传动的正确啮合条件

在中间平面上,蜗杆轴面模数 m_{a1} 和蜗轮端面模数 m_{t2} 相等、蜗杆轴面压力角 α_{a1} 和蜗轮端面压力角 α_{t1} 相等且均为标准值,即

$$m_{a1} = m_{t2} = m$$

$$\alpha_{a1} = \alpha_{a2} = \alpha$$

标准模数 m 见表 6.1;标准压力角 $\alpha = 20°$,对于 ZI、ZN 和 ZK 蜗杆,其法面压力角 α_n 为标准值 $\alpha_n = 20°$。

因为蜗杆传动通常是两轴交错角成 90° 的空间运动,蜗杆螺旋线状的"轮齿"旋向有左右之分,因此为保证蜗杆传动正确啮合条件,还必须使蜗杆与蜗轮轮齿的螺旋线旋向相同,并且蜗杆分度圆柱上导程角 γ 等于蜗轮分度圆柱上螺旋角 β_2。即 $\gamma = \beta_2$,如图 6.7 所示。

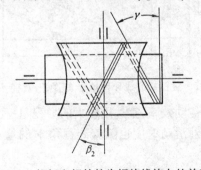

图 6.7　蜗杆和蜗轮轮齿螺旋线旋向的关系

2. 蜗杆分度圆直径 d_1 和导程角 γ

切削蜗轮的滚刀除顶圆直径之外其余直径和齿形参数(如模数 m、压力角 α、导程角 γ 等)必须与相应的蜗杆相同。于是,只要有一种尺寸的蜗杆,就需要有用来加工与该蜗杆相啮合蜗轮的蜗轮滚刀。显然,这样做是不经济的,也难于通用化和标准化。为了限制蜗轮滚刀的数目并便于蜗轮刀具标准化,国家标准对每一标准模数规定一定数目的蜗杆分度圆直径 d_1(见表 6.1)。

表 6.1　普通圆柱蜗杆传动的模数 m、分度圆直径 d_1 及 m^2d_1 的匹配值(摘自 GB/T 10085—1988)

m/mm	1	1.25		1.6		2				2.5			
d_1/mm	18	20	22.4	20	28	(8)	22.4	(28)	35.5	(22.4)	28	(35.5)	45
m^2d_1/mm³	18	31.3	35	51.2	71.7	72	89.6	112	142	140	175	222	281

m/mm	3.15				4				5			
d_1/mm	(28)	35.5	(45)	56	(31.5)	40	(50)	71	(40)	50	(63)	90
m^2d_1/mm³	278	352	447	556	504	640	800	1 136	1 000	1 250	1 575	2 250

m/mm	6.3				8				10				12.5			
d_1/mm	(50)	63	(80)	112	(63)	80	(100)	140	(71)	90	(112)	160	(90)	112	(140)	200
m^2d_1/mm³	1 985	2 500	3 175	4 445	4 032	5 125	6 400	8 960	7 100	9 000	11 200	16 000	14 062	17 500	21 875	31 250

m/mm	16				20				25			
d_1/mm	(112)	140	(180)	250	(140)	160	(224)	315	(180)	200	(280)	400
m^2d_1/mm³	23 672	35 940	46 080	64 000	56 000	64 000	89 600	126 000	112 500	125 000	175 000	250 000

注:①括号中的数字尽可能不采用。

②m^2d_1 值非标准内容,系编者所加。

当蜗杆的分度圆直径 d_1 和头数 z_1 选定后,蜗杆分度圆柱上的导程角 γ 就确定了。由图 6.8 可知

$$\tan \gamma = \frac{z_1 p_{a1}}{\pi d_1} = \frac{z_1 m}{d} \tag{6.1}$$

式中　p_{a1}——蜗杆轴向齿距,$p_{a1} = \pi m$。

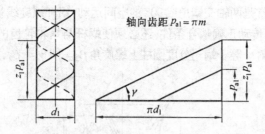

图 6.8　蜗杆分度圆螺旋线导程角 γ、螺距 P、直径 d_1 的几何关系

对于动力传动,为提高传动效率,宜选用较大的导程角 γ,但导程角 γ 过大,车削蜗杆时会有困难,并且齿面间相对滑动速度也随着导程角 γ 的增大而增大,当润滑条件不良时,会加速齿面的磨损。

3. 传动比 i、蜗杆头数 z_1 和蜗轮齿数 z_2

蜗杆传动通常以蜗杆为主动件,当蜗杆回转一周时,蜗轮将转过 z_1 个齿,即转过 z_1/z_2 周。因此,当蜗杆为主动件时,蜗杆传动的传动比

$$i = n_1/n_2 = z_2/z_1 \qquad (6.2)$$

蜗杆头数 z_1 通常取为 1,2,4 或 6。当传动比 i 较大或要求自锁时可取 $z_1 = 1$,但传动效率低;当传动比 i 较小时,为了避免根切,或为了提高传动效率,可选多头蜗杆,取 z_1 为 2,4 或 6。但是蜗杆头数过多时,会因为多条螺旋线并行同时绕在蜗杆圆柱面上给蜗杆及蜗轮滚刀制造精度提出了更高要求,制造困难。

蜗轮齿数 $z_2 = iz_1$,一般取 $z_2 = 28 \sim 80$。为了保证有足够的啮合齿对数,使传动平稳,z_2 不应小于 28 个齿;但对于动力传动,z_2 也不宜超过 80 个齿。因为当蜗轮直径 d_2 不变时,z_2 越多,模数 $m = d_2/z_2$ 就越小,蜗轮轮齿的弯曲强度就越低;若模数 m 不变,则 z_2 越大,蜗轮 $d_2 = mz_2$ 上就越大,相应的蜗杆轴上轴承间跨距加大,使得蜗杆轴的弯曲刚度降低,容易产生挠曲而影响轮齿正常啮合;当用于分度机构传递运动时,z_2 的选择可不受此限制。z_1 和 z_2 的荐用值见表 6.2。

表 6.2　z_1 和 z_2 的荐用值

$i = z_2/z_1$	$5 \sim 6$	$7 \sim 13$	$14 \sim 27$	$28 \sim 80$
z_1	6	4	2	1
z_2	$30 \sim 36$	$28 \sim 52$	$28 \sim 54$	$28 \sim 80$

4. 传动中心距 a 和变位系数 x

蜗杆传动的标准中心距

$$a_0 = \frac{1}{2}(d_1 + d_2) \neq \frac{1}{2}m(z_1 + z_2) \qquad (6.3)$$

蜗杆传动变位的主要目的是为了凑中心距,此外还可以提高承载能力和传动效率或避免蜗轮根切。在变位蜗杆传动中,只对蜗轮进行变位,而蜗杆是不变位的。变位的方法与齿轮变位相似,也是在切削蜗轮时将蜗轮滚刀沿蜗轮毛坯径向移动一个距离 $x_2 m$ 来实现的。变位后的蜗杆传动,蜗轮的分度圆与节圆仍重合,而蜗杆的分度圆与节圆不再重合,如图 6.9 所示。

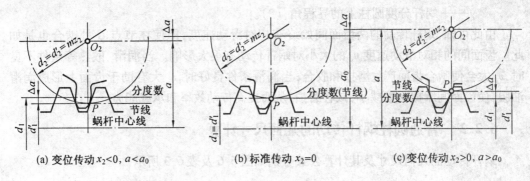

图 6.9　蜗轮蜗杆传动的变位

设变位前蜗杆传动（即标准蜗杆传动）的中心距为 a_0，变位后的中心距为 a，则蜗轮的变位系数为

$$x_2 = \frac{a - a_0}{m} = \frac{a}{m} - \frac{d_1 + d_2}{2m} \tag{6.4}$$

为了避免蜗轮齿顶变尖或者产生蜗轮根切，一般要求 $-1 \leqslant x_2 \leqslant +1$。

5. 相对滑动速度 v_s

普通圆柱蜗杆传动的两轴线是空间相错且垂直的。如图 6.10 所示，蜗轮和蜗杆在中间平面内相当于直齿齿条与齿轮传动，在节点 C 处啮合时，蜗杆齿面、蜗轮齿面上节点 C 处的各自圆周方向上的线速度分别为 v_1、v_2，且 v_1、v_2 互相垂直，因此，两齿面有相对滑动速度 v_s 为

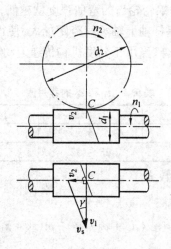

图 6.10　蜗杆传动的相对滑动速度

$$v_s = \sqrt{v_1^2 + v_2^2} = \frac{v_1}{\cos \gamma} = \frac{\pi d_1 n_1}{60 \times 1\ 000 \cos \gamma} \tag{6.5}$$

式中　　d_1——蜗杆分度圆，mm；

　　　　n_1——蜗杆转速，r/min；

　　　　γ——蜗杆分度圆柱上的导程角，(°)。

由此可知，蜗杆传动的两齿面间始终有相对滑动速度，即使在节点 C 处啮合也是如此。齿面间的相对滑动速度 v_s 的大小对蜗杆传动有很大影响。当润滑、散热等条件不良时，v_s 大会使啮合齿面产生磨损和胶合；当润滑条件良好时，v_s 大有助于齿面上形成润滑油膜，使齿面间摩擦因数减小，减轻磨损，从而提高传动效率和承载能力。

6.2.2　普通圆柱蜗杆传动的几何尺寸计算

蜗杆传动的几何尺寸及其计算公式分别如图 6.6 及表 6.3 所示。

表6.3 普通圆柱蜗杆传动主要几何尺寸计算公式(两轴交错角为90°)

名 称	符号	计算公式	
		蜗 杆	蜗 轮
齿顶高	h_a	$h_{a1} = m$	$h_{a2} = (1 + x)m$
齿根高	h_f	$h_{f1} = 1.2m$	$h_{f2} = (1.2 - x)m$
全齿高	h	$h_1 = 2.2m$	$h_2 = 2.2m$
分度圆直径	d	d_1(按表6.1选取)	$d_2 = mz_2$
齿顶圆直径	d_a	$d_{a1} = d_1 + 2h_{a1}$	$d_{a2} = d_2 + 2h_{a2}$
齿根圆直径	d_f	$d_{f1} = d_1 - 2h_{f1}$	$d_{f2} = d_2 - 2h_{f2}$
蜗杆分度圆上导程角	γ	$\gamma = \arctan(z_1 m/d_1)$	
蜗轮分度圆柱上螺旋角	β_2		$\beta_2 = \gamma$
节圆直径	d'	$d'_1 = d_1 + 2xm$	$d'_2 = d_2$
传动中心距	a 或 a'	$a = \frac{1}{2}(d_1 + d_2)$(标准中心距)$a' = \frac{1}{2}(d_1 + d_2 + 2xm)$(变位时)	
蜗杆轴向齿距	p_{a1}	$p'_{a1} = \pi m$	
蜗杆螺旋线导程	p_h	$p_h = z_1 p_{a1}$	

蜗杆螺旋部分长度 L

z_1 ＼ x	1 ~ 2	4 ~ 6
-1	$L \geqslant (10.5 + z_1)m$	$L \geqslant (10.5 + z_1)m$
0.5	$L \geqslant (8 + 0.06z_2)m$	$L \geqslant (9.5 + 0.09z_2)m$
0	$L \geqslant (11 + 0.06z_2)m$	$L \geqslant (12.5 + 0.09z_2)m$
0.5	$L \geqslant (11 + 0.1z_2)m$	$L \geqslant (12.5 + 0.1z_2)m$
1	$L \geqslant (12 + 0.1z_2)m$	$L \geqslant (13 + 0.1z_2)m$

对磨削的蜗杆,应将 L 值增大;

$m < 6$ mm 时,加长 25 mm;

$m = 10$ mm ~ 14 mm,加长 35 mm;

$m > 16$ mm 时,加长 50 mm

蜗轮外圆直径 d_{e2}

	z_1		
	1	2	4,6
	$d_{e2} \leqslant d_{a2} + 2m$	$d_{e2} \leqslant d_{a2} + 1.5m$	$d_{e2} \leqslant d_{a2} + m$

蜗轮齿宽 b_2

	z_1	
	1,2	4,6
	$b_2 \leqslant 0.75d_{a1}$	$b_2 \leqslant 0.67d_{a1}$

齿根圆弧面半径	R_1	$R_1 = d_{a1}/2 + 0.2m$	
齿顶圆弧面半径	R_2	$R_2 = d_{f1}/2 + 0.2m$	
齿宽角	θ	$\sin \frac{\theta}{2} \approx b_2/(d_{a1} - 0.5m)$	

注:①d_{e2} 称为蜗轮喉圆直径。

6.3 蜗杆传动的主要失效形式、设计准则和材料选择

6.3.1 蜗杆传动的主要失效形式和设计准则

蜗杆传动和齿轮传动一样,主要失效形式有齿面点蚀、齿面胶合、齿面磨损和齿根弯曲疲劳折断等,但由于蜗杆传动齿面间的相对滑动速度较大,摩擦磨损严重,传动效率低,发热量大,使得蜗杆传动的胶合和磨损失效比齿轮传动更严重。此外,由于材料和结构等因素,蜗杆螺旋齿的强度要比蜗轮轮齿的强度高,所以失效通常发生在蜗轮轮齿上。

由于目前对于胶合和磨损的计算还缺乏可靠的方法和数据,因此,蜗杆传动设计通常按齿面接触疲劳强度条件计算蜗杆传动的承载能力,并在选择许用应力时,适当考虑胶合和磨损等失效因素的影响。对闭式蜗杆传动要进行热平衡计算,必要时对蜗杆轴进行强度和刚度计算。

6.3.2 蜗杆和蜗轮的常用材料

由蜗杆传动的主要失效形式可知,蜗杆、蜗轮的材料不仅要有足够的强度,而且在材料的搭配上还要考虑到摩擦副的耐磨性、减磨性和跑合性能。另外,从制造上考虑减小摩擦,要求蜗杆、蜗轮齿面要光洁,齿面要有足够的硬度。

1.蜗杆材料

蜗杆一般用碳素钢或合金钢制造。对于高速重载的蜗杆传动,常用材料有:20 号钢、15Cr、20Cr、20CrMnTi、20MnVB 等,经渗碳淬火后,齿面硬度可达 58 ~ 63 HRC;也可采用40 号、45 号、40Cr、40CrNi、42SiMn 等,经表面淬火后,齿面硬度可达 45 ~ 55 HRC;对于低速、中载的一般蜗杆传动,可用 40 号或 45 号等优质碳素钢,经调质处理,齿面硬度可达220 ~ 300 HBW。

2.蜗轮材料

常用的蜗轮材料一般有铸造锡青铜(ZCuSn10P1、ZCuSn5PbZn5)、铸造铝铁青铜(ZCuAl10Fe3)、灰铸铁(HT150、HT200)等。通常按齿面间的相对滑动速度 v_s 大小来选择:$v_s > 6$ m/s(最大可达25 m/s)的重要传动,常用锡青铜。其减磨性、耐磨性最好,抗胶合能力最强,但是强度较低,价格较高。$v_s \leqslant 6$ m/s 的一般传动,常用铝铁青铜。其减磨性、耐磨性、抗胶合能力都较锡青铜差,但有足够的强度,价格便宜。$v_s < 2$ m/s 的低速或手动传动,用灰铸铁。

6.4 普通圆柱蜗杆传动的强度计算

6.4.1 蜗杆传动的受力分析与计算载荷

1.蜗杆传动运动与受力分析

在进行蜗杆传动受力分析时,首先要进行蜗杆传动的运动分析,即根据蜗杆(或蜗

轮)的转动方向和轮齿的螺旋线方向,按照螺旋副的运动规律,确定蜗轮(或蜗杆)的转动方向。这是蜗杆传动分析受力方向的先决条件。

蜗杆传动受力分析与斜齿圆柱齿轮传动相似,但是蜗杆传动中齿面啮合时摩擦损失较大不容忽视,因此需考虑齿面间的摩擦力。如图 6.11 所示,节点啮合时齿面间作用着沿齿面法向的正压力 F_n 和沿轮齿螺旋线切线方向的摩擦力 fF_n,可将两者的合力 F_R 分别沿径向、切向、轴向这三个互相垂直的方向进行分解,得到三个分力:径向力 F_r、圆周力 F_t、轴向力 F_a。由于蜗杆传动两轴线成空间交错 90° 角,所以,在蜗杆、蜗轮齿面间相互作用着 F_{t1} 与 F_{a2}、F_{a1} 与 F_{t2}、F_{r1} 与 F_{r2} 三对大小相等方向相反的分力。即

$$
\begin{cases}
F_{t1} = -F_{a2} = \dfrac{2T_1}{d_1} \\[2mm]
F_{t2} = -F_{a1} = \dfrac{2T_2}{d_2} \\[2mm]
F_{r1} = -F_{r2} \approx F_{a1}\tan\alpha
\end{cases}
\tag{6.6}
$$

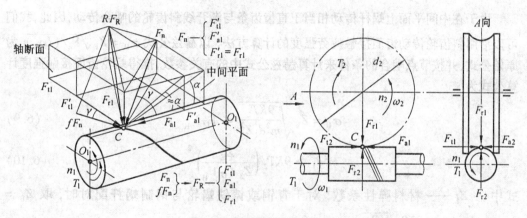

图 6.11　蜗杆传动的受力分析

法向力 $F_n = F'_{a1}/(\cos\gamma\cos\alpha_n)$ 取 $F'_{a1} \approx F_{a1}$,$\cos\alpha_n = \cos\alpha$,则有

$$
F_n \approx \frac{F_{a1}}{\cos\alpha\cos\gamma} = \frac{2T_2}{d_2\cos\alpha\cos\gamma}
\tag{6.7}
$$

式中　T_1、T_2——分别为蜗杆和蜗轮轴上的转矩,N·mm;$T_2 = i\eta T_1$,η 为传动效率,i 为传动比;

d_1、d_2——分别为蜗杆和蜗轮的分度圆直径,mm;

α——压力角,$\alpha = 20°$;

γ——蜗杆分度圆柱上的导程角,(°)。

确定蜗杆传动圆周力 F_t 及径向力 F_r 的方向的方法与外啮合圆柱齿轮传动相同;而轴向力 F_a 方向则可根据相应的圆周力 F_t 的方向来判定,即 F_{a1} 与 F_{t2} 的方向相反,F_{a2} 与 F_{t1} 的方向相反,或者按主动件左右手法则来判定 F_a 的方向。

2. 计算载荷

同齿轮传动一样,对圆柱蜗杆传动进行强度计算时,也要采用计算载荷,即

$$F_{cn} = KF_n = \frac{2KT_2}{d_2 \cos \alpha \cos \gamma} \tag{6.8}$$

式中 K—— 载荷系数,由表6.4查取。

表6.4 蜗杆传动的载荷系数 K

原动机工作特性	工作机工作特性			
	平稳	轻微冲击	中等冲击	严重冲击
平稳(电动机)	1.0 ~ 1.25	1.15 ~ 1.4	1.25 ~ 1.5	1.4 ~ 1.65
轻微冲击(液压马达)	1.15 ~ 1.4	1.3 ~ 1.55	1.4 ~ 1.65	1.55 ~ 1.8
中等冲击(多缸内燃机)	1.2 ~ 1.45	1.35 ~ 1.6	1.45 ~ 1.7	1.6 ~ 1.85
严重冲击(单缸内燃机)	1.4 ~ 1.6	1.55 ~ 1.75	1.65 ~ 1.85	1.8 ~ 2.0

注:① 当蜗轮圆周速度 v_2 较小时,K 取小值,反之取大值;

② 当蜗杆传动齿面跑合良好时,K 取小值,反之取大值。

6.4.2 蜗轮齿面接触疲劳强度计算

由于在中间平面上蜗杆传动相当于直齿齿条与渐开线斜齿轮的啮合传动,因此,我们可以沿用斜齿轮传动齿面接触疲劳强度的计算方法,以赫兹公式 $\sigma_H = Z_E \sqrt{F_n / (L\rho_\Sigma)}$ 为原始公式,并按节点啮合的条件来计算赫兹公式中的有关参数,推得蜗轮齿面接触强度计算公式为

$$\sigma_H = Z_E \sqrt{\frac{9KT_2}{m^2 d_1 Z_2^2}} \leqslant [\sigma]_H \tag{6.9}$$

$$m^2 d_1 \geqslant 9KT_2 \left(\frac{Z_E}{Z_2 [\sigma]_H} \right)^2 \tag{6.10}$$

式中 Z_E—— 材料弹性系数, 对于青铜或铸铁蜗轮与钢制蜗杆配对时, 取 $Z_E = 160\sqrt{MPa}$;

$[\sigma]_H$—— 蜗轮材料的许用接触应力,MPa;

T_2—— 蜗轮传动的负载转矩,N·mm;

Z_2—— 蜗轮轮齿数。

实践证明:在一般情况下蜗轮轮齿因弯曲疲劳强度不够而失效的情况较少,因此,本章只介绍蜗轮轮齿的齿面接触疲劳强度计算,如需进行弯曲疲劳强度计算时可查阅有关资料。

6.4.3 蜗轮材料的许用接触应力 $[\sigma]_H$ 的确定

1. 蜗轮材料为 $\sigma_B < 300$ MPa 的锡青铜时的 $[\sigma]_H$

此时蜗轮齿面的主要失效形式是疲劳点蚀,其许用应力 $[\sigma]_H$ 与应力循环次数 N 有关,则有

$$[\sigma]_H = K_{HN} [\sigma]_{H0} \tag{6.11}$$

式中 $[\sigma]_{H0}$—— 应力循环次数 $N = 10^7$ 时,蜗轮材料的基本许用接触应力,根据蜗轮材

料、铸造方法及蜗杆齿面硬度由表 6.5 查得；

K_{HN}——寿命系数，$K_{HN} = \sqrt[8]{10^7/N}$，其中，应力循环次数 N 的取值范围为 $2.6 \times 10^6 \leqslant N \leqslant 25 \times 10^7$。

2. 蜗轮材料为 $\sigma_B \geqslant 300$ MPa 的青铜或铸铁时的 $[\sigma]_H$

此时蜗轮齿面的主要失效形式为齿面胶合，进行齿面接触疲劳强度计算是条件性的，通过限制齿面接触应力 σ_H 的大小来防止发生齿面胶合，因此，要根据抗胶合条件来选择许用接触应力，即根据蜗杆副材料组合及相对滑动速度 v_s 的大小来确定，而与应力循环次数无关。$[\sigma]_H$ 可由表 6.6 查取。

表 6.5　$\sigma_B < 300$ MPa 锡青铜蜗轮的基本许用接触应力 $[\sigma]_{H0}$　　　MPa

蜗轮材料	铸造方法	蜗杆齿面硬度	
		$\leqslant 45$HRC	> 45HRC
铸锡磷青铜	砂模铸造	180	200
ZCuSn10P1	金属模铸造	200	220
铸锡铅锌青铜	砂模铸造	110	125
ZCuSn5Pb5Zn5	金属模铸造	135	150

表 6.6　$\sigma_B \geqslant 300$ MPa 的青铜及灰铸铁蜗轮的许用接触应力 $[\sigma]_H$　　　MPa

蜗杆副材料		相对滑动速度 $v_s/(\text{m} \cdot \text{s}^{-1})$						
蜗轮	蜗杆	0.25	0.5	1	2	3	4	6
铝铁青铜 ZCuAl10Fe3	钢、淬火①	—	250	230	210	180	160	120
锰铅青铜 ZCuZn38MnPb2	钢、淬火①	—	215	200	180	150	135	95
灰铸铁 HT150，HT120	渗碳钢	160	130	115	90	—	—	—
	调质或正火钢	140	110	90	70	—	—	—

注：① 蜗杆未经淬火时，表中的值需降低 20%。

6.4.4　蜗杆轴的强度与刚度计算

与一般轴的计算方法相同，通常蜗杆螺旋线部分看做以蜗杆齿根圆直径 d_{f1} 为直径的轴段，得到经过简化后的普通阶梯轴（图 6.12），然后按第 7 章"轴的设计"内容进行强度与刚度计算。

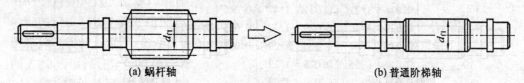

(a) 蜗杆轴　　　　　　　　　　　　　(b) 普通阶梯轴

图 6.12　蜗杆轴简化成普通阶梯轴后用来进行轴强度与刚度计算

6.5 蜗杆传动的效率、润滑和热平衡计算

6.5.1 蜗杆传动的效率

图 6.13 所示的闭式蜗杆传动功率损耗包括三部分：齿面间啮合摩擦损耗、蜗杆轴上轴承摩擦损耗、搅动箱体内润滑油的溅油损耗。因此,蜗杆传动的总效率为

$$\eta = \eta_1 \eta_2 \eta_3 \qquad (6.12)$$

式中 η_1——啮合效率,是影响蜗杆传动效率的主要因素，当蜗杆为主动时, $\eta_1 = \tan \gamma / \tan(\gamma + \rho')$，其中, γ 为蜗杆分度圆柱上的导程角; ρ' 为当量摩擦角,其值可根据蜗轮齿圈的材料、蜗杆齿面硬度和相对滑动速度 v_s 由表 6.7 查取。

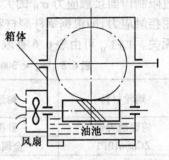

图 6.13 闭式蜗杆传动简图

η_2、η_3——分别为轴承效率和溅油效率,一般为 $\eta_2 \cdot \eta_3 = 0.95 \sim 0.96$。

蜗杆传动总效率为

$$\eta = (0.95 \sim 0.96) \frac{\tan \gamma}{\tan(\gamma + \rho')} \qquad (6.13)$$

表 6.7 当量摩擦因数 f' 及当量摩擦角 ρ'

蜗轮齿圈材料	锡青铜				无锡青铜		灰铸铁			
蜗杆齿面硬度	≥45HRC		<45HRC		≥45HRC		≥45HRC		<45HRC	
相对滑动速度 v_s/(m·s⁻¹)	f'	ρ'	f'	ρ'	f'	ρ'	f'	ρ'	f'	ρ'
0.01	0.110	6°17′	0.120	6°51′	0.180	10°12′	0.180	10°12′	0.190	10°45′
0.05	0.090	5°09′	0.100	5°43′	0.140	7°58′	0.140	7°58′	0.160	9°05′
0.10	0.080	4°34′	0.090	5°09′	0.130	7°24′	0.130	7°24′	0.140	7°58′
0.25	0.065	3°43′	0.075	4°17′	0.100	5°43′	0.100	5°43′	0.012	6°51′
0.50	0.055	3°09′	0.065	3°43′	0.090	5°09′	0.090	5°09′	0.100	5°43′
1.0	0.045	2°35′	0.055	3°09′	0.070	4°00′	0.070	4°00′	0.090	5°09′
1.5	0.040	2°17′	0.50	2°52′	0.065	3°43′	0.065	3°43′	0.080	4°34′
2.0	0.035	2°00′	0.045	2°35′	0.055	3°09′	0.055	3°09′	0.070	4°00′
2.5	0.030	1°43′	0.040	2°17′	0.050	2°52′				
3.0	0.028	1°36′	0.035	2°00′	0.045	2°35′				
4	0.024	1°22′	0.031	1°47′	0.040	2°17′				
5	0.022	1°16′	0.029	1°40′	0.035	2°00′				
8	0.018	1°02′	0.026	1°29′	0.030	1°43′				
10	0.016	0°55′	0.024	1°22′						
15	0.014	0°48′	0.020	1°09′						
24	0.013	0°45′								

由式(6.13)可知:导程角 γ 是影响蜗杆传动效率的主要参数之一,在 γ 值的常规范围内, η 随着 γ 的增大而提高,所以,为提高传动效率,常采用多头蜗杆,但 γ 过大会导致蜗杆加工困难,而且当 $\gamma > 28°$,进一步加大 γ 时,效率提高很少。因此,导程角 γ 一般小于 $28°$。在设计蜗杆传动时,可根据蜗杆头数 z_1 按表 6.8 初步估计蜗杆传动的总效率。

表 6.8　蜗杆传动设计时总效率 η 的初步估计值

z_1		1	2	4	6
η	闭式传动	0.7 ~ 0.75	0.75 ~ 0.82	0.87 ~ 0.92	0.95
	开式传动	0.6 ~ 0.7			

6.5.2　蜗杆传动的润滑

润滑对于蜗杆传动(尤其是闭式蜗杆传动)具有特别重要的实际意义。当润滑状况不良时,伴随着传动效率的显著降低,还将导致轮齿齿面的剧烈磨损乃至胶合。因此,为了减少磨损、防止胶合的发生,蜗杆传动必须保持良好的润滑状况。为此往往采用黏度大的矿物油,并在润滑油中加入必要的添加剂,以在啮合齿面间形成强度较高的润滑油膜,提高其抗胶合能力。闭式蜗杆传动润滑,通常是根据相对滑动速度 v_s 及载荷情况,按表 6.9 选择润滑油的黏度和供油方法。对于开式传动,则常采用黏度较高的润滑油或润滑脂进行定期供油(脂)润滑。

表 6.9　蜗杆传动的润滑油黏度推荐值和供油方法

相对滑动速度 $v_s/(\text{m} \cdot \text{s}^{-1})$	> 0 ~ 1	> 1 ~ 2.5	> 2.5 ~ 5	> 5 ~ 10	> 10 ~ 15	> 15 ~ 25	> 25
载荷情况	重载	重载	中载	—	—	—	—
黏度 $(\times 10^{-6})/(\text{m}^2 \cdot \text{s}^{-1})(40℃)$	1 000	680	320	220	150	100	75
润滑方法	浸入油池			喷油润滑或油池润滑	喷油润滑时的喷油压力 /MPa		
					0.07	0.2	0.3

6.5.3　蜗杆传动的热平衡计算

由于蜗杆传动啮合齿面的相对滑动速度大,所以摩擦损耗大,传动效率低,发热量大。在闭式传动中,如果产生的热量不能及时散逸,将会使啮合区的温度过高,引起润滑失效,导致齿面胶合,所以必须进行热平衡计算,以保证油温稳定地处于规定的范围之内。

由于功率损耗,单位时间内产生的热量为

$$H_1 = 1\,000P(1 - \eta) \tag{6.14}$$

以自然冷却方式,单位时间内由箱体外壁散发到空气中的热量为

$$H_2 = k_s A(t - t_0) \tag{6.15}$$

蜗杆传动的热平衡条件为 $H_1 = H_2$,即

$$1\,000P(1 - \eta) = k_s A(t - t_0)$$

由此可得

$$t = t_0 + \frac{1\,000P(1 - \eta)}{k_s A} \tag{6.16}$$

或

$$A = \frac{1\,000P(1 - \eta)}{k_s(t - t_0)} \tag{6.17}$$

式中 P—— 蜗杆传动的功率,kW;

η—— 蜗杆传动的总效率;

k_s—— 箱体的散热系数,W/(m² · ℃),在没有循环空气流动的地方,$k_s = (8.7 \sim 10.5)$W/(m² · ℃);在自然通风良好的地方,$k_s = (14 \sim 17.5)$W/(m² · ℃);

A—— 有效散热面积,m²,指内表面能被润滑油溅到,而外表面又被自然循环的空气所冷却的箱体表面面积;

t—— 油的工作温度,℃,一般限制在$(60 \sim 70)$℃,最高不应超过80℃;

t_0—— 周围空气的温度,℃,常温下可取为$t_0 = 20$℃。

当 $t > 80°$ 或有效的散热面积不足时,应采取以下措施,以提高散热能力,控制温度:

① 在箱体外表面加散热片,以增大散热面积。

② 在蜗杆轴上安装风扇,加速空气流通(图6.14(a))。

③ 在箱体内的油池中安装循环冷却水管(图6.14(b))。

④ 对大功率蜗杆传动,可采用压力喷油循环润滑(图6.14(c))。

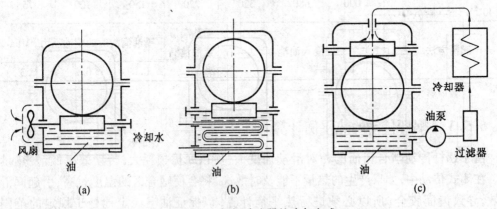

图 6.14   蜗杆减速器的冷却方式

6.6　蜗杆和蜗轮的结构设计

6.6.1　蜗杆结构

蜗杆一般设计成如图 6.15 所示的与轴一体的整体形式,称为蜗杆轴。按着蜗杆螺旋齿面的加工方法的不同,可分为车制蜗杆轴与铣制蜗杆轴两种结构形式。图 6.15(a) 所示为车制蜗杆,为车削螺旋齿面的轴段部分,螺旋齿面轴段两侧应有退刀槽;图 6.15(b) 所示为铣制蜗杆,可在轴上直接铣出螺旋齿面,在结构上无需退刀槽。

当蜗杆的螺旋齿面直径较大时(d_n 大于 1.7 倍轴径 d),可将蜗杆与轴分开设计、制作,然后装配在一起。

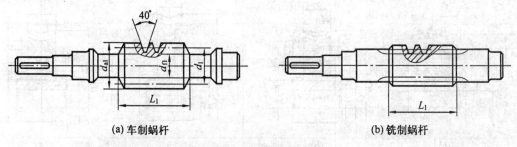

(a) 车制蜗杆　　　　　　　　　　(b) 铣制蜗杆

图 6.15　蜗杆的结构形式

6.6.2　蜗轮结构

蜗轮可设计成整体式或装配式结构。当蜗轮轮齿部分选为青铜等贵重有色金属材料时,为节省材料,大多数蜗轮设计成装配式,作为轮缘的齿圈部分采用贵重有色金属材料,而轮毂和轮辐部分设计成一体并采用铸铁或碳素钢等价格便宜的材料。常用的蜗轮结构形式有以下几种。

1. 整体式

如图 6.16(a) 所示,主要用于铸铁蜗轮、铝合金蜗轮及直径小于 100 mm 的青铜蜗轮。

2. 齿圈压配式

如图 6.16(b) 所示,这种结构由青铜齿圈与铸铁轮芯组成,齿圈与轮芯多采用过盈配合 H7/s6 或 H7/r6,并在轮芯上的配合面旁加台阶用以轴向定位、沿接合面圆周方向加装 4 ~ 6 个螺钉以增强连接的可靠性。由于齿圈部分与轮芯部分材料软硬不同,为了便于钻孔,应将螺纹孔中心线向材料较硬的轮芯一侧偏移 2 ~ 3 mm,以使得钻孔时能够准确定位。由于这种结构主要靠过盈配合来传递转矩,所以选用时必须考虑工作温度变化,否则会因温度变化时两种不同材料线膨胀系数不同改变配合质量。因此,这种结构适用于尺寸不太大、工作温度变化较小、齿圈与轮芯不拆或很少拆卸的蜗轮,以免热膨胀及多次拆卸影响配合质量。

3.螺栓连接式

如图6.16(c)所示,这种结构的青铜齿圈与铸铁轮芯可采用过渡配合H7/js6,用普通螺栓连接;也可采用间隙配合H7/h6,用铰制孔螺栓连接。蜗轮的圆周力靠螺栓组来传递,因此螺栓的尺寸和数目必须经过严格的强度计算确定。这种结构工作可靠、装拆方便,多用于尺寸较大或容易磨损需经常更换齿圈的蜗轮。

4.镶铸式

如图6.16(d)所示,这种结构的青铜齿圈浇铸在已加工好的铸铁轮芯上,然后对轮缘进行切齿。为防止齿圈与轮芯相对滑动或转动,在轮芯外圆柱上预先制出榫槽。此种方法只适用于大批生产的蜗轮。

蜗轮的结构尺寸可按图6.16中给出的经验数据或公式确定。

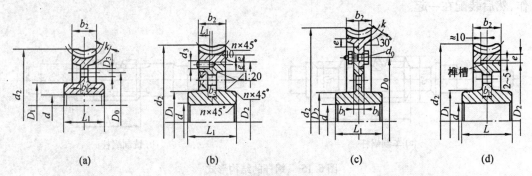

图6.16 蜗轮的结构形式

注:$D_1 = (1.6 \sim 1.8)d$;$b_1 = 1.7m \geqslant 10$ mm;$f = (2 \sim 3)$mm;$l_1 = 3d_3$;$D_0 \cdot D_2 \cdot D_3 \cdot r \cdot n \cdot n_1$ 等由结构确定;
$L_1 = (1.2 \sim 1.8)d$;$e = 2m \geqslant 10$ mm;$d_3 = (1.2 \sim 1.5)m$;$k = 1.7m$;d_0 按强度计算确定。

【**例6.1**】 设计一液体搅拌机用的闭式普通圆柱蜗杆传动。已知:蜗杆轴输入功率 $P_1 = 4$ kW,蜗杆转速 $n_1 = 1\,440$ r·min^{-1},传动比 $i = 23$,单向转动,载荷平稳,一班制,使用期限为5年(每年工作日按250天计),批量生产。

解 (1)选择材料、热处理方式

考虑到蜗杆传动传递的功率不大,速度也不太高,蜗杆选用45号钢制造,调质处理,齿面硬度为220 ~ 250 HBW;假设相对滑动速度 $v_s > 6$ m/s,故蜗轮轮缘选用铸锡磷青铜 ZCuSn10P1,又因批量生产,采用金属模铸造。

(2)选择蜗杆头数 z_1 和蜗轮齿数 z_2

由表6.2,按 $i = 23$,选取 $z_1 = 2$,则

$$z_2 = iz_1 = 23 \times 2 = 46$$

(3)按齿面接触疲劳强度确定模数 m 和蜗杆分度圆直径 d_1

$$m^2 d_1 \geqslant 9KT_2 \left(\frac{Z_E}{z_2 [\sigma]_H} \right)^2$$

①确定作用于蜗轮上的转矩 T_2

由表6.8,按 $z_1 = 2$,初取 $\eta = 0.80$,则

$$T_2/(\text{N} \cdot \text{mm}) = i\eta T_1 = i\eta \times 9.55 \times 10^6 \frac{P_1}{n_1} =$$

$$23 \times 0.8 \times 9.55 \times 10^6 \times \frac{4}{1\ 440} = 4.88 \times 10^5$$

② 确定 K

由表6.4,选择载荷系数 $K = 1.1$

③ 确定许用接触应力

$$[\sigma]_H = K_{HN} [\sigma]_{H0}$$

由表6.5查取基本许用接触应力

$$[\sigma]_{H0} = 200\ \text{MPa}$$

应力循环次数

$$N = 60 n_2 a L_h = 60 \times \frac{1\ 440}{23} \times 1 \times 8 \times 250 \times 5 = 3.76 \times 10^7$$

故寿命系数

$$K_{HN} = \sqrt[8]{\frac{10^7}{N}} = \sqrt[8]{\frac{10^7}{3.76 \times 10^7}} = 0.85$$

所以

$$[\sigma]_H / \text{MPa} = K_{HN} [\sigma]_{H0} = 0.85 \times 200 = 170$$

④ 确定弹性系数

$$Z_E = 160\sqrt{\text{MPa}}$$

⑤ 由式(6.10)确定模数 m 和蜗杆分度圆直径 d_1

$$m^2 d_1 / \text{mm}^3 = 9 K T_2 \left(\frac{Z_E}{z_2 [\sigma]_H} \right)^2 = 9 \times 1.1 \times 4.88 \times 10^5 \left(\frac{160}{46 \times 170} \right)^2 = 2\ 022$$

由表6.1,按 $m^2 d_1 \geq 2\ 022\ \text{mm}^3$ 选取 $m = 5\ \text{mm}, d_1 = 90\ \text{mm}$。

(4)计算传动中心距 a

蜗轮分度圆直径

$$d_2 / \text{mm} = m z_2 = 5 \times 46 = 230$$

所以

$$a / \text{mm} = \frac{d_1 + d_2}{2} = \frac{90 + 230}{2} = 160$$

(5)验算蜗轮圆周速度 v_2、相对滑动速度 v_s 及传动效率 η

$$v_2 / (\text{m} \cdot \text{s}^{-1}) = \frac{\pi d_2 n_2}{60 \times 1\ 000} = \frac{\pi \times 230 \times \frac{1440}{23}}{60 \times 1\ 000} = 0.75$$

显然蜗轮的圆周速度较低。

由

$$\tan \gamma = m z_1 / d_1 = 5\ \text{mm} \times 2/90\ \text{mm} = 0.11$$

得

$$\gamma = 6.34° = 6°20'24''$$

所以

$$v_s/(\text{m} \cdot \text{s}^{-1}) = \frac{\pi d_1 n_1}{60 \times 1\,000 \times \cos\gamma} = \frac{\pi \times 90 \times 1\,440}{60 \times 1\,000 \times \cos 6.34°} = 6.83$$

显然 $v_s > 6$ m/s，与原假设相符，选用 ZCuSN10P1 做蜗轮轮缘材料合适。由 $v_s = 6.83$ m/s，查表 6.7，插值得当量摩擦角 $\rho' = 1°30'$。

$$\eta = (0.95 \sim 0.96)\frac{\tan\gamma}{\tan(\gamma + \rho')} = (0.95 \sim 0.96)\frac{\tan 6°20'24''}{\tan(6°20'24'' + 1°30')} = 0.77 \sim 0.78$$

与原来初取值相差较小，不再重计算。

（6）计算蜗杆和蜗轮的主要几何尺寸略。

（7）热平衡计算

所需散热面积

$$A/\text{m}^2 = \frac{1\,000 P_1(1 - \eta)}{K_s(t - t_0)}$$

取油温 $t = 70°$，周围空气温度 $t_0 = 20°$，设通风良好，取散热系数 $K_s = 15$ W/($\text{m}^2 \cdot ℃$) 传动效率为 $\eta = 0.775$，则

$$A/\text{m}^2 = \frac{1\,000 P_1(1 - \eta)}{K_s(t - t_0)} = \frac{1\,000 \times 4(1 - 0.775)}{15 \times (70 - 20)} = 1.2$$

若箱体散热面积不足此数，则需加散热片、装置风扇或采取其他散热冷却方式。

（8）选取精度等级和侧隙种类

因为这是一般动力传动，而且 $v_2 < 3$ m/s，故取 8 级精度，侧隙种类代号为 C，即传动 8C GB/T 10089—1988。

（9）蜗杆和蜗轮的结构设计

① 蜗杆采用车制结构；

② 蜗轮为齿圈压配式结构；

③ 绘制蜗杆和蜗轮零件工作图（略）。

思考题与习题

6-1 蜗杆传动特点有哪些？为什么？

6-2 圆柱蜗杆传动正确啮合条件是什么？

6-3 蜗杆传动中为什么对每一个模数 m 规定了一定数量的标准的蜗杆分度圆直径 d_1？

6-4 如何选择蜗杆头数 z_1？对于动力传动，为什么蜗轮齿数 z_2 不应小于 28，且不宜大于 80？

6-5 蜗杆传动的变位有何特点？为什么？

6-6 蜗杆传动中对蜗杆副材料有什么要求？常用的蜗杆副材料有哪些？蜗轮材料一般根据什么条件来选择？

6-7 为什么无锡青铜或铸铁蜗轮的许用接触应力 $[\sigma]_H$ 与齿面相对滑动速度 v_s 有关？为什么含锡青铜蜗轮的许用接触应力 $[\sigma]_H$ 与应力循环次数 N 有关，而与 v_s 无关？

6-8 蜗杆传动的主要失效形式有哪些？为什么？蜗杆传动设计计算准则是什么？

6-9 为什么闭式蜗杆传动必须进行热平衡计算？采取哪些措施可改善蜗杆传动的

散热条件?

6-10　标出图6.17中未注明的蜗杆或蜗轮轮齿螺旋线方向及转动方向(均为蜗杆主动),画出蜗杆和蜗轮受力的作用点及三个分力(用箭头或 $\otimes$ $\odot$ 表示,例如 F_{a1} $\otimes$ F_{t1})。

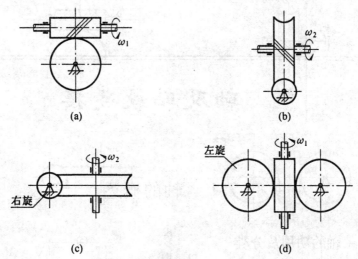

图 6.17

6-11　有一标准普通蜗杆传动,已知其模数 $m = 6.3$ mm,传动比 $i = 20$,蜗杆分度圆直径 $d_1 = 63$ mm,蜗杆头数 $z_1 = 2$。试求该传动的主要几何尺寸。

6-12　有一闭式普通圆柱蜗杆传动,如图6.18所示。已知蜗杆输入功率 $P_1 = 3$ kW,蜗杆转速 $n_1 = 960$ r/min,蜗杆头数 $z_1 = 2$,蜗轮齿数 $z_2 = 50$,模数 $m = 8$ mm,蜗杆分度圆直径 $d_1 = 80$ mm;蜗杆材料为45钢,齿面硬度 < 45HRC,蜗轮材料为ZCuSn10Pb1,金属模铸造。试求:

(1)该传动的啮合效率 η_1 和总效率 η;

(2)作用在蜗杆、蜗轮上力的大小和方向(各用三个分力表示)。

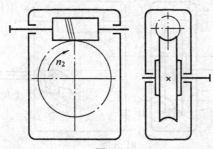

图 6.18

6-13　设计一起重设备用的闭式普通圆柱蜗杆传动,载荷有中等冲击。蜗杆轴由电动机驱动,传递的额定功率 $P_1 = 11$ kW,$n_1 = 1\,460$ r/min,$n_2 = 120$ r/min,单班工作,要求工作寿命为 8 年(每年按250工作日计)。

6-14　试设计一由电动机驱动的闭式单级圆柱蜗杆传动,已知:蜗杆轴上输入功率 $P_1 = 5.5$ kW,蜗杆转速 $n_1 = 1\,440$ r/min,蜗轮的转速 $n_2 = 80$ r/min,载荷平稳,单向转动,工作寿命 5 年(每年按250工作日计),每日工作 16 h,批量生产。

第7章

轴及轴毂连接

7.1　轴的概述

7.1.1　轴的功用及分类

　　轴是机器中的重要零件之一,用以支承轴上的零件,并传递运动和动力。

　　按照轴的承载情况,轴可以分为转轴、心转和传动轴三种。工作时既承受弯矩又承受转矩的轴称为转轴,如齿轮减速器上的输出轴(图7.1),转轴是机器中最常见的轴。工作时传递转矩不承受弯矩或受弯矩很小的轴称为传动轴,如汽车的传动轴(图7.2)。用来支承转动零件且只承受弯矩而不承受转矩的轴称为心轴。心轴又可分为转动心轴(图7.3(a))和固定心轴(图7.3(b))。

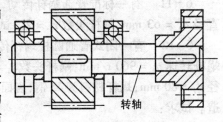

图7.1　转轴

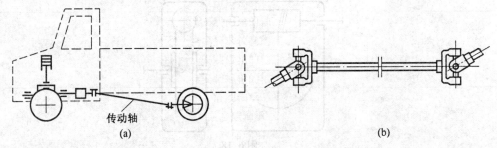

　　　　(a)　　　　　　　　　　　　　　　　(b)

图7.2　传动轴

　　按照轴线形状不同,轴还可分为直轴和曲轴两类。直轴根据外形不同可分为光轴(图7.2)、阶梯轴(图7.1)和其他一些特殊结构和用途的轴(如齿轮轴、蜗杆轴等)。曲轴如图7.4所示,它是内燃机、曲柄压力机等机械中使用的专用零件。

　　此外,还有一种软轴,又称钢丝挠性软轴。它是由多组钢丝分层卷绕而成(图7.5(a))的,具有良好的挠性,主要用于两传动件的轴线不在同一直线(图7.5(b))的传动,还可用于有连续振动的场合,以缓和冲击。近年来,在机器人、机械手和微型机械中也得到应用。

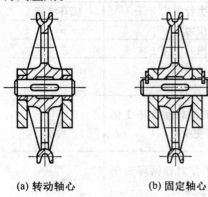

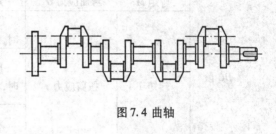

图 7.4 曲轴

(a) 转动轴心　　　　(b) 固定轴心

图 7.3　心轴

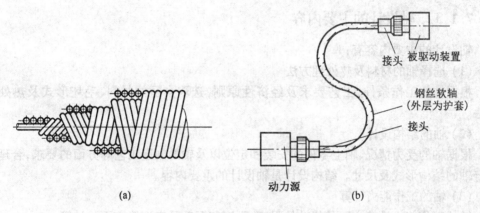

图 7.5　软轴

7.1.2　转轴的力和应力分析

以齿轮减速器的输出轴(图7.6)为例来讨论转轴的力、应力及失效形式。

在齿轮法向力 F_n 的作用下,转轴的受力和应力情况见表7.1。

传动轴和心轴可作为转轴的特例来分析,传动轴的分析同表7.1中的 CD 段,心轴的分析同表7.1中的 AB 段。

由表7.1中可以看出,轴在工作时截面上受有变应力的作用,因此疲劳断裂是轴的主要失效形式,此外,还有轴的脆性断裂、塑性变形、过大的弹性变形及共振等失效形式。

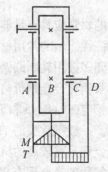

图 7.6　减速器输出轴

表7.1 转轴的受力和应力情况

轴段位置	所受载荷名称	所受应力情况		
		应力名称	应力种类	循环特征
AB 段	弯矩 M	弯曲应力 σ_b	对称循环变应力	$r=-1$
BC 段	弯矩 M	弯曲应力 σ_b	对称循环变应力	$r=-1$
	转矩 T	扭剪应力 τ	T 的大小、方向恒定时为静应力	$r=1$
			单向受载、T 按脉动循环变化时,为脉动循环变应力	$r=0$
			双向受载、T 按对称循环变化时,为对称循环变应力	$r=-1$
CD 段	转矩 T	扭剪应力 τ	同 BC 段情况	

7.1.3 轴设计的主要内容

轴设计的主要内容有:

(1) 选择轴的材料及热处理方法

根据轴的工作条件、工艺要求及经济性原则,选取合适的材料、毛坯形式及热处理方法。

(2) 轴的结构设计

根据轴的受力情况、轴上零件的安装和定位以及轴的制造工艺等方面的要求,合理地确定轴的结构形式及尺寸。结构设计是轴设计的重要内容。

(3) 轴的工作能力计算

轴的工作能力计算主要是指轴的强度、刚度和振动稳定性等方面的计算。

在轴的设计过程中,结构设计与设计计算交叉进行,这是轴设计的显著特点。

7.2 轴的材料及其选择

轴的材料应具有足够的强度,对应力集中的敏感性低,同时要有较好的耐磨性、工艺性和经济性。轴的常用材料主要是碳素钢和合金钢,其次是高强度铸铁和球墨铸铁。钢轴的毛坯多数用轧制圆钢和锻钢。

碳素钢比合金钢价格低廉,并且对应力集中的敏感性较小,所以应用广泛。常用的优质碳素钢有30、40、45 和50 钢,其中45 钢应用最多。为保证其机械性能,应进行调质或正火处理。一般不重要的轴可使用普通碳素钢 Q235。

合金钢具有较高的机械强度,淬透性也较好,但价格较高,多用于有特殊要求和重要的轴。常用的合金钢有 20Cr、40Cr、35SiMn、35CrMo。需要指出,合金钢对应力集中的敏感性较高,因此在结构设计时,应注意减小应力集中。另外,碳钢和合金钢弹性模量相差不多,不能靠选合金钢来提高轴的刚度。

高强度铸铁和球墨铸铁容易制成复杂的形状,且具有价廉、良好的吸振性和耐磨性、对应力集中的敏感性低等优点,可用于制造外形复杂的轴(如曲轴等)。但冲击韧性低,质量不够稳定。

轴的材料、热处理方法、材料的主要力学性能及其应用见表7.2。

表 7.2　轴的材料、热处理方法及材料的主要力学性能

材料 类别	牌号	热处理	毛坯直径 /mm	硬度 (HBS)	抗拉强度 σ_B	屈服点 σ_s	弯曲疲劳极限 σ_{-1}	剪切疲劳极限 τ_{-1}	应　用
碳素钢	Q235		≤ 100		400 ~ 420	225	170	105	用于不重要或承载不大的轴
			> 100 ~ 250		375 ~ 390	215			
	45 钢	正火	≤ 100	70 ~ 217	600	300	258	140	应用最广泛
		回火	> 100 ~ 300	162 ~ 217	580	290	250	135	
		调质	≤ 200	217 ~ 255	650	360	280	155	
合金钢	40Cr	调质	≤ 100	241 ~ 286	735	540	355	200	用于承载较大而无很大冲击的重要轴
			> 100 ~ 300		685	490	355	185	
	40CrNi	调质	≤ 100	270 ~ 300	900	735	430	260	用于很重要的轴
			> 100 ~ 300	240 ~ 270	785	570	370	210	
	38SiMnMo	调质	≤ 100	229 ~ 286	735	590	365	210	用于重要的轴,性能近于40CrNi
			> 100 ~ 300	217 ~ 269	685	540	345	195	
	38CrMoAlA	调质	≤ 60	293 ~ 321	930	785	440	280	用于要求高耐磨性,高强度且热处理(渗氮)变形很小的轴
			> 60 ~ 100	277 ~ 302	835	685	410	270	
			> 100 ~ 160	241 ~ 277	785	590	375	220	
	20Cr	渗碳淬火回火	≤ 60	渗碳 56 ~ 62HRC	640	390	305	160	用于强度及韧性均要求较高的轴
	3Cr13	调质	≤ 100	≥ 241	835	635	395	230	用于腐蚀条件下的轴
	1Cr18Ni9Ti	淬火	≤ 100	≤ 192	530	195	190	115	用于高、低温及腐蚀条件下的轴
			> 100 ~ 200		490		180	110	
球墨铸铁	QT600 - 3				600	600	215	185	用于制造复杂外形的轴
	QT800 - 2				800	800	290	250	

注:① 表中所列的 σ_{-1}、τ_{-1} 按下列关系式计算。碳钢: $\sigma_{-1} \approx 0.43\sigma_B$;合金钢: $\sigma_{-1} \approx 0.2(\sigma_B + \sigma_s) + 100$;不锈钢: $\sigma_{-1} \approx 0.27(\sigma_B + \sigma_s)$;钢: $\tau_{-1} \approx 0.156(\sigma_B + \sigma_s)$;球墨铸铁: $\sigma_{-1} \approx 0.36\sigma_B$, $\tau_{-1} \approx 0.31\sigma_B$。

② 等效系数 ψ:碳素钢, $\psi_\sigma = 0.1 ~ 0.2$, $\psi_\tau = 0.05 ~ 0.1$;合金钢, $\psi_\sigma = 0.2 ~ 0.3$, $\psi_\tau = 0.1 ~ 0.15$。

7.3 轴的结构设计

轴的结构设计的任务就是要确定轴的合理外形和全部结构尺寸。影响轴的结构的因素很多,如:轴在机器中的安装位置、安装形式及轴上零件的装配方案;轴上零件的类型、尺寸、数量及与轴的连接方式;轴的加工工艺;轴上载荷的性质、大小、方向及分布情况等。由于影响因素较多,具体情况各异,所以设计轴时应视具体情况而定。但应遵循的一般原则是:轴及轴上零件要有准确可靠的工作位置;轴应便于加工;轴上零件要便于装拆和调整;轴的受力合理,尽量减小应力集中,有利于提高轴的强度。设计时,通常要先初估轴的最小直径,然后以最小直径为基础,边画图边定尺寸。遵循这些原则设计出的轴应为阶梯轴。

7.3.1 轴的最小直径 d_{min} 的确定

1. 类比法

类比法就是参考同类型机器的轴的结构和尺寸,经分析对比,确定所设计的轴的最小直径。

2. 经验公式计算

对于一般减速器,也可采用经验公式来估算轴的最小直径。高速轴的最小直径 d_{min} 可按与其相连的电动机轴的直径 D 估算,$d_{min} \approx (0.8 \sim 1.2)D$;各级低速轴的最小直径 d_{min} 可按同级齿轮传动中心距 a 估算,$d_{min} \approx (0.3 \sim 0.4)a$。

3. 按扭转强度计算

这种方法是按扭转强度条件确定轴的最小直径,可用于传动轴的计算或用于转轴的初估轴径。对于转轴,由于跨距未知,无法计算弯矩,在计算中只考虑转矩,而弯矩的影响则用降低许用应力的方法来考虑。

由材料力学可知,轴受转矩作用时,其强度条件为

$$\tau = \frac{T}{W_T} \approx \frac{9.55 \times 10^6 \frac{P}{n}}{0.2d^3} \leqslant [\tau] \tag{7.1}$$

或

$$d \geqslant \sqrt[3]{\frac{9.55 \times 10^6 \frac{P}{n}}{0.2[\tau]}} = C\sqrt[3]{\frac{P}{n}} \tag{7.2}$$

式中　　d——轴的直径,mm;

　　　　τ——轴剖面中最大扭转剪应力,MPa;

　　　　P——轴传递的功率,kW;

　　　　n——轴的转速,r/min;

　　　　$[\tau]$——许用扭转剪应力,MPa,见表7.3;

　　　　C——由许用扭转剪应力确定的系数,见表7.3;

W_{T}—— 抗扭剖面模量。

表 7.3　轴的常用材料的许用扭转剪应力 $[\tau]$ 和 C 值

轴的材料	Q235	45	40Cr　35SiMn　35CrMo
$[\tau]$/MPa	12 ~ 20	30 ~ 40	40 ~ 52
C	160 ~ 135	118 ~ 107	107 ~ 98

注:当轴上的弯矩比转矩小时或只有转矩时,C 取较小值。

由式(7.2)计算出的直径为轴的最小直径 $d_{\min}$,若该剖面有键槽时,应将计算出的轴径适当加大,当有一个键槽时增大 5%,当有两个键槽时增大 10%,然后圆整为标准直径。

7.3.2　轴的结构设计中应考虑的几个主要问题

1.轴上零件的装配方案

装配方案就是预定出轴上零件的装配方向、顺序和相互关系。不同的装配方案可以得出不同的轴的结构形式。因此,在进行轴的结构设计时,首先应拟定轴上零件的装配方案。通常拟定装配方案时,一般应考虑几种不同方案,进行分析比较与选择。

图 7.7(a)给出了一单级圆柱齿轮减速器输入轴上主要零件的初步相对位置,图 7.7(b)和图 7.7(c)则是两种不同的装配方案。图 7.7(b)中齿轮从轴的左端装入,而图 7.7(c)中齿轮由右端装入,后者较前者多了一个套筒。相比之下,图 7.7(b)中的装配方案较为合理。

2.轴上零件的定位与固定

为了防止轴上零件受力时发生沿轴向和周向的相对运动,保证其有准确可靠的工作位置,轴上零件(有游动或空传要求的零件除外)都必须进行轴向和周向的定位与固定。

(1)零件的轴向定位与固定

轴上零件通常是利用轴肩、轴环、套筒、圆锥面、圆螺母、轴端挡圈、弹性挡圈、紧定螺钉及锁紧挡圈等来实现其轴向定位与固定的。

① 轴肩和轴环。轴肩(图 7.8(a))和轴环(图 7.8(b))定位结构简单,定位可靠,可承受较大的轴向力。但采用该方法会使轴的直径加大,且阶梯处截面突变将形成应力集中源。为了使零件能紧靠轴肩的定位面,轴肩处的过渡圆角半径 r 应小于轴上零件毂孔端面的圆角半径 R 或倒角 C(图 7.8(a))。定位轴肩和轴环的高度一般为 $h \geqslant 2C(R)$ 或 $h = (0.07 \sim 0.1)d$,其中 d 为与零件配合处轴的直径。轴环的宽度 $b \geqslant 1.4h$(图 7.8(b))。滚动轴承的定位轴肩高度必须低于轴承内圈端面高度,以便于轴承的拆卸,其轴肩的高度可查手册中滚动轴承的安装尺寸。

② 套筒。套筒定位(图 7.9)结构简单,疲劳强度高,定位可靠,一般用于轴上两零件之间的定位和固定。但采用套筒会使轴上零件数目增加,套筒过长会使其质量增加,因此,两零件之间的距离较大及轴的转速很高时,均不宜采用套筒定位。

③ 圆锥面。圆锥面定位(图 7.10)定心精度高,一般用于承受冲击载荷和同心度要求较高的轴端零件的定位。但圆锥面加工不方便。

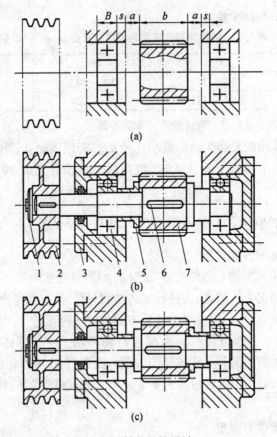

图 7.7 轴的结构设计

1—轴端挡圈;2—带轮;3—轴承端盖;4—轴承;5—套筒;6—键;7—齿轮

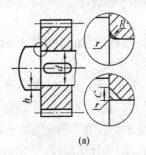

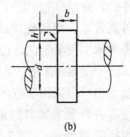

图 7.8 轴肩和轴环

$h = (0.07 \sim 0.1)d$ 或 $h \geqslant 2c($或 $R)$; $b = 1.4h($ 与轴承相配合处的 h 值见轴承手册)

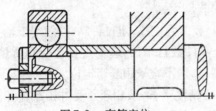

图 7.9 套筒定位

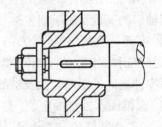

图 7.10 圆锥面定位

④ 圆螺母。常用于轴端零件的固定(图 7.11(a)),也可在零件之间距离较大不宜使用套筒、且允许在轴上车制螺纹时,用来固定轴中段的零件(图 7.11(b))。圆螺母定位的特点是:固定可靠,可承受较大的轴向力,能实现轴向预紧力的调整。但轴上螺纹处有较大的应力集中,会降低轴的疲劳强度。常采用圆螺母与止动垫片(图 7.11(a))和双圆螺母(图 7.11(b))两种形式进行防松。

⑤ 轴端挡圈。适用于轴端零件的固定(图 7.12),工作可靠,可承受较大的轴向力。但需在轴端加工螺纹孔,且还需采用防松装置,以防止螺钉松脱。

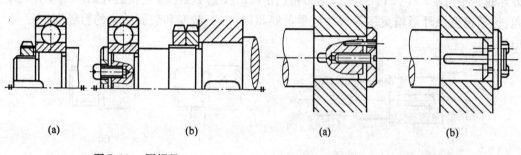

(a)　　　　　　　(b)　　　　　　　(a)　　　　　　　(b)

图 7.11　圆螺母　　　　　　　　图 7.12　轴端挡圈

⑥ 弹性挡圈。弹性挡圈结构紧凑、简单,装拆方便,但只能承受较小的轴向力,且需在轴上开环形槽,对轴的强度有削弱。弹性挡圈常用于轴承的固定(图 7.13(a)),也可在零件两端各装一个弹性挡圈使零件沿轴向定位(图 7.13(b))。

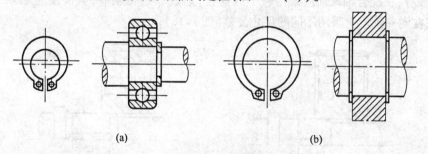

(a)　　　　　　　　　　　　　(b)

图 7.13　弹性挡圈

⑦ 紧定螺钉和锁紧挡圈。紧定螺钉(图 7.14)和锁紧挡圈常用于光轴上零件的轴向定位,结构简单,装拆方便,但只能承受较小的轴向力。其中紧定螺钉可兼做周向定位。必须指出的是,利用套筒、圆螺母和轴端挡圈进行零件的轴向定位时,与零件相配合轴段的长度应小于零件轴毂的长度,一般小 2 ~ 3 mm(图 7.9 ~图 7.12),以保证定位准确可靠。

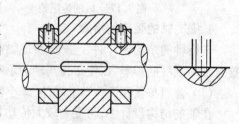

图 7.14　紧定螺钉

(2)零件的周向定位

为了防止轴上零件与轴之间的相对转动,必须进行零件的周向固定。常用的周向固定的方法有键连接、花键连接、紧定螺钉连接、销连接以及过盈配合连接等。其中紧定螺钉连接只能用在传力不大之处。

3. 轴的结构工艺性

轴的结构设计还应考虑到加工、装配等工艺要求,并且要求生产率高,成本低。

(1) 加工工艺性

轴的结构应便于轴的加工。因此,轴的形状应尽量简单;轴上不同轴段的键槽应布置在同一轴截面上(图 7.15),以便于加工和检验;对需要磨削加工或有螺纹的轴段,应留有砂轮越程槽(图 7.16(a))或螺纹退刀槽(图 7.16(b));轴上直径相近处的圆角半径、倒角、键槽宽度及环形槽宽度等尺寸应尽可能相同;加工精度和表面结构的粗糙度应定得适当。

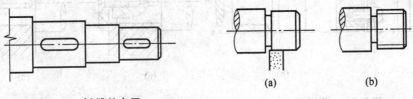

图 7.15　键槽的布置　　　　图 7.16　砂轮越程槽和螺纹退刀槽

(2) 装配工艺性

轴的结构还应便于轴上零件的装拆。为了便于导向和避免擦伤零件的配合表面,轴端应有倒角(45°、30° 或 60°);与零件构成过盈配合的轴段的装入端常需加工出导向圆锥面(图 7.17);在配合轴段前应采用较小的直径,形成非定位轴肩,其高度一般取为 1 ~ 2 mm,或在同一轴段上采用不同的尺寸公差(图 7.18)。

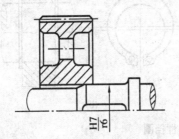
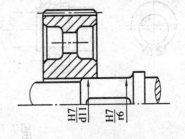

图 7.17　轴的装配锥度　　　　图 7.18　采用不同的尺寸公差

4. 提高轴的强度的措施

进行轴的结构设计时,应充分考虑轴和轴上零件的结构、工艺以及轴上零件的安装布置对轴的强度的影响,以便于提高轴的承载能力,减小尺寸和质量,降低成本。

(1) 合理布置和设计轴上零件,减小轴的载荷

在轴的结构设计中,将受力较大传动零件尽量靠近轴承布置,尽可能不采用悬臂的支承形式,并减小支承跨距和悬臂长度等,以减小轴上的弯矩。

如图 7.19 所示的转轴中,当转矩由轮 3 输入,由轮 1、轮 2 输出时,若按图 7.19(a) 布置,轴所受的最大转矩 $T_{max} = T_1$(设 $T_1 > T_2$);若按图 7.19(b) 布置,则轴所受的最大转矩 $T_{max} = T_1 + T_2$。显然,当动力由两个轮输出时,应将输入轮布置在两输出轮的中间,以减小

轴上的转矩。

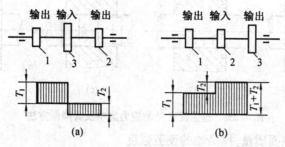

图 7.19 轴上零件的布置方案

合理设计轴上零件的结构,也可减小轴上的载荷。图 7.20 所示为卷扬机卷筒的两种结构方案,图 7.20(a)中大齿轮通过轴将转矩传到卷筒上,因而卷筒轴既受弯矩又受转矩;图 7.20(b)所示则将大齿轮和卷筒连在一起并空套在轴上,转矩经大齿轮直接传给卷筒,使卷筒轴只受弯矩而不受转矩,从而减少了轴的受力。图 7.21 所示为卷筒轮毂的两种结构方案,图 7.21(a)中卷筒的轮毂配合面很长,轴上所受的最大弯矩较大,而若采用图 7.21(b)的结构,把轮毂配合面分成两段,则将减小轴上所受的弯矩,同时还可改善轮毂孔与轴的加工工艺性及装配工艺性。

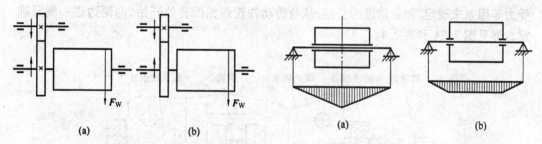

图 7.20 卷扬机卷筒的两种结构方案 　　图 7.21 卷筒轮毂的两种结构方案

(2)改善轴的结构,尽量减小应力集中

大多数轴是在变应力条件下工作的,应力集中部位易产生疲劳破坏。为了减少应力集中源和降低应力集中的程度以提高轴的疲劳强度,可适当增大轴肩过渡处的圆角半径;若结构上不宜增大圆角半径,可采用凹切圆角、中间环或减载槽等结构(图 7.22);尽量避免在轴上(特点是应力较大的地方)切制横孔、切口、凹槽及螺纹等;为了降低轴毂过盈配合边缘处的应力集中(图 7.23(a)),可在轮毂上或轴上开减载槽(图 7.23(b)、(c)),或者加大配合部分的直径(图 7.23(d))。

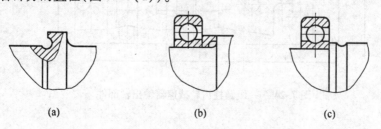

图 7.22 减小圆角处应力集中的结构

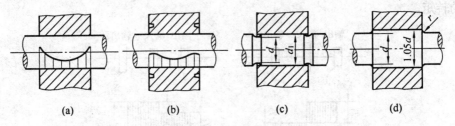

(a)　　　　　　(b)　　　　　　(c)　　　　　　(d)

图 7.23　过盈配合处的应力集中及其降低方法

（3）改善轴的表面质量,提高轴的疲劳强度

轴的表面加工粗糙度对轴的疲劳强度也会产生影响,表面越粗糙,疲劳强度也越低。因此,设计中应合理减小轴的表面结构的粗糙度值,以提高轴的疲劳强度。经验表明,轴表面受拉应力处首先产生疲劳裂纹,采用表面碾压、喷丸、高频淬火、渗碳及渗氮等表面强化工艺,在轴表面产生预加压应力,也可显著提高轴的疲劳强度。

7.3.3　轴的结构尺寸确定示例

以一级圆柱齿轮减速器输出轴为例,说明轴的结构设计中若干关键尺寸的确定原则,通常轴段的直径,以 d_{min} 为基础,并考虑定位,相配标准件孔径、装配工艺及加工工艺性、受力等因素来确定,而各轴段的长度,从与传动件轮毂相配合处开始,向两边逐一展开确定。详见图 7.24 和表 7.4。

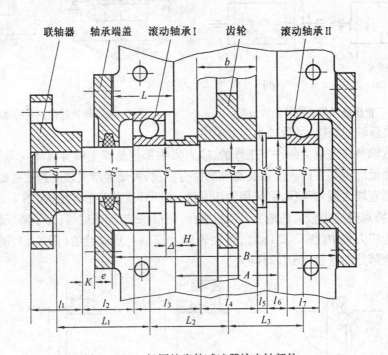

图 7.24　一级圆柱齿轮减速器输出轴部件

表7.4　轴的结构尺寸及相关尺寸

径向尺寸	确定原则	轴向尺寸	确定原则
d_1	初算轴径,并根据联轴器尺寸定轴径	l_1	根据联轴器尺寸确定
d_2	联轴器轴向固定,并考虑密封的要求。轴肩高 $h = (0.07 \sim 0.1)d_1$ 或 $h \geqslant 2C(C$ 为轮毂孔倒角)	l_4	$l_4 = b - (2 \sim 3)\,\mathrm{mm}$
d_3	$d_3 = d_2 + (1 \sim 2)\,\mathrm{mm}$,并满足轴承内径系列,便于轴承安装	l_5	$l_5 = 1.4h$
		l_7	$l_7 = B,B$ 为轴承宽度
d_4	$d_4 = d_3 + (1 \sim 2)\,\mathrm{mm}$,便于齿轮安装	齿轮至箱体内壁的距离 H	运动和不动零件间要有间隔,以避免干涉 $H = 10 \sim 15\,\mathrm{mm}$
d_5	齿轮轴向固定,轴环高 $h = (0.07 \sim 0.1)d_4$ 或 $h \geqslant 2C(C$ 为轮毂孔倒角)	轴承与箱体内壁的距离 Δ	考虑箱体铸造误差: $\Delta = \begin{cases} 3 \sim 5\,\mathrm{mm}(轴承油润滑) \\ 8 \sim 12\,\mathrm{mm}(轴承脂润滑) \end{cases}$
d_6	轴承轴向固定,应符合轴承安装尺寸,查轴承手册确定	轴承座宽度 L	$L = \delta + C_1 + C_2 + (5 \sim 8)\,\mathrm{mm}$, δ 为箱体壁厚;C_1、C_2 为由轴承旁连接螺栓直径确定
d_7	一根轴上的两轴承型号相同,$d_7 = d_3$	轴承端盖厚 e	
键宽 b 槽深 t	根据轴的直径查手册	联轴器至轴承端盖的距离 K	考虑动与不动零件间有一定距离,并保证联轴器易损件更换所需空间,或拆卸轴承端盖螺栓所需空间
键长 L	$L \approx 0.85l,l$ 为有键槽的轴段的长度,并查手册取标准长度 L,同时应满足挤压强度要求	l_2、l_3、l_6	在齿轮、机体、轴承、轴承端盖、联轴器的位置确定后,通过作图得到

　　轴的各部分结构和尺寸确定后,定出力的支点和跨距 L_1、L_2 和 L_3,然后进行轴的承载能力校核计算。

7.4　轴的承载能力计算

　　在完成轴的结构初步设计后,应进行轴的承载能力校核计算。通常根据工作条件和重要性,有选择地计算轴的强度、刚度、振动稳定性等。

7.4.1　轴的计算简图

　　为了进行轴的强度和刚度计算,首先要画出轴的受力简图,标出各作用力的大小、方向和作用点的位置,画简图时应注意以下几点:
　　(1)将阶梯轴简化为一简支梁。
　　(2)齿轮、带轮等传动件作用于轴上的均布载荷,在一般计算中,简化为集中力,并作用在轮缘宽度的中点(图7.25(a)、(b))。这种简化,一般偏于安全。

（3）作用在轴上的转矩，在一般计算中，简化为从传动件轮毂宽度的中点算起的转矩。

（4）轴的支承反力的作用点随轴承类型和布置方式而异，简化计算时，常取轴承宽度中点为作用点（图7.25(c)）。

简化后，将双支点轴当做受集中力的简支梁进行计算。

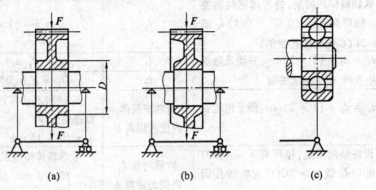

(a)　　　　　　(b)　　　　　　(c)

图7.25　轴的受力和支点的简化

7.4.2　轴的强度计算

1.按弯扭合成强度计算

按弯扭合成强度计算，需同时考虑弯矩和转矩的作用，而对影响轴的疲劳强度的各个因素则采用降低许用应力值的办法来考虑，因而计算较简单，适用于一般转轴。

对于同时承受弯矩和转矩的转轴，假设计算截面上的弯矩为 M，转矩为 T，相应的弯曲应力 $\sigma_b = M/W$，相应的扭剪应力 $\tau = T/W_T$。根据第三强度理论，并考虑到 σ_b 与 τ 的循环特征的不同，引入折合系数 α，则

$$\sigma_e = \sqrt{\sigma_b^2 + 4(\alpha\tau)^2} = \sqrt{\left(\frac{M}{W}\right)^2 + 4\left(\frac{\alpha T}{W_T}\right)^2} = \frac{\sqrt{M^2 + (\alpha T)^2}}{W} = \frac{M_e}{W} \leqslant [\sigma]_{-1b}$$

$$(7.3)$$

式中　W——抗弯截面模量（表7.5）；

W_T——抗扭截面模量，$W_T \approx 2W$；

α——根据转矩性质而定的折合系数，对于不变的转矩，$\alpha = \dfrac{[\sigma]_{-1b}}{[\sigma]_{+1b}} \approx 0.3$；当转矩脉

动变化时，$\alpha = \dfrac{[\sigma]_{-1b}}{[\sigma]_{0b}} \approx 0.6$；对于频繁正反受扭的轴，$r$ 可看成对称循环应力，

$\alpha = \dfrac{[\sigma]_{-1b}}{[\sigma]_{-1b}} \approx 1$；若转矩的变化规律不清楚，一般可按脉动循环处理；

$[\sigma]_{-1b}$、$[\sigma]_{0b}$、$[\sigma]_{+1b}$——分别为对称循环、脉动循环及静应力状态下的许用弯曲应力，详见表7.6。

表7.5　抗弯截面模量计算公式

截面	W
	$\dfrac{\pi d^3}{32} \approx \dfrac{d^3}{10}$
	$\dfrac{\pi d^3}{32}(1 - r^4) \approx \dfrac{d^3(1 - r^4)}{10}$ $r = \dfrac{d_1}{d}$
	$\dfrac{\pi d^3}{32} - \dfrac{bt(d - t)^2}{2d}$
	$\dfrac{\pi d^3}{32}\left(1 - 1.54\dfrac{d_0}{d}\right)$
	$\dfrac{\pi d^4 + bz(D - d_1)(D + d_1)^2}{32D}$ （z 为花键齿数）
	$\dfrac{\pi d^3}{32} \approx \dfrac{d^3}{10}$

表7.6　轴的许用弯曲应力　　　　　　　　　　　　　　　　MPa

材料	σ_B	$[\sigma]_{+1b}$	$[\sigma]_{0b}$	$[\sigma]_{-1b}$
碳素钢	400	130	70	40
	500	170	75	45
	600	200	95	55
	700	230	110	65
合金钢	800	270	130	75
	900	300	140	80
	1 000	330	150	90
铸钢	400	100	50	30
	500	120	70	40

2. 轴的安全系数校核计算

对一些重要的轴,要对轴的危险剖面的疲劳强度安全系数进行校核计算。这种方法考虑了应力循环特征、应力集中、表面质量、尺寸等诸因素对轴的疲劳强度的影响。因此,这种方法是一种精确的方法。对于瞬时尖峰载荷,还要进行静强度的安全系数校核计算。具体如何进行安全系数计算可查阅有关文献资料。

【例 7.1】 有一单级直齿圆柱齿轮减速器的输出轴如图 7.26 所示。已知:作用于输出轴上的转矩 $T_2 = 2.5 \times 10^5$ N·mm,齿轮的分度圆直径 $d_2 = 280$ mm,轴上支点到齿轮轮齿上载荷作用点的距离 $l = 62$ mm,与齿轮相配合轴段直径 $d_4 = 48$ mm,键槽宽 $b = 14$ mm,键槽深 $t = 5.5$ mm。轴的材料为 45 钢,调质处理,其抗拉强度极限 $\sigma_B = 650$ MPa。试按弯扭联合强度对该轴进行校核计算。

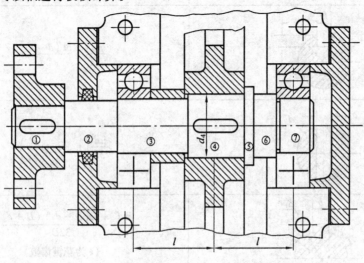

图 7.26　减速器的输出轴

解　(1) 作计算简图(图 7.27(a))

轴上受有水平力和垂直力,是空间力系。

(2) 计算齿轮上轮齿的受力和轴上的支反力

① 直齿圆柱齿轮上作用有圆周力 F_{t2} 和径向力 F_{r2} 两个分力。

$$F_{t2}/\text{N} = \frac{2T_2}{d_2} = \frac{2 \times 2.5 \times 10^5}{280} \approx 1\,785.7$$

$$F_{r2}/\text{N} = F_{t2} \tan \alpha = 1\,785.7 \times \tan 20° \approx 650$$

② 轴上的支反力

在水平面处

$$F_{HrA}/\text{N} = F_{HrB} = \frac{F_{r2}}{2} = \frac{650}{2} = 325$$

在垂直面处

$$F_{VtA}/\text{N} = F_{VtB} = \frac{F_{t2}}{2} = \frac{1\,785.7}{2} = 892.85$$

作用于轴上总的支反力（径向力）为

$$F_{RA}/N = F_{RB} = \sqrt{F_{HrA}^2 + F_{VtA}^2} = \sqrt{325^2 + 892.85^2} \approx 950.2$$

（3）计算作用于轴上的弯矩并作弯矩

如图（图7.27(b)、(c)、(d)）所示。

水平面上，C截面处

$$M_{HC}/(N \cdot mm) = F_{HrA}l = 325 \times 62 = 20\ 150$$

垂直面上，C截面处

$$M_{VC}/(N \cdot mm) = F_{VtA}l = 892.85 \times 62 = 55\ 356.7$$

C截面处合成弯矩

$$M_C/(N \cdot mm) = \sqrt{M_{HC}^2 + M_{VC}^2} = \sqrt{20\ 150^2 + 55\ 356.7^2} \approx 58\ 910$$

（4）作用转矩图（图7.27(e)）

题中已给出 $T = T_2 = 2.5 \times 10^5\ N \cdot mm$

（5）计算作用于轴上的当量弯矩并作当量
弯矩图（图7.27(f)）

$$M_e = \sqrt{M^2 + (\alpha T)^2}$$

设转矩按脉动循环规律变化，取折合系数 $\alpha =$
0.6；轴上 D 截面按该轴段上相配零件的轮毂宽度
中点处计算。则 DA 段上

$$M_{eDA}/(N \cdot mm) = \alpha T =$$
$$0.6 \times 2.5 \times 10^5 =$$
$$1.5 \times 10^5$$

C 截面左侧

$$M_{eC左}/(N \cdot mm) = \sqrt{M_C^2 + (\alpha T)^2} =$$
$$\sqrt{58\ 910^2 + (0.6 \times 2.5 \times 10^5)^2} \approx$$
$$1.61 \times 10^5$$

C 截面右侧

$$M_{eC右}/(N \cdot mm) = M_C = 58\ 910$$

（6）确定轴上危险截面并校核其强度

危险截面是指受力最大或较大，且有应力集中
处，或受力较小，但轴径小，且有应力集中处。若不
能确定时，则应选择几处来进行校核。

本例设 C 截面是危险截面，由表7.5查得该截
面的抗弯截面模量

$$W/mm^3 = \frac{\pi d^3}{32} - \frac{bt(d-t)^2}{2d} = \frac{\pi \times 48^3}{32} - \frac{14 \times 5.5\ (48 - 5.5)^2}{2 \times 48} \approx 9\ 408.6$$

由表7.6查得 $\sigma_B = 650\ MPa$ 的 45 钢制轴的许用弯曲应力 $[\sigma]_{-1b} = 60\ MPa$

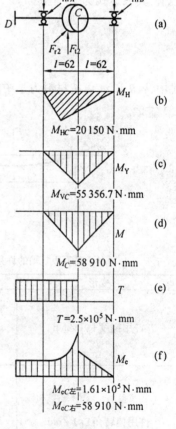

图7.27

故 $\sigma_e / MPa = \dfrac{M_{eC左}}{W} = \dfrac{1.61 \times 10^5}{9\,408.6} \approx 17.11 < [\sigma]_{-1b} = 60$，轴的强度足够。

7.4.3　轴的刚度计算

轴受弯矩作用会产生弯曲变形，用挠度 y 或偏转角 θ 表示，如图 7.28(a) 所示；轴受转矩作用会产生扭转变形，用扭转角 φ 表示，如图 7.28(b) 所示。如果轴的刚度不够，变形过大，将会影响轴及轴上零件甚至整机的正常工作。例如，采用滑动轴承支承的轴，若其弯曲变形过大，会使滑动轴承产生边缘接触，从而加剧轴承的发热和磨损；安装齿轮的轴，若其变形过大，会使齿轮啮合时发生偏载；机床主轴变形过大，将降低工件的加工精度；轧钢机上安装轧辊的轴，若其弯曲变形过大，将影响轧制钢板厚度的均匀性。因此，对有刚度要求的轴，要进行弯曲刚度或扭转刚度的计算，限制轴的挠度 y，偏转角 θ 和扭转角 φ 的数值，其表达式为

$$\left. \begin{array}{l} y \le [y] \\ \theta \le [\theta] \\ \varphi \le [\varphi] \end{array} \right\} \tag{7.4}$$

式中，y、θ 和 φ 可按材料力学中的公式和方法进行计算，$[y]$、$[\theta]$ 和 $[\varphi]$ 的许用值可由表7.7 查取。

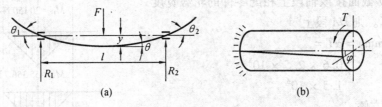

图 7.28　轴的弯曲变形和扭转变形

表 7.7　轴的许用挠度 $[y]$、许用偏转角 $[\theta]$ 和许用扭转角 $[\varphi]$

变形	应用场合	许用值
许用挠度 $[y]$ /mm	一般用途的轴	$(0.000\,3 \sim 0.000\,5)l$
	刚度要求较高的轴	$0.000\,2l$
	安装齿轮的轴	$(0.01 \sim 0.05)m_n$
	安装蜗轮的轴	$(0.02 \sim 0.05)m_t$
许用偏转角 $[\theta]$ /rad	滑动轴承	0.001
	向心球轴承	0.005
	向心球面球轴承	0.05
	圆柱滚子轴承	$0.002\,5$
	圆锥滚子轴承	$0.001\,6$
	安装齿轮处	$0.001 \sim 0.002$
许用扭转角 $[\varphi]$ /((°)·m^{-1})	一般传动	$0.5 \sim 1$
	较精密的传动	$0.25 \sim 0.5$
	精密传动	0.25

注：l——轴的跨距，mm；m_n——齿轮法面模数；m_t——蜗轮端面模数。

7.4.4 轴的振动概念

由于轴和轴上零件的材质分布不均以及制造、安装误差等因素的影响,使轴在旋转时产生不平衡的离心力。这种离心力将会使轴受到周期性载荷的作用,从而引起轴的振动。这种强迫振动的频率与轴的固有频率相同或接近时,将产生共振现象,它会影响机器的正常工作,严重时将破坏轴及整台机器。因此,对于高速旋转和受到周期性外载荷作用的轴,必须进行振动稳定性计算。具体计算可查阅有关文献资料。

7.5 轴毂连接

轴毂连接主要是实现轴与轴上零件周向固定,也有的连接如楔键连接、销连接可同时实现轴向固定。轴毂连接的主要形式有:销键连接、花键连接、销连接、过盈连接、胀紧连接和型面连接等。本章主要介绍键连接和花键连接。

7.5.1 键连接

键是一种标准零件,可以分为平键、半圆键、楔键、切向键等几大类。键连接常用来实现轴与轮毂间的周向固定并传递转矩,有些键连接还可以用于实现轴上零件的轴向固定(如楔键连接)或沿轴向滑动(如滑键连接)。

1. 平键连接

平键连接剖面如图7.29所示,键的侧面是工作面,键的上表面与轮毂键槽底部之间留有空隙。平键连接结构简单、装拆方便、对中性好,应用最广,适用于高精度、高速或承受变载、冲击的场合。平键可分为普通平键、导向平键和滑键等。

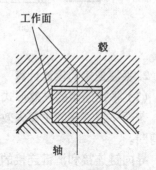

图 7.29 平键连接剖面图

(1)普通平键连接

普通平键连接常用做静连接,应用极为广泛。普通平键按型号分为 A、B、C 型三种,其结构分别如图7.30所示。A 型平键安装于指状铣刀铣出的键槽中;B 型平键安装于盘状铣刀铣出的键槽中,常需用螺钉紧固;C 型平键常用在轴端处。轮毂上的键槽可用插削或拉削方式加工。

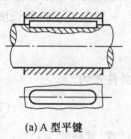

(a) A 型平键

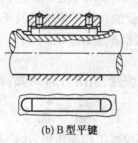

(b) B 型平键

(c) C 型平键

图 7.30 普通平键连接

（2）导向平键连接

导向平键结构如图 7.31 所示，用于轮毂需沿轴向移动的场合。导向平键较长，通常需用螺钉固定于键槽内，且在键的中部布置一个起键螺孔，以便于键的拆卸。导向平键属于动连接，轮毂与键的配合较松。

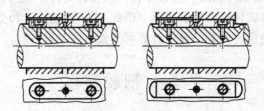

图 7.31　导向平键连接

（3）滑键连接

滑键连接结构如图 7.32 所示，键固定在轮毂上，随轮毂在轴的键槽中移动，用于滑移距离较长的动连接。

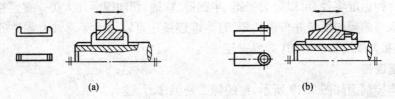

图 7.32　滑键连接

2. 平键连接的设计计算

（1）平键连接的失效形式

普通平键连接的主要失效形式是键与键槽工作面的压溃，当严重过载时也会发生键被剪断。

导向键连接和滑键连接的主要失效形式是键与键槽工作面的过量磨损。

（2）平键连接时键的材料及尺寸选择

按标准规定，键材料采用抗拉强度不低于 600 MPa 的钢材，通常为 45 钢；若轮毂采用低强度金属或非金属材料，键材料可采用 20、Q235 钢等。

平键的主要尺寸是键的截面尺寸 $b \times h$（图 7.33）及键长 L。截面尺寸根据轴径 d 由标准中查出（见《机械设计手册》）；键的长度可按轮毂的长度确定，一般略短于轮毂长度，并符合标准中规定的尺寸系列（见《机械设计手册》）。

（3）平键连接的强度校核

普通平键连接主要校核挤压强度，由图 7.34 可知，其强度条件式为

$$\sigma_{p} = \frac{F}{kl} = \frac{2T}{dkl} \approx \frac{4T}{dhl} \leqslant [\sigma_{p}] \tag{7.5}$$

导向键连接与滑键连接主要校核工作面压强，这是条件式计算，其公式为

$$p = \frac{F}{kl} = \frac{2T}{dkl} \approx \frac{4t}{dhl} \leqslant [p] \qquad (7.6)$$

式中 F——圆周力,N;

T——连接所传递的转矩,N·mm;

d——轴的直径,mm;

k——键与轮毂槽的接触高度,mm,$k \approx h/2$;

l——键的工作长度,mm。当用 A 型键时,$l = L - b$;

$[\sigma_p]$、$[p]$——键连接的许用挤压应力和许用压强,MPa,查表 7.8,并按连接中
材料力学性能较弱的零件选取。

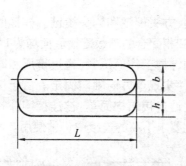

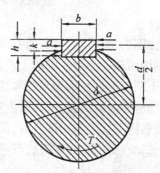

图 7.33 平键的尺寸　　　　图 7.34　平键连接受力情况

当平键连接强度不足时,可适当增加键长或采用双键(按 180° 对称布置)。双键连接时载荷分布不均匀,在强度计算中可按 1.5 个键计算。

表 7.8　键连接的许用挤压应力 $[\sigma_p]$ 和许用压强 $[p]$ 　　　　　　　　　　MPa

连接方式及许用值	键或毂、轴的材料	载 荷 性 质		
		静载(单向,变化小)	轻微冲击(经常起停)	冲击(双向载荷)
静连接 $[\sigma_p]$	钢	125 ~ 150	100 ~ 120	60 ~ 90
	铸铁	70 ~ 80	50 ~ 60	30 ~ 45
动连接 $[p]$	钢	50	40	30

注:① 动连接中有相对滑动,因限制工作面磨损,故许用值较低。

② 如与键有相对滑动的键槽经表面硬化处理,表中值可提高 2 ~ 3 倍。

3. 半圆键连接

半圆键连接如图 7.35 所示。键用圆钢切制或冲压后磨制而成,轴上键槽采用尺寸与半圆键相同的盘状铣刀加工。半圆键的侧面为工作面,键能在槽中绕其几何中心摆动。半圆键连接工艺性好,装配方便,尤其适用于锥形轴与轮毂的连接。但因轴上键槽较深,对轴的强度削弱较大,一般只用于轻载连接中。

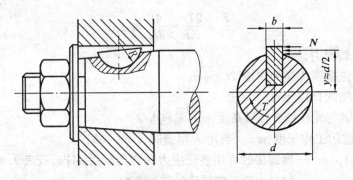

图 7.35　半圆键连接

4. 楔键连接

楔键连接如图 7.36 所示,分为圆头楔键、方头楔键和钩头楔键。楔键的上下两表面为工作面,两侧面为非工作面。键的上表面和相配合的轮毂键槽底面均为1∶100的斜度,装配后键的上下两工作面分别与轮毂和轴的键槽工作面压紧,通过挤压和摩擦传递转矩并可承受单方向的轴向载荷,还可对轴上零件实现单方向轴向固定。由于楔紧作用会产生装配偏心,使楔键连接定心精度降低,但楔键连接结构简单,被连接零件的轴向固定不必采用附加零件,故在低速、轻载及旋转精度要求不高的连接中仍常使用。

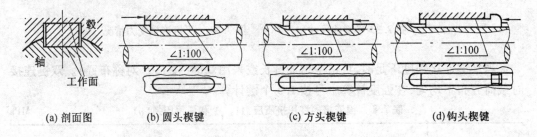

(a) 剖面图　　(b) 圆头楔键　　　　(c) 方头楔键　　　　(d)钩头楔键

图 7.36　楔键连接

楔键连接的主要失效形式是楔紧的工作面被压溃,强度计算时应校核各工作面的抗挤压强度。

【例 7.2】　某蜗轮与轴用普通平键连接,蜗轮轮毂材料为 HT250,轮毂宽度 $B = 100$ mm,轮毂孔直径 $d = 60$ mm,轴的材料为 45 钢。该连接传递转矩为 $T = 5.2 \times 10^5$ N·mm,工作中有轻微冲击。试确定此键连接的型号及尺寸。

解　(1)选键的型号和确定键的尺寸

选 A 型普通平键,键的材料为 45 钢。查《机械设计手册》,由 $d = 60$ mm 及 $B = 100$ mm,确定键的尺寸为:键宽 $b = 18$ mm,键高 $h = 11$ mm,键长为 $L = 90$ mm。

(2)校核键连接强度

轮毂材料为铸铁,由表7.8 查得许用挤压应力 $[\sigma_p] = 50 \sim 60$ MPa;A 型普通平键工作长度 $l/mm = L - b = 90 - 18 = 72$,

根据式(7.5) 得

$$\sigma_P/MPa = \frac{4T}{dhl} = \frac{4 \times 5.2 \times 10^5}{60 \times 11 \times 72} \approx 43.8 \leqslant [\sigma_p]$$

可知键连接的挤压强度足够。

故选键型号标记为:键 18 × 90GB/T 1096—2003。

7.5.2 花键连接

花键连接是通过轴和轮毂沿周向分布的多个键齿的互相啮合传递转矩,齿的侧面是工作面,可用于静连接或动连接。由于是多齿传递转矩,与平键连接相比,花键连接具有承载能力高,对轴削弱程度小(齿浅、应力集中小),定心好和导向性好等优点。因此,它适用于定心精度要求高、载荷大或经常滑移的连接。花键连接按其齿廓形状不同,可分为矩形花键连接(图 7.37(a))和渐开线花键连接(图 7.37(b))。

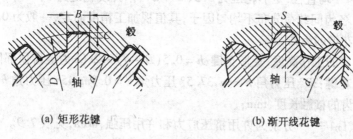

(a) 矩形花键   (b) 渐开线花键

图 7.37 花键连接剖面图

1. 矩形花键连接

矩形花键的加工常采用专门机床,如用花键铣床加工花键轴,用拉床加工花键孔,加工方便,还可用磨削方法获得较高的精度,广泛应用于各行业中等载荷下的连接。按齿数和齿高的不同规定,标准中矩形花键有轻、中两个系列,轻系列多用于轻载连接或固定连接,中系列多用于中等载荷静连接或空载下的连接,各系列尺寸可根据小径在标准或手册中查取。

矩形花键的定心方式为小径定心,定心精度高,稳定性好,能用磨削的方法消除热处理变形,定心直径尺寸公差和位置公差都能获得较高的精度。

2. 渐开线花键连接

渐开线花键端面两侧齿廓为渐开线,受载时齿上有径向分力,能起自动定心作用,使各齿受力均匀,强度高,寿命长。渐开线花键可以用制造齿轮的方法来加工,易获得较高的精度和互换性。常用于载荷较大,定心精度要求较高以及尺寸较大的连接。

与齿轮类似,渐开线花键的主要参数包括齿数、模数和压力角等。渐开线花键模数按标准系列取值,压力角有 30°、37.5° 和 45° 三种。渐开线花键与直齿轮相比分度圆压力角增大,齿顶高系数较小,花键不发生根切的最小齿数可以到 4 个齿。

3. 花键连接的强度计算

花键连接的设计和键连接的设计相似,首先选连接类型,查出标准尺寸,然后再作强度计算。花键连接的零件多用强度不低于 600 MPa 的钢制成,多数需热处理,特别是动连接的花键齿,应通过热处理获得足够的硬度以抗磨损。静连接的主要失效形式为齿面压溃,偶尔会发生齿根折断;动连接的主要失效形式是工作面的过度磨损。因此,一般只对花键连接进行挤压强度或耐磨性计算。

假设压力在齿侧接触面均匀分布,各齿压力的合力作用在平均直径 d_m 处。则强度条件为:

挤压强度条件

$$\sigma_p = \frac{2T}{Kzhd_m l} \leqslant [\sigma_p] \tag{7.7}$$

耐磨性条件

$$p = \frac{2T}{Kzhd_m l} \leqslant [p] \tag{7.8}$$

式中　　T—— 传递的转矩,N·mm;

d_m—— 平均直径,矩形花键为 $0.5(D + d)$,渐开线花键为 d,mm;

K—— 各齿间载荷分布不均匀因子,其值视加工精度而定,一般为 $0.7 \sim 0.8$;

z—— 花键的齿数;

h—— 键的工作高度,矩形花键:$h = 0.5(D - d) - 2c$(c 为键齿顶部倒角),渐开线花键:30° 压力角 $h = m$,37.5° 压力角 $h = 0.9m$,45° 压力角 $h = 0.8m$,mm;

l—— 齿的接触长度,mm;

$[\sigma_p]$、$[p]$—— 分别为许用挤压应力和许用压强,MPa,见表7.9。

表 7.9　花键连接的许用挤压应力 $[\sigma_p]$ 和许用压强 $[p]$　　　　MPa

连接工作方式	工作条件	$[\sigma_p]$ 或 $[p]$	
		齿面未经热处理	齿面经过热处理
静连接 $[\sigma_p]$	I	35 ~ 50	40 ~ 70
	II	60 ~ 100	100 ~ 140
	III	80 ~ 120	120 ~ 200
动连接 $[p]$（不在载荷下移动）	I	15 ~ 20	20 ~ 35
	II	20 ~ 30	30 ~ 60
	III	25 ~ 40	40 ~ 70
动连接 $[p]$（在载荷下移动）	I	—	2 ~ 10
	II	—	5 ~ 15
	III	—	10 ~ 20

注:I — 不良,系指受变载、有双向冲击、振动频率和振幅大、润滑不良、材料硬度不高和精度不高等情况;II — 中等;III — 良好。

思考题与习题

7-1　轴的作用是什么?

7-2　按受载情况分,轴有哪几种?各承受什么载荷和什么应力?试举例说明。

7-3　轴的常用材料有哪些?什么情况下选用合金钢?同一工作条件下,若不改变轴的结构和尺寸仅将轴的材料由碳素钢改为合金钢,为什么只提高了轴的强度而不能提高轴的刚度?

7-4　一般情况下,轴的设计为什么分三步进行?每一步解决什么问题?轴的设计特点是什么?

7-5　观察多级齿轮减速器,低速轴的直径比高速轴的直径大,为什么?

7-6　轴的结构设计应考虑哪些主要问题?

7-7　轴上零件的轴向固定的常用方法有哪些? 试以草图表示,并说明其适用场合。

7-8　轴的强度计算方法有哪几种? 各适用于何种情况?

7-9　按弯扭合成强度条件校核轴时,为什么要计入折合系数 α? 其值应如何确定?

7-10　试述作轴的计算简图时要做哪些简化?

7-11　提高轴疲劳强度的措施有哪些?

7-12　轴毂连接有哪些类型?

7-13　键连接有哪些类型? 平键连接与楔键连接在结构和使用性能上有什么不同?

7-14　如何选择普通平键的尺寸 $b \times h \times L$? 普通平键连接中轴及轮毂上的键槽是如何加工的?

7-15　平键连接的失效形式是什么? 如何进行强度校核?

7-16　花键连接有何特点? 适用于什么场合?

7-17　有一台离心式水泵,由电动机带动,传递的功率 $P = 3$ kW,轴的转速 $n = 960$ r/min,轴的材料为 45 钢。试按强度要求计算轴所需的最小直径。

7-18　已知一转轴在某直径为 $d = 80$ mm 处受弯矩 $M = 7\ 000$ N·mm 和转矩 $T = 15\ 000$ N·mm 的作用,轴的材料为 40Cr 调质处理,问该轴能否满足强度要求。

7-19　设计一级直齿轮减速器的输出轴。已知传动功率为 2.7 kW,转速为 100 r/min,大齿轮分度圆直径为 300 mm,齿宽为 85 mm,载荷平稳。

7-20　某带轮与轴拟采用普通平键连接。已知,传递转矩 $T = 7.8 \times 10^5$ N·mm,轴径 $d = 58$ mm,轮毂宽度 $B = 70$ mm,轴的材料为 45 钢,带轮材料为 HT250,试选定平键尺寸,并进行强度校核,若强度不足,应采取什么措施?

第 8 章

联轴器和离合器

联轴器和离合器都是用来连接两轴使其一同回转并传递运动和动力的常用部件。联轴器与离合器的主要区别在于：联轴器必须在机器停车后，经过装拆才能使被连接两轴结合或分离；而离合器通常可使工作中的两轴随时实现结合或分离。联轴器和离合器的类型很多，其中常用的联轴器和离合器已经标准化。在机械设计中选用联轴器和离合器，即选择出合适的类型及需要的型号和尺寸，必要时对少数关键零件作校核计算。

联轴器和离合器的种类很多，本章仅介绍几种有代表性的结构。

8.1 联 轴 器

常用联轴器的分类见表8.1。

表 8.1 常用联轴器的分类

刚性联轴器			挠 性 联 轴 器						
			无弹性元件挠性联轴器			有弹性元件挠性联轴器			
套筒联轴器	夹壳联轴器	凸缘联轴器	十字滑块联轴器	齿式联轴器	万向联轴器	弹性套柱销联轴器	弹性柱销联轴器	轮胎联轴器	膜片联轴器
无位移补偿能力，无缓冲作用			有位移补偿能力，但无缓冲作用			既有位移补偿能力，又有缓冲作用			

8.1.1　刚性联轴器

1. 套筒联轴器

套筒联轴器由套筒、键、紧定螺钉或销钉等组成（图 8.1）。套筒将被连接的两轴连成一体；键连接实现套筒与轴的周向固定并传递转矩；紧定螺钉或销钉被用做套筒与轴的轴向固定（销钉可同时起套筒与轴的周向固定作用）。该联轴器结构简单、径向尺寸小，故常用于要求径向尺寸紧凑或空间受限制的场合。它的缺点是装拆时轴需作轴向移动。

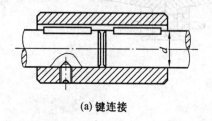 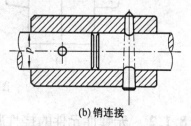

(a) 键连接　　　　　　　　　　　(b) 销连接

图 8.1　套筒联轴器

2. 夹壳联轴器

夹壳联轴器由纵向剖分的两个半联轴器、螺栓和键组成（图 8.2）。由于夹壳外形相对复杂，故常用铸铁铸造成形。它的特点是径向尺寸比套筒联轴器大，但装拆方便，克服了套筒联轴器装拆需轴向移动的不足，但由于其转动平稳性较差，故常用于低速。

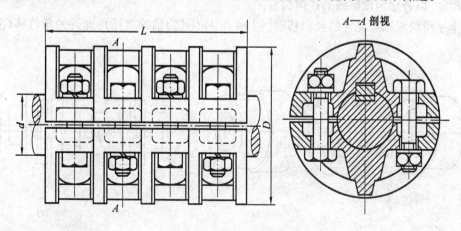

图 8.2　夹壳联轴器

3. 凸缘联轴器

凸缘联轴器是把两个带有凸缘的半联轴器用键分别与两轴连接，然后用螺栓把两个半联轴器联成一体，以传递运动和转矩（图 8.3）。螺栓可以用半精制的普通螺栓（图 8.3(a)），亦可以用铰制孔用螺栓（图 8.3(b)）。采用普通螺栓连接时，联轴器用一个半联轴器上的凸肩与另一个半联轴器上的凹槽相配合而对中，转矩靠半联轴器接合面间的摩擦力矩来传递。采用铰制孔用螺栓连接时，靠铰制孔用螺栓来实现两轴对中，靠螺栓杆承受剪切及螺栓杆及孔壁受挤压来传递转矩。

由于凸缘联轴器对所连接两轴间的位移缺乏补偿能力，故对两轴对中性的要求很高。但由于其结构简单、成本低、传递转矩大,因此在刚性联轴器中应用最广。

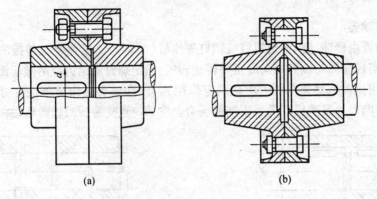

(a)   (b)

图 8.3 凸缘联轴器

8.1.2 无弹性元件的挠性联轴器

1.十字滑块联轴器

十字滑块联轴器是由两个在端面开有凹槽的半联轴器 1、3 和一个两面都有凸榫的十字滑块 2 组成(图 8.4),凹槽的中心线分别通过两轴的中心,两凸榫中线互相垂直并通过滑块的中心。如两轴轴线有径向位移,当轴回转时,滑块上的两凸榫可在两半联轴器的凹槽中滑动,以补偿两轴轴线的径向位移。

十字滑块联轴器允许的径向移动 $[y] \leq 0.04d$(d 为轴的直径),允许的角位移 $[\alpha] \leq 30'$。

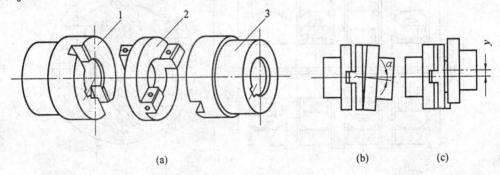

(a)   (b)   (c)

图 8.4 十字滑块联轴器

由于滑块和凹槽间的相对滑动会产生摩擦和磨损,因此工作时应采取润滑措施。

由于当轴转速较高时十字滑块的偏心会产生较大的离心力,因此十字滑块联轴器常用于低速。十字滑块联轴器的优点是径向尺寸小、结构简单。

2.齿式联轴器

齿式联轴器由两个具有外齿的半联轴器和两个用螺栓连接起来的具有内齿的外壳组成(图 8.5)。由于外齿轮的齿顶制成球面(球面中心位于轴线上),齿侧又制成鼓形,且齿侧间隙较大,所以,这种联轴器允许两轴发生综合位移。一般,允许的径向位移 $[y] = 0.3 \sim 0.4$ mm,允许轴向位移 $[x] = 4 \sim 20$ mm,允许角位移 $[\alpha] = 1°15'$。

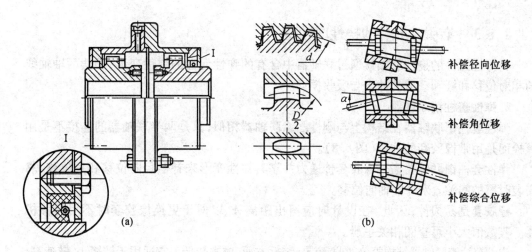

图 8.5 齿式联轴器

工作时齿面间产生相对滑动,为减少摩擦和磨损,在外壳内贮有润滑油对齿面进行润滑,用唇形密封圈密封。

齿式联轴器有较多的齿同时工作,因而传递转矩大。其外形尺寸紧凑、工作可靠,但结构复杂、成本高,常用于低速的重型机械中。

3. 万向联轴器

万向联轴器由两个叉形零件和一个十字形零件组成(图 8.6)。十字形零件的四端分别用铰链与两个叉形零件相连接。因此,当一轴固定时,另一轴可以在任意方向偏斜 α 角,角位移最大可达 45°。

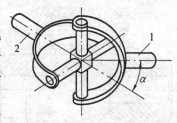

图 8.6 万向联轴器示意图

这种联轴器,当主动轴以等角速度 ω_1 回转时,从动轴的角速度 ω_2 将在一定范围($\omega_1\cos\alpha \leq \omega_2 \leq \omega_1/\cos\alpha$)内作周期性的变化,从而引起动载荷。

为消除从动轴的速度波动,通常将万向联轴器成对使用,并使中间轴的两个叉子位于同一平面上,同时,还应使主、从动轴的轴线与中间轴的轴线间的偏斜角 α 相等,即 $\alpha_1 = \alpha_2$(图 8.7),从而主、从动轴的角速度相等。应指出,中间轴的角速度仍旧是不均匀的,所以转速不宜太高。

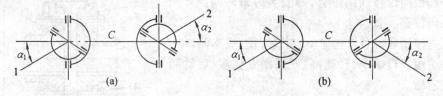

图 8.7 双万向联轴器

万向联轴器广泛应用于汽车、机床等机械中。

8.1.3 有弹性元件的挠性联轴器

有弹性元件的挠性联轴器通过联轴器中含有的弹性元性的弹性变形,补偿两轴轴线的相对位移和缓和载荷的冲击与吸收振动。

1. 弹性套柱销联轴器

弹性套柱销联轴器在结构上与刚性凸缘联轴器相似,只是两半联轴器的连接不是用螺栓而是用带橡胶套的柱销(图8.8)。

弹性套柱销联轴器通过橡胶套传递力并靠其弹性变形来补偿径向位移和角位移,靠安装时留的间隙 c 来补偿轴向位移。

橡胶套是易损件,因此,在设计时应留出距离 A,以便于更换橡胶套时不用拆移机器。其数值大小可查阅相关手册。

弹性套柱销联轴器结构简单、制造容易、装拆方便、成本较低。它适用于转矩小、转速高、频繁启动或正反转、需要缓和冲击振动的地方。弹性套柱销联轴器在高速轴上应用十分广泛。

2. 弹性柱销联轴器

弹性柱销联轴器在结构上和刚性凸缘联轴器很相似,它用尼龙柱销代替连接螺栓(图8.9)。为了防止柱销滑出,在联轴器两端设有挡圈。

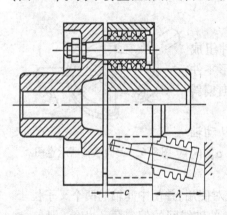

图8.8 弹性套柱销联轴器

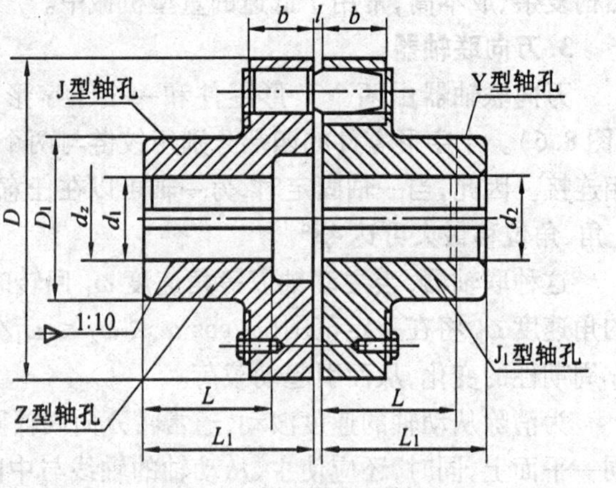

图8.9 弹性柱销联轴器

弹性柱销联轴器靠尼龙柱销传递力并靠其弹性变形来补偿径向位移和角位移,靠安装时留的间隙 c 来补偿轴向位移。

尼龙柱销联轴器结构简单、制造方便、成本低。

它适用于转矩小、转速高、正反向变化多、启动频繁的高速轴。

3. 轮胎式联轴器

轮胎式联轴器的结构如图8.10所示。两半联轴器3分别用键与轴相连,1为橡胶制成的特型轮胎,用压板2及螺钉4把轮胎1紧压在左右两半联轴器上,通

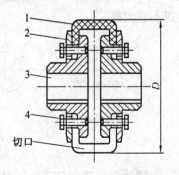

图8.10 轮胎式联轴器

过轮胎来传递转矩。为了便于安装,在轮胎上开有切口。

由于橡胶轮胎易于变形,因此,允许的相对位移较大,角位移可达5°～12°,轴向位移可达0.02D,径向位移可达0.01D,其中 D 为联轴器的外径,mm。

轮胎式联轴器的结构简单、使用可靠、弹性大、寿命长、不需润滑,但径向尺寸大。这种联轴器可用于潮湿多尘,启动频繁之处。

8.1.4　联轴器的设计选用

在设计时,先根据工作条件和要求选择合适的类型,然后按轴的直径 d、转速 n 和计算转矩 T_c 从标准中选择所需要的型号和尺寸。必要时对少数关键零件作校核计算。

1.选择联轴器的类型

选择联轴器类型时,应考虑以下诸因素:

(1)联轴器传递载荷的大小,性质及对缓冲减振功能的要求

一般载荷平稳,传递转矩大,转速稳定,被连接两轴同轴度好,无相对位移的场合,选用刚性联轴器,如大功率的轴流泵、水轮泵,对中好的可选用凸缘联轴器。而载荷变化较大,要求缓冲减振或被连接两轴同轴度不易保证时,则应选用有弹性元件的挠性联轴器,如一般中、小功率的压缩机、球磨机及中、小型泵,常选用弹性柱销联轴器、弹性杆联轴器和弹性套柱销联轴器等。

(2)联轴器工作转速的高低与正反转变化的要求

一般高速运转的轴应选用动平衡精度较高的联轴器,如高速透平压缩机可采用齿式联轴器。一般电动机轴与减速器轴的连接应选用有弹性元件的挠性联轴器,如弹性柱销联轴器。而正反转变化多,启动频繁,且有较大冲击载荷及安装时两轴不易对中的场合,应选用无弹性元件的挠性联轴器(如点式联轴器)或有弹性元件的挠性联轴器(如弹性柱销联轴器和轮胎联轴器等)。

(3)联轴器连接两轴相对位移的大小和方向

当安装调整后难以保证两轴精确对中或工作过程中有较大位移量的两轴连接时,应选用有弹性元件的挠性联轴器。当角位移较大或相交两轴连接时,可选用万向联轴器,如汽车传动轴与变速箱及后桥的连接;当径向位移较大时,可选用滑动联轴器,如带式运输机上卷筒轴与减速器输出轴间的连接。

(4)联轴器的工作环境

对高温、低温,有油、酸、碱介质的工作环境,不宜选用含有橡胶等非金属元件的挠性联轴器,因为非金属材料对工作环境比较敏感,且易老化,因此,应选用含有金属弹性元件的挠性联轴器,如膜片联轴器。

2.计算联轴器的计算转矩

计算转矩

$$T_c = KT \tag{8.1}$$

式中　T——轴的名义转矩,N·mm;

　　　K——载荷系数,见表8.2。

表8.2 载荷系数 K

机器名称		K	机器名称	K
机床		1.25 ~ 2.5	往复式压气机	2.25 ~ 3.5
离心水泵		2 ~ 3	胶带或链板运输机	1.5 ~ 2
鼓风机、搅拌机		1.25 ~ 2	吊车、升降机、电梯	3 ~ 5
往复泵	单行程	2.5 ~ 3.5	发电机	1 ~ 2
	双行程	1.75		

注:①刚性联轴器取较大值,弹性联轴器取较小值,摩擦离合器取中间值。
　　②当原动机为活塞式发动机时,将表内 K 值增大20% ~ 40%。

3.确定联轴器的型号

选择出合适的联轴器类型后,即可根据轴的直径 d、计算转矩 T_c 和轴的转速 n,参考机械设计手册或联轴器样本,确定联轴器的型号和结构尺寸。所确定的联轴器型号,应保证:

① 联轴器的计算转矩 $T_c \leqslant$ 该型号联轴器的许用转矩 $[T_n]$;

② 轴的转速 $n \leqslant$ 该型号联轴器允许的许用转速 $[n]$;

③ 联轴器孔径范围与所连接的两根轴直径要相符,并且要适宜于被连接两轴端部的形状,如圆柱形、圆锥形等。通常,每一型号联轴器适用的轴的直径均有一个范围,被连接的两根轴的直径应在此范围内。

4.对联轴器的关键零件的校核计算

如键连接的强度计算、十字滑块的耐磨性计算等。如果校核计算表明不满足要求,则需修改尺寸或重选型号。

【例8.1】 一台搅拌机的传动装置,其电动机与减速器间用联轴器连接。已知电动机型号为 Y132M2 - 6,功率 $P = 5.5$ kW,转速 $n = 960$ r/min,电动机轴的直径 $d_1 = 38$ mm,减速器高速轴伸出端的直径 $d_2 = 32$ mm。工作时需正、反转,试选择联轴器的类型和型号。

解 (1)选择联轴器的类型
由于转速较高,工作时有正、反转,故选用弹性柱销联轴器。
(2)计算联轴器的计算转矩 T_c。

$$名义转矩\ T/(\text{N} \cdot \text{m}) = 9\,550\,\frac{P}{n} = 9\,550 \times \frac{5.5}{960} \approx 54.71$$

由表8.2查得 $K = 1.7$,则计算转矩为

$$T_c/(\text{N} \cdot \text{m}) = KT = 1.7 \times 54.71 \approx 93.01$$

(3)确定联轴器的型号和尺寸
由《机械设计手册》查 GB/T 5014—2003,选用 LX3 型弹性柱销联轴器,其公称转矩 $T_n = 1\,250$ N·m $> T_c$,许用转速 $[n] = 4\,750$ r/min $> n$,轴孔直径范围为 30 ~ 48 mm,其中有 32 mm 和 38 mm,完全满足使用要求。

8.2 离 合 器

离合器应满足的基本要求:接合与分离迅速可靠;接合平稳,操作方便省力;调节维修

方便;尺寸小、质量轻、耐磨性好、散热好等。其分类见表8.3。

表 8.3　离合器的分类

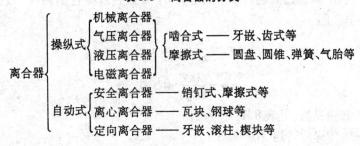

8.2.1　操纵式离合器

1. 牙嵌离合器

牙嵌离合器主要由端面带齿的两个半离合器组成(图8.11),通过齿面接触来传递转矩。半离合1固定在主动轴上,可动的半离合器2装在从动轴上,操纵滑环4可使它沿着导向平键3移动,以实现离合器的结合与分离。在固定的半离合器中装有对中环5,即使离合器脱开,从动轴端也可在对中环中自由转动,以保持两轴对中。

牙嵌离合器的牙形有三角形、梯形、锯齿形等(图8.12)。三角形牙的齿顶尖、强度低、易损坏,用于传递小转矩的低速离合器。梯形牙的强度高,能传递较大的转矩,且齿面磨损后能自动补偿间隙,应用较广。锯齿形牙强度最高,但只能单向工作,因另一牙面有较大倾斜角,工作时产生较大轴向力迫使离合器分离。

离合器牙数一般取3 ~ 60个。要求传递转矩大时,应取较少牙数;要求接合时间短时,应取较多牙数。但牙数越多,载荷分布越不均匀。

为提高齿面耐磨性,牙嵌离合器的齿面应具有较大的硬度。牙嵌离合器的材料通常采用低碳钢(渗碳淬火处理)或中碳钢(表面淬火处理),对不重要和静止时离合的牙嵌离合器也可采用铸铁。

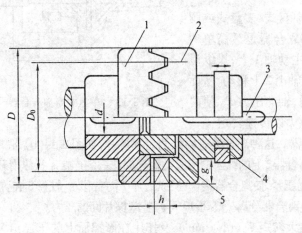

图 8.11　牙嵌离合器

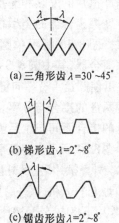

(a) 三角形齿 $\lambda = 30° \sim 45°$

(b) 梯形齿 $\lambda = 2° \sim 8°$

(c) 锯齿形齿 $\lambda = 2° \sim 8°$

图 8.12　牙嵌离合器的牙形

牙嵌离合器的承载能力主要取决于齿根弯曲强度,对于频繁离合的牙嵌离合器,将产生齿面磨损。因此,常通过限制齿根弯曲应力 σ_b 来控制齿根弯曲强度,通过限制齿面压强 p 来控制磨损。即

$$\sigma_b = \frac{KTh}{zD_0W} \leq [\sigma]_b \tag{8.2}$$

$$p = \frac{2KT}{zD_0A} \leq [p] \tag{8.3}$$

式中　K——载荷系数,见表 8.1;

　　　T——轴传递的转矩,N·mm;

　　　z——齿数;

　　　D_0——平均直径,mm;

　　　h——齿高,mm;

　　　W——齿根处抗弯剖面模量,mm³;

　　　A——每个牙的有效挤压面积,对梯形和矩形牙,$A = bh$,b 为牙宽,h 为牙的工作高度。

对于表面淬硬的钢制牙嵌离合器,当停车离合器时:$[\sigma]_b = \dfrac{\sigma_s}{1.5}$ MPa,$[p] = 90 \sim$

120 MPa;当低速运转离合时:$[\sigma]_b = \dfrac{\sigma_s}{3}$ MPa,$[p] = 50 \sim 70$ MPa。

牙嵌离合器结构简单、尺寸小,工作时无滑动,因此应用广泛。但它只适宜在两轴不回转或转速差很小时进行离合,否是会因撞击而断齿。

2. 摩擦离合器

摩擦离合器可以在不停车或主、从动轴转速差较大的情况下进行接合与分离,并且较为平稳,但在接合与分离过程中,两摩擦盘间必然存在相对滑动,引来摩擦片的发热和磨损。

摩擦离合器的类型很多,有单盘式、多盘式或圆锥式。图 8.13 所示单圆盘摩擦离合器是最简单的摩擦离合器,其中圆盘 3 固定在主动轴 1 上,操纵滑环 5 可使圆盘 4 沿导向键在从动轴上 2 上移动,从而实现两盘的接合与分离。接合时,轴向压力 F_Q 使两圆盘的接合面间产生足够的摩擦力以传递转矩。

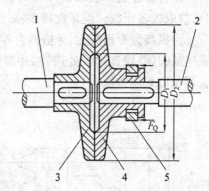

图 8.13　单盘式摩擦离合器

图 8.14 所示为多盘摩擦离合器。这种离合器有内外两组摩擦片,如图 8.14(b)、8.14(c) 所示。外摩擦片 5 上的外齿与半离合器 2 上的纵向槽形成类似导向花键的连接。操纵滑环 7 向左移动,杠杆 8 将内、外摩擦片相互压紧,使离合器接合;操纵滑环 7 向右移时,杠杆 8 在弹簧片 9 的作用下将内、外摩擦片松开,使离合器分离。螺母 10 可调整摩擦片间的压力。

圆盘摩擦离合器所传递的最大转矩 T_{max}(N·mm) 及作用在摩擦面上的压强 p(MPa) 分别为

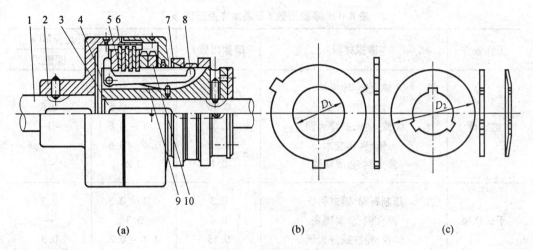

(a)　　　　　　　　　　(b)　　　　　　　　　　(c)

图 8.14　多盘摩擦离合器

$$T_{\max} = zfF_Q \frac{D_1 + D_2}{4} \geqslant KT \tag{8.4}$$

$$p = \frac{4F_Q}{\pi(D_2^2 - D_1^2)} \leqslant [p] \tag{8.5}$$

式中　　D_1、D_2——摩擦片接合面的内外直径,mm;

　　　　z——接合面的数目;

　　　　F_Q——轴向力,N;

　　　　f——摩擦因数,见表 8.4;

　　　　$[p_0]$——基本许用压强,MPa,见表 8.4;

　　　　$[p]$——许用压强,MPa;

$$[p] = K_v K_z K_n [p_0]$$

其中　　K_v——平均圆周速度系数,见表 8.5;

　　　　K_z——主动摩擦片系数,见表 8.5;

　　　　K_n——每小时接合次数系数,见表 8.5。

　　设计时,先根据工作条件选择摩擦面材料,根据结构要求初步定出接合面的直径 D_1 和 D_2。对于在油中工作的离合器,$D_1 = (1.5 \sim 2)d$,$D_2 = (1.5 \sim 2)D_1$;对于在干式摩擦下工作的离合器,$D_1 = (2 \sim 3)d$,$D_2 = (1.5 \sim 2.5)D_1$,d 为轴径。然后由式(8.5)求出轴向压力 F_Q,由式(8.4)求出所需的摩擦接合面的数目。为保证离合器分离的灵活性,摩擦接合面数目不应过多,一般 $z \leqslant 25 \sim 30$。

　　图 8.15 为圆锥式摩擦离合器。与单圆盘摩擦离合器相比较,由于锥形结构的存在,使圆锥式摩擦离合器可以在同样外径尺寸和同样轴向压力 F_Q 的情况下产生较大的摩擦力,从而传递较大的转矩。

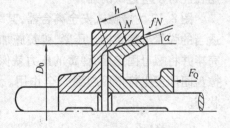

图 8.15　圆锥式摩擦离合器

表8.4 摩擦因数 f 及基本许用压强 $[p_0]$

工作条件	摩擦材料	摩擦因数 f	基本许用压强 $[p_0]$/MPa	
			圆盘式	圆锥式
油润滑	淬火钢-淬火钢	0.06	0.6 ~ 0.8	—
	淬火钢-青铜	0.08	0.4 ~ 0.5	0.6
	铸铁-铸铁或淬火钢	0.08	0.6 ~ 0.8	1
	钢-夹布胶木	0.12	0.4 ~ 0.6	—
	淬火钢-金属陶瓷	0.1	0.8	—
干式摩擦	压制石棉-钢或铸铁	0.3	0.2 ~ 0.3	0.3
	淬火钢-金属陶瓷	0.4	0.3	—
	铸铁-铸铁或淬火钢	0.15	0.2 ~ 0.3	0.3

表8.5 系数 K_v、K_z、K_n 值

平均圆周速度/$(m \cdot s^{-1})$	1	2	2.5	3	4	6	8	10	15
K_v	1.35	1.08	1	0.94	0.86	0.75	0.68	0.63	0.55
主动摩擦片数	3	4	5	6	7	8	9	10	11
K_z	1	0.97	0.94	0.91	0.88	0.85	0.82	0.79	0.76
每小时接合次数	90	120	180	240	300	≥ 360			
K_n	1	0.95	0.80	0.70	0.60	0.50			

8.2.2 自动离合器

自动离合器是一种能根据机器运动或动力参数(转矩、转速、转向等)的变化而自动完成接合和分离动作的离合器,常用的有安全离合器、离心离合器和定向离合器。

1. 安全离合器

安全离合器的种类很多,它们的作用是当转矩超过允许数值时能自动分离。图8.16所示为销钉式安全离合器。这种离合器的结构类似于刚性凸缘联轴器,但不用螺栓,而用钢制销钉连接。过载时,销钉被剪断。销钉的尺寸 d_0 由强度决定。为了加强剪断销钉的效果,常在销钉中紧配一硬质的钢套。因更换销钉既费时又不方便,因此这种离合器不宜用在经常发生过载的地方。

图8.17 为摩擦式安全离合器,其结构类似多盘摩擦离合器,但不用操纵机构,而是用适当的弹簧1将摩擦盘压紧,弹簧施加的轴向压力 F_Q 的大小可由螺母2进行调节。调节完毕并将螺母固定后,弹簧的压力就保持不变了。当工作转矩超过要限制的最大转矩,摩擦盘间即发生打滑而起到安全作用。当转矩降低到某一值时,离合器又自动恢复接合状态。

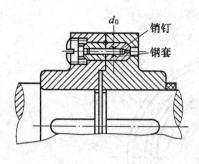

图 8.16 销钉式安全离合器

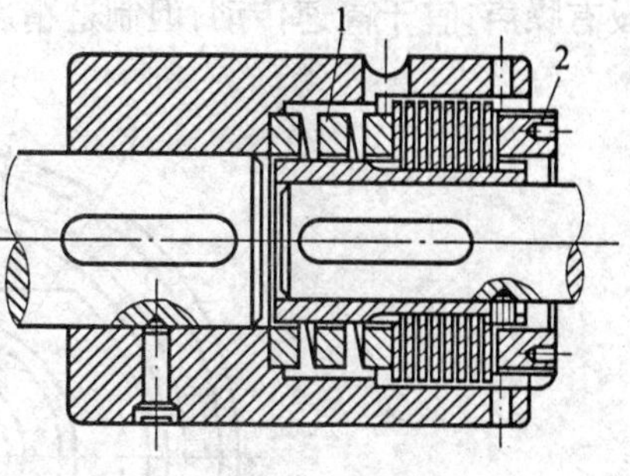

图 8.17 摩擦式安全离合器

2. 离心离合器

离心离合器的特点是当主动轴的转速达到某一定值时能自动接合或分离。

瓦块式离心离合器的工作原理如图 8.18 所示。在静止状态下,弹簧力 F_s 使瓦块 m 受拉,从而使离合器分离(图 8.18(a)),或弹簧力 F_s 使瓦块 m 受压,从而使离合器接合(图 8.18(b)),前者称为开式,后者称为闭式,当主动轴达到一定转速时,离心力 F_c > 弹簧力 F_s,而使离合器相应地接合或分离,调整弹簧力 F_s,可以控制需要接合或分离的转速。

开式离合器主要用做启动装置,如在启动频繁时,机器中采用这种离合器,可使电动机在运转稳定后才接入负载,而避免电机过热或防止传动机构受载过大。闭式离合器主要用做安全装置,当机器转速过高时起安全保护作用。

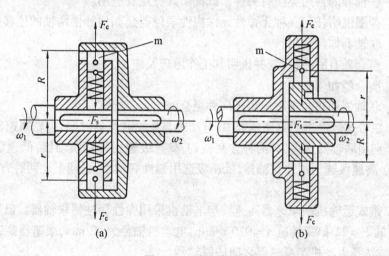

(a)   (b)

图 8.18 离心离合器

3. 定向离合器

定向离合器的特点是只能按一个转向传递转矩,反向时自动分离。图 8.19 为一种应用广泛的滚柱式定向离合器。它是由星轮 1、外圈 2、滚柱 3 和弹簧顶杆 4 等组成。滚柱被弹簧顶杆以大的推力向前推进而处于半楔紧状态,当星轮为主动轴作如图 8.19 所示的顺时针方向转动时,滚柱被楔紧在星轮和外圈之间的楔形槽内,因而外圈将随星轮一起旋转,离合器处于接合状态。但当星轮逆向作反时针方向转动时,滚柱被推向楔形槽的宽敞部分,不再楔紧在槽内,外圈就不随星轮一起旋转,离合器处于分离状态。这种离合器工作时没有噪声,宜于高速传动,但制造精度要求较高。

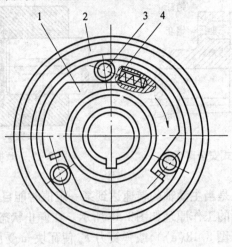

图 8.19 定向离心器
1— 星轮;2— 外圈;3— 滚柱;4— 弹簧顶杆

思考题与习题

8-1 联轴器的常用类型有哪些? 试说明其特点及应用。

8-2 画图说明任何一种无弹性元件挠性联轴器是如何补偿两轴的位移的。

8-3 联轴器如何选用?

8-4 离合器有哪些种类,并说明其工作原理及应用。

8-5 离合器如何选用?

8-6 联轴器和离合器各应用于何种场合?

8-7 在带式运输机的驱动装置中,电动机与齿轮减速器之间、齿轮减速器与带式运输机之间分别用联轴器连接,有两种方案:(1) 高速级选用弹性联轴器,低速级选用刚性联轴器;(2) 高速级选用刚性联轴器,低速级选用弹性联轴器;试问上述两种方案哪个好,为什么?

8-8 带式运输机中减速器高速轴与电动机采用弹性套柱销联轴器。已知 Y160L-6 型电动机的 $P = 11$ kW,转速 $n = 970$ r/min,电动机轴径为 42 mm,减速器高速轴的直径为 35 mm,试选择电动机与减速器之间的联轴器。

第9章

滚动轴承

9.1 滚动轴承的概述

9.1.1 滚动轴承的构造

如图9.1所示,滚动轴承一般由外圈1、内圈2、滚动体3和保持架4组成。滚动体是滚动轴承中的核心元件,由于它的存在,相对运动表面间才为滚动摩擦。滚动体在内、外圈滚道上滚动,内圈装在轴上,外圈装在轴承座孔中。保持架使滚动体均匀地分布在轴承中。滚动体的种类有球、圆柱滚子、圆锥滚子、滚针等(图9.2)。

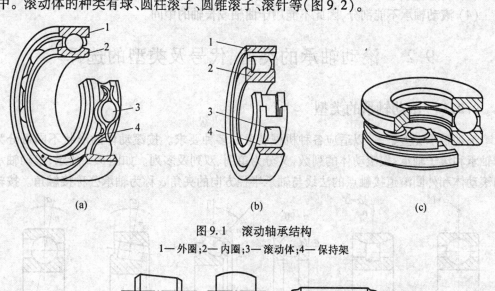

(a)   (b)   (c)

图9.1 滚动轴承结构
1—外圈;2—内圈;3—滚动体;4—保持架

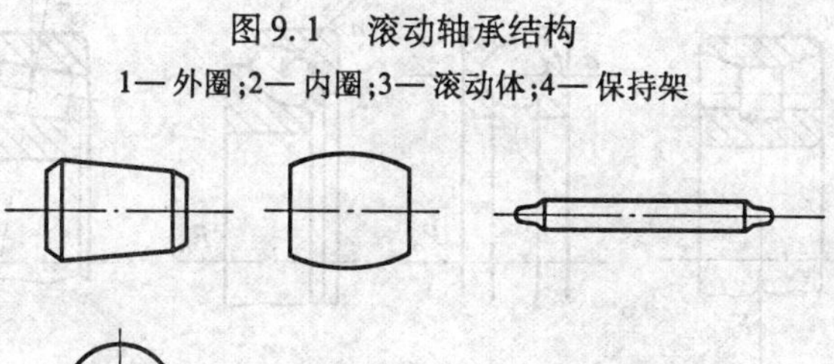

图9.2 滚动体种类

9.1.2　滚动轴承的材料

工作时在滚动体及内、外圈滚道接触处作用有接触应力。为使滚动轴承具有一定的承载能力和使用寿命,通常滚动体和内外圈采用强度高、耐磨性好、含铬的滚动轴承钢,如GCr15、GCr15SiMn等制造,此种材料经渗碳淬火处理硬度不低于 $61 \sim 25$ HRC,工作表面要求磨削和抛光,可以达到很高的精度。而保持架的材料要求具有良好的减磨性,实体保持架多用铜合金、铝合金或塑性材料制造,冲压保持架一般用低碳钢板制造。

9.1.3　滚动轴承的特点

与滑动轴承相比,滚动轴承有下列优点:

(1)摩擦因数小,启动灵敏,运转过程中功率损耗小,效率高。

(2)滚动轴承已标准化并由轴承厂大批量生产,制造成本低,且易于更换,使用和维护方便。

(3)通过预紧可提高支承刚度和旋转精度。

(4)对于同一尺寸的轴径,滚动轴承的宽度较小,可使机器的轴向尺寸紧凑。

滚动轴承的缺点有:

(1)承受冲击载荷的能力较差。

(2)高速运转时振动及"噪声"大。

(3)高速重载下工作寿命较短。

(4)滚动轴承不能剖分,因此不能用于曲轴或长轴的中间。

9.2　滚动轴承的类型、代号及类型的选择

9.2.1　滚动轴承的类型

滚动轴承类型繁多,以适应各种机械装置的多种要求。按滚动体的形状不同可分为球轴承和滚子轴承;按滚动体的列数,又分为单列、双列及多列。如图 9.3 所示,滚动轴承的滚动体和外圈滚道接触点的法线与轴承半径方向的夹角 α 称为轴承公称接触角。按轴

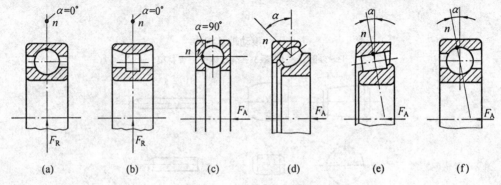

(a)　　　　(b)　　　　(c)　　　　(d)　　　　(e)　　　　(f)

图 9.3　滚动轴承接触角

承所承受的载荷的方向或公称接触角 α 的不同,滚动轴承可分为向心轴承和推力轴承。

1. 向心轴承

向心轴承主要用于承受径向载荷, $0° \leq \alpha \leq 45°$。向心轴承又分为:

(1) 径向接触轴承($\alpha = 0°$,图 9.3(a) 、(b))。

(2) 向心角接触轴承($0° < \alpha \leq 45°$,图 9.3(e) 、(f))。

2. 推力轴承

推力轴承主要用于承受轴向载荷, $45° < \alpha \leq 90°$。推力轴承又可分为:

(1) 轴向接触轴承($\alpha = 90°$,图 9.3(c))。

(2) 推力角接触轴承($45° < \alpha < 90°$,图 9.3(d))。

在国家标准 GB/T 272—1993 中,滚动轴承是按轴承所承受的载荷的方向及结构的不同进行分类的。常用的滚动轴承类型及特性见表 9.1。

表 9.1　滚动轴承的主要类型和特性

轴承名称 类型代号	结构简图与承载方向	极限转速	允许偏转角	主要特性和应用	价格比
调心球轴承 1	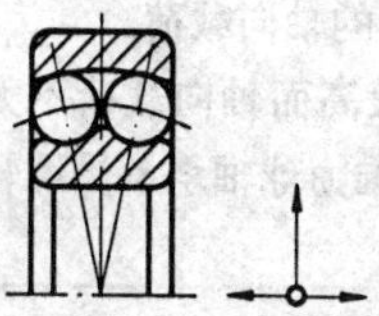	中	2°～3°	主要承受径向载荷,同时也能承受少量的轴向载荷 　因为外圈滚道表面是以轴承中点为中心的球面,故能调心 　允许偏转角为在保证轴承正常工作条件下内、外圈轴线间的最大夹角	1.8
调心滚子轴承 2	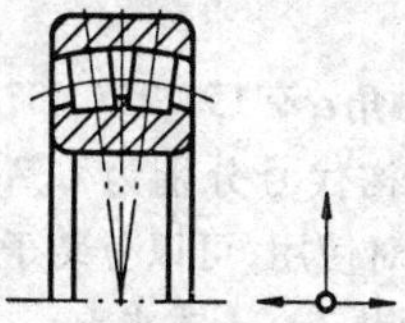	低	0.5°～2°	能承受很大的径向载荷和少量轴向载荷,承载能力较大 　滚动体为鼓形,外圈滚道为球面,因而具有调心性能	4.4
推力调心滚子轴承 2	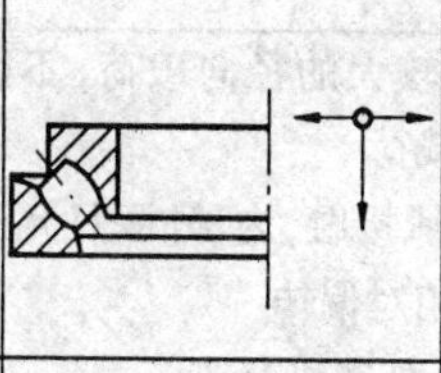	低	2°～3°	能同时承受较大的轴向载荷和不大的径向载荷 　滚子呈腰鼓形,外圈滚道是球面,故能调心	
圆锥滚子轴承 3	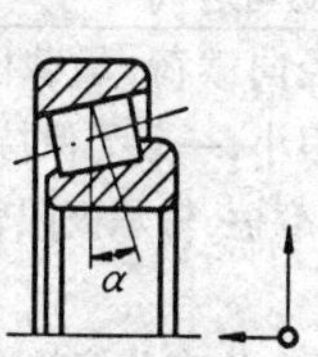	中	2′	能同时承受较大的径向、轴向联合载荷,因为是线接触,承载能力大于"7"类轴承 　内、外圈可分离,装拆方便,成对使用	1.7

续表9.1

轴承名称 类型代号	结构简图与承载方向	极限 转速	允许偏 转角	主要特性和应用	价格比
推力球 轴承 5	(a) 单列 (b) 双列	低	不允许	只能承受轴向载荷,而且载荷作用线必须与轴线相重合,不允许有角偏差 具有两种类型: 单列 —— 承受单向推力 双列 —— 承受双向推力 高速时,因滚动体离心力大,球与保持架摩擦发热严重,寿命降低,故仅适用于轴向载荷大、转速不高之处 紧圈内孔直径小,装在轴上;松圈内孔直径大,与轴之间有间隙,装在机座上	1
深沟球 轴承 6		高	$8' \sim 16'$	主要承受径向载荷,同时也可承受一定量的轴向载荷 当转速很高而轴向载荷不太大时,可代替推力球轴承承受纯轴向载荷	1
角接触 球轴承 7	α	较高	$2' \sim 10'$	能同时承受径向、轴向联合载荷,公称接触角越大,轴向承载能力也越大 公称接触角α有15°、25°、40°三种,内部结构代号分别为C、AC、B。通常成对使用,可以分装于两个支点或同装于一个支点上	2.1
圆柱滚 子轴承 N		较高	$2' \sim 4'$	能承受较大的径向载荷,不能承受轴向载荷 因为是线接触,内、外圈只允许有极小的相对偏转 轴承内、外圈可分离	2
滚针 轴承 NA	(a) (b)	低	不允许	只能承受径向载荷,承载能力大,径向尺寸很小,一般无保持架,因而滚针间有摩擦,轴承极限转速低 这类轴承不允许有角偏差 轴承内、外圈可分离 可以不带内圈	

9.2.2　滚动轴承的代号

国家标准 GB/T 271—1993 规定滚动轴承代号由字母和数字表示,并由前置代号、基本代号和后置代号三部分构成,见表 9.2。基本代号是轴承代号的主体,表示轴承的基本类型、结构和尺寸;前置代号和后置代号是轴承在结构形状、尺寸、公差、技术要求等方面有改变时,在基本代号左右增加的补充代号。

表 9.2　滚动轴承代号的构成

前置代号	基本代号			后　置　代　号						
成套轴承分部件	类型代号	尺寸系列代号	内径代号	内部结构代号	密封、防尘与外圈形状变化代号	保持架结构及材料变化代号	轴承材料变化代号	公差等级代号	游隙组代号	配置代号	其他

下面介绍常用代号。

1. 类型代号

类型代号用数字或字母表示,滚动轴承分 12 类,常用轴承类型代号见表 9.1。

2. 尺寸系列代号

滚动轴承尺寸系列代号由宽度系列和直径系列代号组成,宽度系列是指相同内外径的轴承有几个不同的宽度(图 9.4(a));直径系列是指相同内径的轴承有几个不同的外径(图 9.4(b))。宽度系列代号、直径系列代号及组合成的尺寸系列代号都用数字表示。常用的向心轴承的尺寸系列代号见表 9.3。

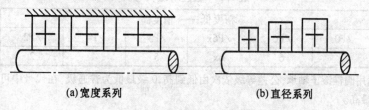

(a)宽度系列　　　　　　　(b)直径系列

图 9.4　宽度系列与直径系列

表 9.3　尺寸系列代号

宽度系列代号			直径系列代号
0	1	2	
(0)2	12	22	2
(0)3	13	23	3
(0)4	14	24	4

注:宽度系数为 0 系列时,代号 0 可以省略。

3. 内径代号

内径代号表示轴承内圈孔径的大小,常用轴承内径及其代号见表 9.4。

表9.4　内径代号

轴承内径 d/mm	内径代号	示例
10	00	深沟球轴承6201 内径 d = 12 mm
12	01	
15	02	
17	03	
20 ~ 495 （22、28、32 除外）	用内径除以5得的商数表示。当商只有个位数时，需在十位处用0占位	深沟球轴承6201 内径 d = 12 mm
≥ 500 以及 22、28、32	用内径毫米直接表示，并在尺寸系列代号与内径代号之间用"/"号隔开	深沟球轴承 62/500，内径 d = 500 mm 62/22，内径 d = 22 mm

4. 内部结构代号

内部结构代号表示轴承内部结构变化。代号含义随不同类型、结构而异，见表9.5。

表9.5　内部结构代号

代　　号	示　　　　例
C	角接触球轴承：公称接触角 α = 15°，7210C
AC	角接触球轴承：公称接触角 α = 25°，7210AC
B	角接触球轴承：公称接触角 α = 40°，7210B
	圆锥滚子轴承：接触角加大，32310B
E	加强型，改进结构设计，增大承载能力　NU 207 E

5. 公差等级代号

公差等级代号表示轴承的精度等级，见表9.6。

表9.6　公差等级代号

代号	精度低——精度高						示例
	/P0	/P6	/P6x	/P5	/P4	/P2	6206/P5
公差等级	0	6	6x	5	4	2	5 级

注：6x 级仅适用圆锥滚子轴承；公差等级依次由低到高，0 级最低为普通级，在代号中可省略不表示，2 级精度最高。

6. 游隙代号

游隙代号见表9.7。

表9.7　游隙组代号

代号	/C1	/C2	—	/C3	/C4	/C5
含义	游隙符合标准规定的1组	游隙符合标准规定的2组	游隙符合标准规定的0组	游隙符合标准规定的3组	游隙符合标准规定的4组	游隙符合标准规定的5组
示例	7208C/C1	6210/C2	6210	6210/C3	6210/C4	6210/C5

注：① 滚动轴承的径向游隙依次由小到大；

　　② 径向游隙为 0 组时在代号中省略。

7. 配置代号

配置代号是表示一对轴承的配置方式，见表9.8。配置的轴承经专门选配后，成对供应。

表9.8　配置代号

代号	含义	示例
/DB	背对背安装方式	7210 C/DB
/DF	面对面安装方式	/DF
/DT	串联安装方式	C/DT

8. 轴承代号的编制规则

(1) 轴承代号按表9.2所列的顺序从左至右排列。

(2) 当轴承类型代号用字母表示时,字母与其后的数字之间应空一个字符。

(3) 基本代号与后置代号之间应空一个字符,但当后置代号中有"—"或"/"时,不再留空。

(4) 在尺寸系列代号中,位于括号中的数字省略不写。

(5) 公差等级代号中的 /P0 省略不写。

(6) 公差等级代号与游隙组代号同时表示时,可取公差等级代号加上游隙组号组合表示,如 /P63(公差等级 P6 级,径向游隙 3 组)。

【例9.1】 试说明轴承代号 7210　C/P5/DF 的意义。

解

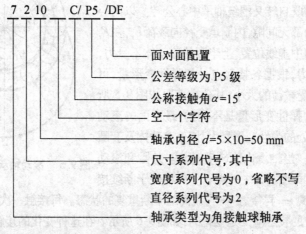

$$7\ 2\ 10\quad C/\ P5\ /DF$$

- 面对面配置
- 公差等级为 P5 级
- 公称接触角 $\alpha = 15°$
- 空一个字符
- 轴承内径 $d = 5 \times 10 = 50$ mm
- 尺寸系列代号,其中
- 宽度系列代号为0,省略不写
- 直径系列代号为2
- 轴承类型为角接触球轴承

9.2.3　滚动轴承类型的选择

选择滚动轴承的类型非常重要,如选择不当,会使机器的性能要求得不到满足或降低了轴承寿命。在选择轴承类型时,应从具体工作条件出发,考虑各类轴承的特点及应用场合,从中选出比较合适的轴承类型。

在选择轴承类型时,一般要考虑所承受的载荷的大小、方向、性质,转速的高低及对刚度、调心性能、结构尺寸大小、轴承的装拆和经济性等的要求。具体选择时可参考以下几点:

(1) 当载荷较大或有冲击载荷时,宜用滚子轴承;当载荷较小时,宜用球轴承。

(2) 当只受径向载荷或虽同时受径向和轴向载荷,但以径向载荷为主时,应用向心轴承;当只受轴向载荷时,一般应用推力轴承,而当转速很高时,可用角接触球轴承或深沟球轴承;当径向和轴向载荷都很大时,应采用圆锥滚子轴承。

（3）当转速较高时,宜用球轴承;当转速较低时,可用滚子轴承,也可用球轴承。

（4）当要求支承具有较大刚度时,应用滚子轴承。

（5）各类轴承在应用时应控制内、外圈间的允许偏转角,否则会增大轴承的附加载荷、降低寿命。当轴的挠曲变形大或两轴承座孔直径不同、跨度大且对支承有调心要求时,应选用调心轴承。

（6）为便于轴承的装拆,可选用内、外圈可分离的轴承。

（7）选择轴承要考虑经济性,各类轴承价格比见表9.1,球轴承比滚子轴承便宜,精度低的轴承比精度高的轴承便宜,普通结构轴承比特殊结构轴承便宜。

9.3   滚动轴承的失效形式和计算准则

9.3.1   滚动轴承的失效形式

1. 疲劳点蚀

滚动轴承是承受载荷而又旋转的支承零件,工作时内、外套圈间有相对运动,载荷通过滚动体从一个套圈传递到另一个套圈,而且滚动体既自转又围绕轴承中心公转。以向心轴承为例,假定轴承内部无间隙,内圈承受径向载荷 F_r,在 F_r 作用下,内圈下移到圈中虚线位置,上半圈的滚动体不受力,而下半圈的滚动体受力,根据各接触点处的弹性变形量,可以得到各个滚动体所受载荷的大小,其分布情况如图9.5所示。显然,各接触点的弹性变形量是不同的,最下面的滚动体及套圈滚道接触点处的弹性变形量大,该处滚动体及套圈滚道所受的载荷最大。当轴承内圈转动时,内、外圈和滚动体的表面上某一点,例如图9.5中的点 a、b、c,将处于断续接

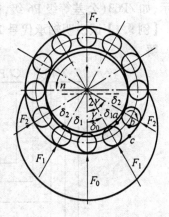

图9.5   滚动轴承内部的载荷分布

触状态,即接触 — 脱离 — 再接触 — 再脱离的不断重复的状态。每接触一次就产生一次接触应力。因而,工作面上的接触应力是变化的,如图9.6所示。在这种变化的接触应力的作用下,工作一段时间以后,就会在滚动体、内外圈的滚道上出现疲劳点蚀。产生点蚀的轴承将引起噪声、振动、发热,不能正常工作,即轴承因疲劳点蚀而失效。

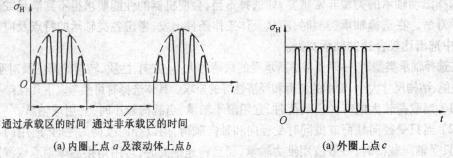

(a) 内圈上点 a 及滚动体上点 b　　　　　(a) 外圈上点 c

图9.6   轴承元件上某点的应力变化情况

2. 塑性变形

对于低速或摆动、不转动的轴承,在较大的静载荷或冲击载荷作用下,滚动体及内、外圈的滚道上将产生局部的塑性变形,从而影响轴承平稳转动,出现振动、噪声、运转精度降低等现象,即轴承因塑性变形而失效。

3. 磨粒磨损

对于那些在多尘环境下工作的滚动轴承,由于密封不严使灰尘、杂质进入轴承中或由于润滑油不干净将杂质带进轴承中,都会造成磨粒磨损而使轴承失效。

4. 胶合

在高速重载条件下工作的轴承,因摩擦面发热而使温度急骤升高,导致轴承元件的回火,严重时将产生胶合而使轴承失效。

滚动轴承除以上四种失效形式,还有由于安装时操作不当、维护不当引起的轴承元件的破裂、锈蚀、电腐蚀等其他失效形式。

9.3.2 滚动轴承的计算准则

在选定轴承类型后,确定轴承尺寸时,应针对其主要失效形式进行必要的计算。对于转动的滚动轴承,其滚动体和滚道发生疲劳点蚀是其主要失效形式,因而主要是进行寿命计算,必要时再作静强度校核。对于不转动、低速或摆动的轴承,局部塑性变形是其主要失效形式,因而主要是进行静强度计算。对于高速轴承,发热以至胶合是其主要失效形式,因而除进行寿命计算外,还应校核极限转速。对于其他失效形式可通过正确的润滑和密封、正确的操作与维护来解决。

9.4 滚动轴承的寿命计算

9.4.1 滚动轴承寿命及载荷的基本概念

1. 滚动轴承的疲劳寿命及基本额定寿命

对于在一定载荷作用下运转的单个滚动轴承,出现疲劳点蚀前所经历的总转数或在一定转速下所经历的时间,称为滚动轴承的疲劳寿命。大量试验表明,滚动轴承的疲劳寿命是相当离散的,即使采用同一材料、相同的加工方法和热处理工艺而生产出来的同一批轴承,在同一条件下工作,由于很多随机因素的影响,其寿命也有很大差异,最低寿命和最高寿命可相差几十倍。为此,在滚动轴承标准中引入可靠度的概念,采用可靠度为 90% 的疲劳寿命作为评价滚动轴承寿命的指标,称为基本额定寿命。所谓基本额定寿命 L_{10} 或 L_{10h} 是指一批相同的轴承在相同的条件下运转,其中 90% 的轴承在疲劳点蚀前所能转过的总转数或在一定转速下所经历的小时数,单位为 10^6r 或 h。

2. 基本额定动载荷

轴承的基本额定寿命 L_{10} 与所受的载荷有关。滚动轴承标准中规定,轴承工作温度在 100℃ 以下,基本额定寿命 $L_{10} = 1 \times 10^6$r 时,轴承所能承受的最大载荷称为基本额定动载荷,单位为 N。基本额定动载荷的方向:对于向心轴承为径向载荷的方向,对于角接触向心轴,为载荷的径向分量的方向,均用 C_r 表示;对于推力轴承为中心轴向载荷的方向,用 C_a 表示。基本额定动载荷 C 代表了轴承的承载能力,其值越大,承载能力越大,抗疲劳点蚀能力越强。其值可从轴承样本或有关手册中查得。

9.4.2 滚动轴承基本额定寿命的计算

滚动轴承的载荷与寿命之间的关系用疲劳曲线表示(图9.7),其方程式为

$$F^\varepsilon L_{10} = 常数$$

式中　　F—— 当量动载荷(详见9.4.3节),N;

$\quad\quad\quad L_{10}$—— 滚动轴承的基本额定寿命,10^6r;

$\quad\quad\quad \varepsilon$—— 寿命指数,对于球轴承,$\varepsilon = 3$;对于滚子轴承,$\varepsilon = 10/3$。

根据定义,基本额定寿命 $L_{10} = 1(10^6\text{r})$ 与当量动载荷 $F = C$ 是轴承疲劳曲线上的点 A,满足方程

$$F^\varepsilon \cdot L_{10} = C^\varepsilon \cdot 1$$

故在载荷 F 作用下轴承的基本额定寿命为

$$L_{10} = \left(\frac{C}{F}\right)^\varepsilon \tag{9.1}$$

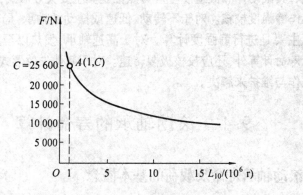

图 9.7　6208 轴承的 $F - L_{10}$ 曲线

在工程计算中,一般用工作小时数(h) 为单位表示轴承的基本额定寿命 L_{10h},设轴承转速为 $n(\text{r/min})$,则

$$L_{10h} = \frac{10^6}{60n}\left(\frac{C}{F}\right)^\varepsilon \tag{9.2}$$

对于常用的普通材料的轴承,考虑到在温度高于 105℃ 工作时,轴承材料的硬度下降,导致轴承的基本额定动载荷 C 下降,故引入温度系数 f_T 对 C 值进行修正,f_T 可查表9.9 得到。考虑到冲击与振动的影响,轴承所受到的实际载荷会大于名义载荷,故引入载荷系数 f_F 对载荷 F 进行修正,f_F 可查表 9.10 得到。则式(9.2) 变为

$$L_{10h} = \frac{10^6}{60n}\left(\frac{f_T \cdot C}{f_F \cdot F}\right)^\varepsilon \tag{9.3}$$

进行轴承寿命计算时,通常取机器的中修或大修期作为轴承的预期寿命 L',也即机器要求轴承工作的时间,表9.11 给出了各种设备中轴承预期寿命 L'_h 的推荐值。应保证

$h_{10h} \geqslant L'_h$。

如果已知轴承转速 $n(r/\min)$、当量动载荷 $F(N)$ 及预期寿命 L'_h，则由式(9.3)可得所需轴承的基本额定动载荷

$$C' = \frac{f_F \cdot F^\varepsilon}{f_T} \sqrt{\frac{60 n L'_h}{10^6}} = \frac{f_F \cdot F^\varepsilon}{f_T} \sqrt{\frac{n L'_h}{16\,670}} \qquad (9.4)$$

式中，C' 的单位是 N，据此可以从轴承手册中查出已选定类型的轴承型号，该型号轴承的基本额定动载荷 $C \geqslant C'$。

表 9.9　温度系数 f_T

轴承工作温度 $t/℃$	≤ 105	125	150	175	200	225	250	300	350
温度系数 f_T	1.0	0.95	0.90	0.85	0.80	0.75	0.70	0.60	0.50

表 9.10　载荷系数 f_F

载荷性质	举例	f_F
无冲击或轻微冲击	电动机、汽轮机、通风机、水泵	1.0 ~ 1.5
中等冲击	车辆、机床、起重机、冶金设备、内燃机、减速器	1.2 ~ 1.8
剧烈冲击	破碎机、轧钢机、石油钻机、振动筛	1.8 ~ 3.0

表 9.11　轴承预期寿命 L'_h 的推荐值

机械的种类及其工作情况	轴承预期寿命 /h
不经常使用的仪器和设备，例如： 汽车方向指示器、闸门、门窗开闭装置	300 ~ 3 000
航空发动机	1 000 ~ 2 000
短期或间断使用的机械，中断使用不致引起严重后果，例如：轻便手提式工具、农业机械、车间用升降滑车、装配吊车、自动运输设备等	3 000 ~ 8 000
间断使用的机构，中断使用能引起严重后果，例如：发电站辅助设备、供暖降温用电机、流水作业线自动传送装置、带式运输机、不经常使用的机床等	8 000 ~ 12 000
每天 8 h 工作的机械，例如： 　一般齿轮传动	12 000 ~ 20 000
固定电机	16 000 ~ 24 000
机床、中间传动轴、一般机械、木材加工机械	20 000 ~ 30 000
24 h 连续工作的机械，例如： 　空压机、水泵、矿山升降机	40 000 ~ 60 000
船舶螺旋桨轴推力轴承	60 000 ~ 100 000
24 h 连续工作，中断使用能引起严重后果，例如：纤维和造纸机械、电站主要设备、给排水装置、矿井水泵等	> 100 000

9.4.3　当量动载荷

1. 当量动载荷的定义

基本额定动载荷 C 是在一定条件下确定的，对于同时作用有径向载荷和轴向载荷的轴承，在进行轴承寿命计算时，为了和基本额定动载荷进行比较，应把实际载荷折算为与基本额定动载荷的方向相同的一假想载荷，在该假想载荷作用下轴承的寿命与实际载荷

作用下的寿命相同,则称该假想载荷为当量动载荷,用 F 表示。

2. 当量动载荷的计算

当量动载荷 F 的计算式为

$$F = XF_r + YF_a \tag{9.5}$$

式中　F_r、F_a —— 轴承的径向载荷和轴向载荷;

　　　　X、Y —— 动载荷径向系数和动载荷轴向系数。

对于只能承受径向载荷 F_r 的轴承,$F = F_r$。

对于只能承受轴向载荷 F_a 的轴承,$F = F_a$。

X、Y 可根据 F_a/F_r 值与 e 值的关系,在表9.12中查得。e 值是一个界限值,用来判断是否考虑轴向载荷 F_a 的影响。当 $F_a/F_r > e$ 时,必须考虑 F_a 的影响;当 $F_a/F_r \leqslant e$ 时,则不考虑 F_a 的影响,取 $X = 1$,$Y = 0$。e 值的大小与轴承的类型及 F_a/C_0 的大小有关,可在表9.12中查得。C_0 是该轴承的基本额定静载荷(见9.5节),可在轴承手册中查得。表中未列出 F_a/C_0 的中间值,可按线性插值法求出相对应的 e、Y 值。

表 9.12　向心轴承当量动载荷的 X、Y 值

轴承类型		$\dfrac{F_a}{C_0}$	e	$F_a/F_r > e$		$F_a/F_r \leqslant e$	
				X	Y	X	Y
深沟球轴承		0.014	0.19		2.30		
		0.028	0.22		1.99		
		0.056	0.26		1.71		
		0.084	0.28		1.55		
		0.11	0.30	0.56	1.45	1	0
		0.17	0.34		1.31		
		0.28	0.38		1.15		
		0.42	0.42		1.04		
		0.56	0.44		1.00		
角接触球轴承	$\alpha = 15°$	0.015	0.39		1.47		
		0.029	0.40		1.40		
		0.058	0.43		1.30		
		0.087	0.46		1.23		
		0.12	0.47	0.44	1.19	1	0
		0.17	0.50		1.12		
		0.29	0.55		1.02		
		0.44	0.56		1.00		
		0.58	0.56		1.00		
	$\alpha = 25°$	—	0.68	0.41	0.87	1	0
	$\alpha = 40°$	—	1.14	0.35	0.57	1	0
圆锥滚子轴承(单列)		—	$1.5\tan \alpha$	0.4	$0.4\cot \alpha$	1	0
调心球轴承		—	$1.5\tan \alpha$	0.65	$0.65\cos \alpha$	1	$0.42\cos \alpha$

9.4.4　角接触轴承的内部轴向力

角接触轴承的结构特点是在滚动体与外圈滚道接触处存在着接触角 α。当它承受径向载荷 F_r 时,作用在第 i 个滚动体上的法向力 F_{qi} 可分解为径向分力 F_{ri} 和轴向分力 F_{si}(图 9.8)。各个滚动体上所受轴向分力的合力即为轴承的内部轴向力 F_s,作用于轴承的轴线上。

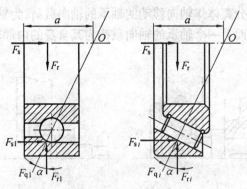

图 9.8　角接触轴承的内部轴向力

内部轴向力 F_s 的近似计算式见表 9.13。内部轴向力 F_s 的方向为从外圈的宽边指向窄边。由于角接触轴承受径向力后会产生内部轴向力,故常成对使用。角接触轴承中各滚动体的法向力 F_{qi} 汇交在轴上的点 O,该点称为轴承的压力中心,即支反力作用点。该点至轴承外圈宽边的距离 a(见图 9.8)可从轴承手册上查得。简化计算时,通常取轴承宽度中点为支反力作用点。

表 9.13　角接触轴承内部轴向力 F_s 的计算公式

轴承类型	角接触球轴承			圆锥滚子轴承
	7000C 型($\alpha = 15°$)	7000AC 型($\alpha = 25°$)	7000B 型($\alpha = 40°$)	
F_s	$0.4F_r$	$0.7F_r$	F_r	$F_r/2Y$

注:Y 为 $F_a/F_r > e$ 时的值。

在计算角接触轴承的轴向载荷时,必须考虑内部轴向力 F_s 的影响,而内部轴向力的计算与轴承的配置形式有关。对于图 9.9 所示的正装轴承部件,轴向外载荷为 F_a,轴承 Ⅰ 和 Ⅱ 上的径向载荷分别为 F_{r1} 和 F_{r2},由 F_{r1} 和 F_{r2} 产生的内部轴向力分别为 F_{s1} 和 F_{s2}。若把轴和两个轴承内圈视为一体,并把它作为分离体来分析其轴向力,可得到轴承上的轴向载荷。若 $F_{s1} + F_a > F_{s2}$,则分离体有向右移动的趋势。由轴承部件结构可知,在沿轴线向右的方向上,轴承 Ⅱ 的外圈右端经轴承盖与机体固定为一体。由于轴承 Ⅱ 受到来自机体的平衡力 F_w 的作用,阻止分离体向右移动,使其保持平衡。由力的平衡条件得

$$F_w + F_{s2} = F_{s1} + F_a$$

从而作用在轴承 Ⅱ 上的轴向载荷为

$$F_{a2} = F_w + F_{s2} = F_{s1} + F_a \tag{9.6}$$

作用在轴承 Ⅰ 上的轴向载荷只有自身的内部轴向力,即

$$F_{a1} = F_{s1} \tag{9.7}$$

对于如图 9.10 所示的反装轴承部件,如果轴向外载荷和轴承 Ⅰ、Ⅱ 上所受的径向载荷分别与图 9.8 相同,且有 $F_{a2} + F_a > F_{s1}$,则按同样的力分析方法,可以得到作用于轴承 Ⅰ 上的轴向载荷为 $F_{a1} = F_a + F_{s2}$,作用在轴承 Ⅱ 上的轴向载荷为其自身的内部轴向力,即 $F_{a2} = F_{s2}$。反装与正装结构的主要区别是轴承内部轴向力的方向发生了变化,承受阻止分离体作轴向移动的轴向载荷的轴承也发生了变化。归纳上面的分析过程,可得出如下结论:① 轴承的轴向载荷与其配置方式密切相关;② 轴承的轴向载荷可根据分离体的轴向力平衡条件确定,阻止分离体作轴向移动的轴承的轴向载荷,为轴向外载荷与另一个轴承的内部轴向力的合力,而另一个轴承的轴向载荷为其自身的内部轴向力。

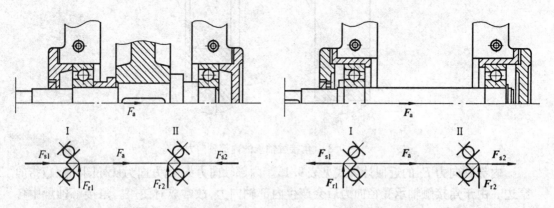

图 9.9　正装角接触球轴承轴向力　　　　图 9.10　反装角接触球轴承轴向力

9.5　滚动轴承的静强度计算

对于不转动、极低速转动($n \leqslant 10$ r/min)或摆动的轴承,其接触应力为静应力或应力变化次数很少,其失效形式是由静载荷或冲击载荷引起的滚动体和内、外圈滚道接触处产生的过大塑性变形(凹坑)。

轴承标准中规定,滚动轴承中受载最大的滚动体与滚道的接触中心处引起的计算接触应力达到一定值(如对于滚子轴承为 4 000 MPa)时的载荷,称为轴承的基本额定静载荷 C_0,单位为 N。它是限制轴承的塑性变形的极限载荷值。各种轴承的 C_0 值可在轴承手册中查得。基本额定静载荷的方向:对向心轴承为径向载荷的方向,对角接触轴承为载荷的径向分量的方向,均用 C_{0r} 表示。对推力轴承为轴向载荷的方向,用 C_{0a} 表示。

为限制滚动轴承中的塑性变形量,应校核轴承承受静载荷的能力。滚动轴承的静强度校核公式为

$$C_0 \geqslant S_0 F_0 \tag{9.8}$$

式中　S_0——静强度安全系数,见表 9.14;

　　　F_0——当量静载荷,N。

表 9.14　滚动轴承静强度安全系数 S_0

轴承使用情况	使用要求、载荷性质和使用场合	S_0
旋转轴承	对旋转精度和平稳运转要求较高，或承受强大的冲击载荷	1.25 ~ 2.5
	正常使用	0.8 ~ 1.2
	对旋转精度和平稳运转要求较低，没有冲击振动	0.5 ~ 0.8
不旋转或摆动轴承	水坝闸门装置	≥ 1
	附加动载荷较小的大型起重机吊钩	≥ 1
	附加动载荷很大的小型装卸起重机吊钩	≥ 1.6

当量静载荷是一个假想载荷，其作用方向与基本额定静载荷相同。在当量静载荷作用下，轴承的受载最大滚动体与滚道接触中心处的塑性变形量之和与实际载荷作用下的塑性变形量之和相同。

对于径向接触轴承、向心角接触轴承，当量静载荷取下面两式中计算出的较大值

$$\left.\begin{array}{l} F_{0r} = X_0 F_r + Y_0 F_r \\ F_{0r} = F_r \end{array}\right\} \tag{9.9}$$

式中　X_0、Y_0 —— 静载荷径向系数和静载荷轴向系数，可在表 9.15 中查得。

表 9.15　当量静载荷的 X_0、Y_0 系数

		X_0	Y_0
深沟球轴承		0.6	0.5
角接触球轴承	$\alpha = 15°$	0.5	0.46
	$\alpha = 25°$	0.5	0.38
圆锥滚子轴承		0.5	$0.22\cot\alpha$

对于轴向接触轴承 $F_{0a} = F_a$。

对于推力角接触轴承 $F_{0a} = 2.3\tan\alpha F_r + F_a$。

9.6　滚动轴承的极限转速

滚动轴承转速过高时，会因摩擦发热而使温度急剧升高，导致滚动轴承元件退火或胶合而失效，所以当转速较高时，还应校核滚动轴承极限转速，轴承的工作转速应小于其极限转速。

滚动轴承的极限转速是指轴承在一定载荷和润滑条件下所允许的最高转速。它与轴承类型、尺寸大小、载荷、游隙大小及精度高低、保持架的结构及材料、润滑状态、冷却条件等很多因素有关。在轴承手册中列出了各类轴承在脂润滑和油润滑（油浴润滑）条件下的极限转速，它仅适用于当量动载荷 $F \leq 0.1C$、润滑与冷却条件正常、向心及角接触轴承受纯径向载荷、推力轴承受纯轴向载荷的 P0 级精度轴承。

当轴承的当量动载荷 F 超过 $0.1C$ 时，由于接触面上接触应力增大，润滑条件恶化，温升较大，润滑剂性能变坏，这时需将手册中的极限转速乘以小于 1 的载荷系数 f_1（图 9.11）。当向心轴承受轴向载荷时，受载滚动体数目有所增加，导致摩擦力矩增大，润滑条件相对变差，这时需将手册中查得的极限转速乘以小于 1 的载荷分布系数 f_2（图

9.12）。于是，轴承允许的极限转速为

$$n'_{\lim} = f_1 f_2 n_{\lim} \qquad (9.10)$$

式中　$n_{\lim}$——轴承手册中列出的极限转速，r/min。

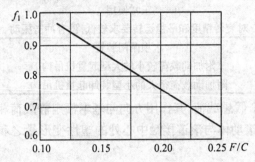

图 9.11　载荷系数 f_T

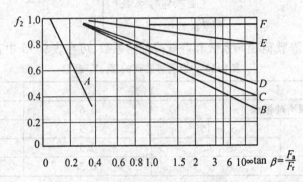

图 9.12　载荷分布系数 f_2

A— 圆柱滚子轴承；B— 调心滚子轴承；C— 调心球轴承；
D— 圆锥滚子轴承；E— 深沟球轴承；F— 角接触球轴承

提高轴承精度、选用较大的游隙、改用青铜等减摩擦材料做保持架、改善润滑和冷却措施等能使极限转速提高 1.5 ~ 2 倍。

在高速时，滚动体上的离心力将增大外圈滚道上的压力，因而影响极限转速。减少滚动体的离心力，可以从减少滚动体的质量和回转半径两方面采取措施。例如，选用滚动体直径小的轻系列轴承或空心滚动体轴承、质量轻的陶瓷球轴承等。

9.7　滚动轴承部件的结构设计

在机器中，传动件、轴、滚动轴承、机体、润滑及密封装置等组成为一个相互联系的有机整体，通常称为轴承部件。在进行轴承部件结构设计时，主要应考虑以下几个问题。

9.7.1　轴承部件的轴向固定

为保证轴、轴承和轴上零件相对于机体具有正确的位置，不允许轴及轴上零件产生轴向移动，并且在轴受热后不将轴承卡死，轴承部件的常用轴向固定方式有以下两端固定支承,一端固定、一端游动支承,两端游动支承三种。

1. 两端固定支承

如图 9.13 所示,轴上每个支承分别承受一个方向的轴向力,限制轴的一个方向的移动,两个支承合起来限制轴的两个方向的运动。图 9.13(a) 为两端固定支承的简图,当轴向力不太大时,可采用图 9.13(b) 的一对深沟球轴承结构,当轴向力较大时,需要选用一对角接触球轴承或圆锥滚子轴承。两轴承内圈的一端面用轴肩固定,而两轴承外圈的一端面用轴承盖固定,从而限制轴承部件的双向移动。

当传动件上的轴向力向左时,力的传递路线为传动件、轴、左轴承、轴承盖、螺钉、机体(图 9.13(b))。

两端固定支承适用于工作温度变化不大、两支点间跨距 $l \leqslant 300 \sim 350$ mm 的短轴。

轴工作时会受热伸长,为补偿轴的伸长,在安装时,对向心球轴承,在轴承外圈与轴承盖之间留有间隙 c(图 9.13(c)),通常 $c = 0.25 \sim 0.4$ mm。对角接触轴承,则要调整其内、外圈的相对轴向位置,使其留有足够的轴向间隙 c,其数值大小可查手册。

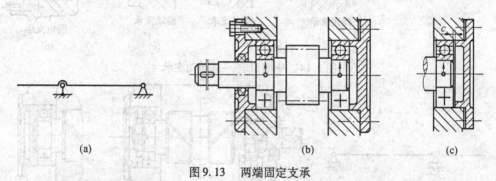

(a)　　　　　　　　　　　　　(b)　　　　　　　(c)

图 9.13　两端固定支承

2. 一端固定、一端游动支承

如图 9.14 所示,轴的固定支承限制轴的两个方向的移动,可以承受双向轴向力,而游动支承允许轴补偿因温度变化引起的热伸缩,即自由游动。图 9.14(a) 为其简图,当轴向力不太大时,可采用如图 9.14(b) 所示的深沟球轴承结构。左轴承为固定支承,轴承外圈两端分别用轴承端盖和轴承座孔凸肩使之固定在机体上,轴承内圈分别用轴肩和圆螺母使之固定在轴上。右轴承为游动支承,轴承内圈两端分别用轴肩和弹性卡圈使之固定在轴上,轴承外圈与轴承座孔间为间隙配合,并在外圈与轴承盖之间留有大于轴的热伸长量的间隙,一般为 $2 \sim 3$ mm。轴向游动在轴承外圈与轴承座孔间进行。当游动支承采用圆柱滚子轴承时,轴承的内圈固定在轴上,外圈固定在轴承座上,轴向游动在滚动体与座圈滚道间进行(图 9.14(c))。当轴向力较大时,固定端需采用一对角接触球轴承或圆锥滚子轴承组合结构(图 9.14(d))。

当传动件上的轴向力向右时,力的传递路线为传动件、轴、圆螺母、左轴承、轴承座孔凸肩(图 9.14(b))。

一端固定、一端游动的支承,主要用于工作温度变化大且两支点间跨距 $l > 350$ mm 的长轴。

3. 两端游动支承

如果轴上的传动零件具有确定两轴的相对轴向位置功能,则两轴中的一根应采用两端游动支承结构,而另一根轴多采用两端固定支承结构。图 9.15 为人字齿轮传动,轴上的人字齿轮影响 2 轴相对轴向位置,通常大齿轮轴承部件采用两端固定支承,小齿轮轴承部件采用两端游动支承。允许小齿轮轴承部件沿轴向游动,以补偿因人字齿轮两侧齿的螺旋角不绝对对称而使轮齿受力不均匀的影响。

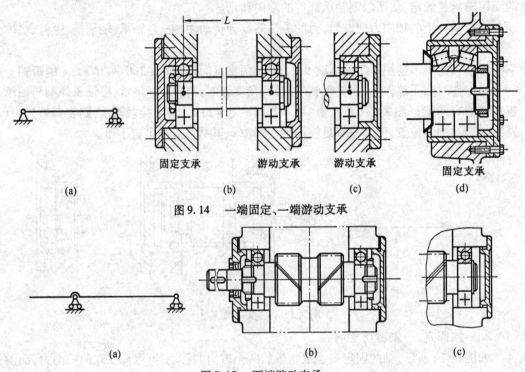

图 9.14 一端固定、一端游动支承

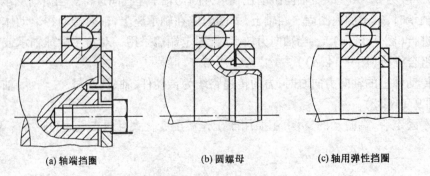

图 9.15 两端游动支承

9.7.2 滚动轴承内外圈的轴向固定

轴承内圈的轴向固定方式有轴肩、圆螺母、套筒、轴用弹性挡圈等结构(图 9.16),可根据轴向载荷的大小来确定。外圈可采用机座孔端面、孔用弹性挡圈、轴承端盖等结构固定(图 9.17)。

(a) 轴端挡圈　　　　　(b) 圆螺母　　　　　(c) 轴用弹性挡圈

图 9.16 轴承内圈的轴向固定方式

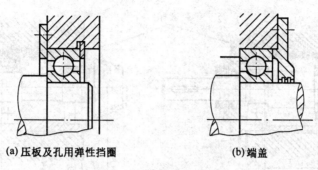

(a) 压板及孔用弹性挡圈　　　　　　　　(b) 端盖

图 9.17　轴承外圈的轴向固定方式

9.7.3　轴承部件的调整

1. 轴承间隙的调整

采用两端固定支承的轴承部件,为补偿轴在工作时的热伸长,在装配时应留有相应的轴向间隙。轴承间隙的调整方法有:① 通过加减轴承端盖与轴承座端面间的垫片厚度来实现(图 9.18(a));② 通过调整螺钉 1,经过轴承外圈压盖 3,移动外圈来实现,在调整后,应拧紧螺母 2(图 9.18(b))。

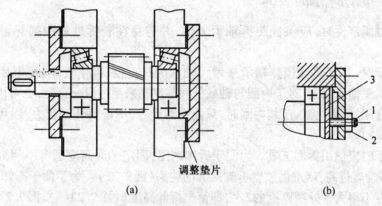

调整垫片

(a)　　　　　　　　　　　　　　(b)

图 9.18　轴承间隙的调整

2. 轴上传动件位置的调整

轴上传动件在工作时应处于正确的工作位置。例如,为保证正确啮合,锥齿轮的两个节锥的顶点应重合。在图 9.19 中,通过增减套杯与机体间的垫片 1 来调整锥齿轮的节锥顶点位置,通过增减套杯与轴承盖间的垫片 2 来调整轴承间隙。

9.7.4　滚动轴承的配合

滚动轴承是标准件。轴承内圈的孔为基准孔,与轴的配合采用其孔制;轴承外圈的外圆柱面为基准轴,与轴承座孔的配合采用基轴制。在选择轴承配合种类时,一般的原则是对于转速高、载荷大、温度高、有振动的轴承应选用较紧的配合,而经常拆卸的轴承或游动支承的外圈,则应选用较松的配合。各类轴承的配合选用可参考表 9.16。

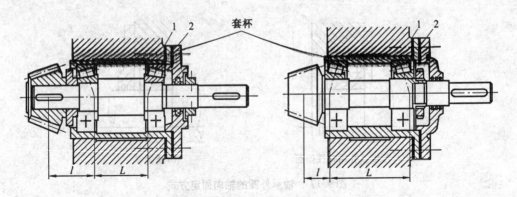

图 9.19　轴上的传动位置的调整

表 9.16　滚动轴承的配合

轴承类型	回转轴	机座孔	
向心轴承	球($d = 18 \sim 100$ mm)	k5,k6	H7,G7
推力轴承	滚子($d \leqslant 40$ mm)	j6,js6	H7

注:适用于正常载荷(如球轴承 $F/C = 0.07 \sim 0.15$)。对轻载荷或重载荷应选较松或较紧的配合。

9.7.5　滚动轴承的装拆

在设计轴承部件时,应保证装拆轴承方便,并避免在装拆过程中损坏轴承和其他零件。

安装轴承时,可用热油预热轴承来增大轴承内孔直径,以便安装,但温度不得高于 $80 \sim 90$℃,以免轴承回火;对于内圈与轴或外圈与座孔采用过盈配合时,也可用压力机通过套筒压装套圈,但应注意,压装内圈时,只能内圈受力,不得使外圈受力,以免损坏滚动体(图 9.20(a))。

拆卸轴承时应使用拆卸工具。为便于拆卸内圈,固定轴肩高度通常不得大于内圈高度的3/4。若轴肩过高,就难以放置拆卸工具的钩头(图 9.21)。为了便于拆卸外圈,轴承座孔凸肩高度不得大于外圈厚度的3/4,即留出拆卸高度 h(图 9.22(a)、图 9.22(b))。轴肩和座孔的具体尺寸见轴承样本中相关的轴承安装尺寸 d_a 和 D_a。对于盲孔,可在端部开设专用拆卸螺纹孔(图 9.22(c))。

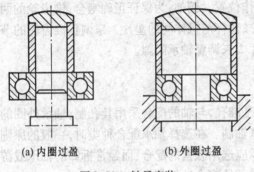

(a) 内圈过盈　　　　(b) 外圈过盈

图 9.20　轴承安装

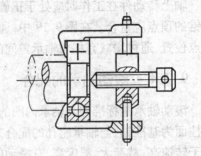

图 9.21　拆卸器拆卸轴承

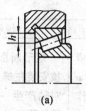 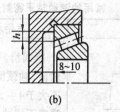 

(a)　　　　　　　　(b)　　　　　　　　(c)

图 9.22　拆卸高度

9.7.6　滚动轴承的润滑和密封

滚动轴承的润滑和密封,对保证轴承的正常工作起着十分重要的作用,因此,必须有合理的润滑与密封方式及装置。

1. 滚动轴承的润滑

润滑的主要目的是减少摩擦和磨损,还有吸收振动、降低温度和防锈等作用。

滚动轴承的润滑方式可根据速度因数 dn 值来选择,d 为轴承内径(mm),n 为轴承转速(r/min)。dn 值间接反映了轴颈的线速度。当 $dn < (1.5 \sim 2) \times 10^5$ mm·r/min 时,可选用脂润滑。当超过时,宜选用油润滑。对某些特殊环境,如高温和真空条件下可采用固体润滑。

脂润滑可承受较大载荷,且便于密封及维护,充填一次润滑脂可工作较长时间。润滑脂的填充量一般不超过轴承空间的 1/3 ~ 1/2。当充填过多时,会因润滑脂内摩擦大,产生过多热量,使温度升高而影响轴承正常工作。

油润滑时,油的黏度可按轴承的速度因数 dn 值和工作温度 t 来选择(图 9.23)。在浸油润滑时,油面高度不超过最低滚动体的中心,以免因为过大的搅油损失而使温度升高。

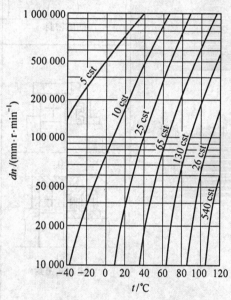

图 9.23　润滑油黏度的选择

2. 滚动轴承的密封

密封的目的是阻止润滑剂的流失和防止灰尘、水分的进入。

密封按其原理的不同可分为接触式密封和非接触式密封两大类。密封的主要类型和适用范围见表 9.17。

选择密封方式时应考虑密封的目的、润滑剂种类、工作环境、温度、密封表面的线速度等。接触式密封适用于线速度较低的场合,为了减少密封件的磨损,轴表面的表面结构粗糙度 Ra 宜小于 1.6 ~ 1.8 μm,轴表面硬度应在 40 HRC 以上。非接触式密封不受速度限制。

表 9.17 常用的滚动轴承密封形式

密封类型	图例	适用场合	说明
接触式密封	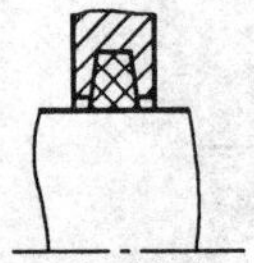 毛毡圈密封	脂润滑。要求环境清洁,轴颈圆周速度 v 不大于 4~5 m/s,工作温度不超过 90℃	矩形断面的毛毡圈被安装在梯形槽内,它对轴产生一定的压力而起到密封作用
	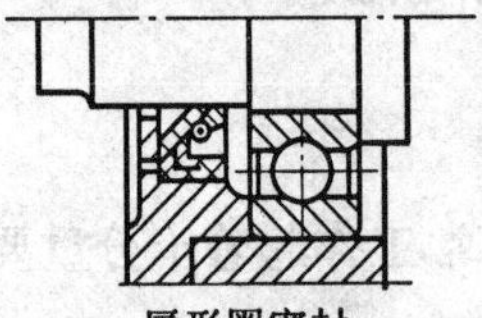 唇形圈密封	脂或油润滑。轴颈圆周速度 $v < 7$ m/s,工作温度范围为 -40~100℃	唇形密封圈用皮革、塑料或耐油橡胶制成,有的具有金属骨架,有的没有骨架,是标准件,单向密封
非接触式密封	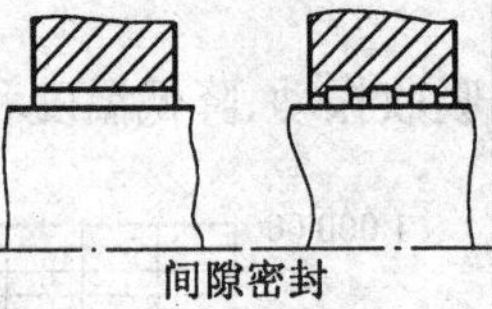 间隙密封	脂润滑。干燥、清洁环境	靠轴与盖间的细小环形间隙密封,间隙愈小愈长,效果愈好,间隙 δ 取 0.1~0.3 mm
	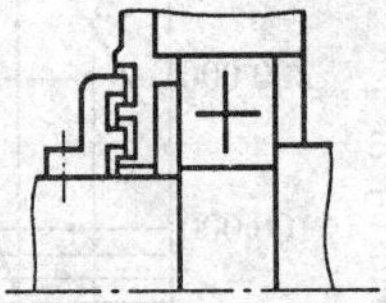 (a) 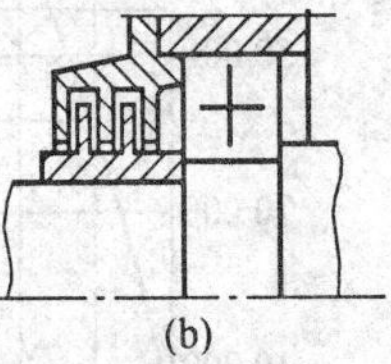 (b) 迷宫式密封	脂润滑或油润滑。工作温度不高于密封用脂的滴点。密封效果可靠	将旋转件与静止件之间的间隙做成迷宫(曲路)形式,在间隙中充填润滑油或润滑脂以加强密封效果。迷宫式密封分径向、轴向两种:图(a)为径向曲路,径向间隙 δ 不大于 0.1~0.2 mm;图(b)为轴向曲路,因考虑到轴要伸长,间隙取大些,同时轴承端盖应采用两半的

【例 9.2】 试设计带式运输机中齿轮减速器的输出轴轴承部件。已知输出轴功率 $P = 2.74$ kW,转矩 $T = 289\ 458$ N·mm,转速 $n = 90.4$ r/min,圆柱齿轮分度圆直径 $d = 253.643$ mm,齿宽 $b = 62$ mm,圆周力 $F_t = 2\ 282.4$ N,径向力 $F_r = 849.3$ N,轴向力 $F_a = 485.1$ N,载荷平稳,单向转动,工作环境清洁,工作温度 $< 100℃$,两班工作制,使用 5 年,大批量生产。

分析 输出轴轴承部件的设计过程,是组成该部件的各个零件设计过程的组合。输出轴轴承部件的设计程序框图如图 9.24 所示,图中实线表示部件的设计过程,虚线表示每种零件的设计过程。输出轴轴承部件设计过程主要包括:

① 定初值。在输出轴轴承部件设计中需要给定初值有:齿轮的主要参数、轴的最小

直径、联轴器类型、轴承的型号、机体结构等。

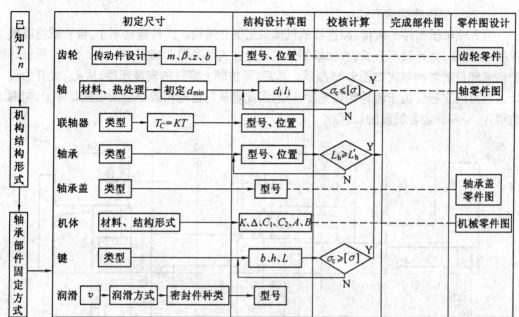

图 9.24　输出轴轴承部件设计程序框图

② 画结构草图。确定部件中所有零件的主要尺寸及其位置,完成轴的结构设计。草图达到的程度为能确定出轴承的支点和齿轮受力的作用点,能进行后面的校核计算即可。

③ 校核计算。用以检验所定初值是否合适,如不合适,需修改初值,重复上述过程,直到满足要求为止。在输出轴轴承部件设计中,需要进行的校核计算有轴的强度计算、键连接的强度计算和轴承寿命计算。

④ 完成部件图设计。在上述校核计算全部合格后,把草图中没完成的工作进行到底,即完成齿轮、轴、键连接、轴承、轴承盖、机体、密封件等零件的全部结构设计。

⑤ 完成零件图设计。零件图设计是在部件图设计完成后才进行的,工程上称为从装配图上拆零件图。

解　(1) 选择轴的材料

因传递功率不大,并对质量及结构尺寸无特殊要求,故选用常用材料 45 钢,调质处理。

(2) 初算轴径

对于转轴,按扭转强度初算轴径,查表 9.4 得 $C = 107 \sim 118$,考虑轴端弯矩比转矩小,故取 $C = 107$,则

$$d_{\min}/\text{mm} = C\sqrt[3]{\frac{P}{n}} = 107 \times \sqrt[3]{\frac{2.74}{90.4}} \approx 33.36$$

考虑键槽的影响,取 $d_{\min} = 33.36 \times 1.05 \approx 35.03$ mm,待联轴器轴孔直径确定后再圆整。

（3）结构设计

① 轴承部件的结构形式

为方便轴承部件的装拆，减速器的机体采用剖分结构。因传递功率小，齿轮减速器效率高、发热小，估计轴不会长，故轴承部件的固定方式可采用两端固定方式。由此，所设计的轴承部件的结构形式如图9.25所示。然后，可按轴上零件的安装顺序，从 d_{min} 处开始设计各轴段的直径。由于齿轮轮毂宽度已知，因此可从与齿轮轮毂配合的轴段 l_4 开始，向两边展开，一一确定各轴段的长度。

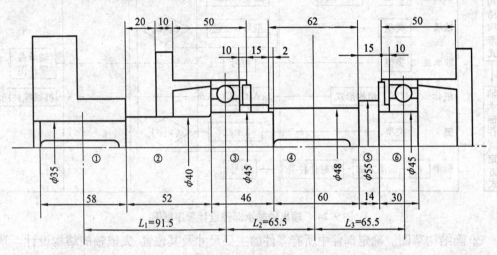

图9.25　输出轴轴承部件结构设计草图

② 联轴器及轴段①

本题 d_{min} 就是轴段①的直径，考虑到轴段①上安装联轴器，因此，轴段①的设计应与联轴器的设计同时进行。

为补偿联轴器所连接的两轴的安装误差，隔离振动，选用弹性柱销联轴器。查表8.2取 $K_A = 1.5$，则计算转矩 $T_c = K_A \cdot T = 1.5 \times 289\,458 = 434\,187$ N·mm。由《机械设计手册》查得 GB/T 5014—2003 中的 LX2 符合要求：公称转矩为 560 N·m，许用转速为 6 300 r/min，轴孔直径范围为 30 ~ 35 mm。考虑 $d_{min} = 35.03$ mm，故取联轴器轴孔直径的 35 mm，轴孔长度为 60 mm，J 型轴孔，A 型键，联轴器主动端的代号为 LX2 35 × 60 GB/T 5014。

相应地，轴段①的直径 $d_1 = 35$ mm，轴段①的长度应比联轴器主动端轴孔长度略短，故取 $l_1 = 58$ mm。

③ 密封圈与轴段②

在确定轴段②的直径时，应考虑联轴器的固定及密封圈的尺寸两个方面。当联轴器右端用轴肩固定时，由图7.8 中公式计算得轴肩高度 $h = 2.45 ~ 3.5$ mm，相应的轴段②的直径 d_2 的范围内为 40 ~ 42 mm。轴段②的直径最终由密封圈确定。查《机械设计手册》，由 JB/ZQ 4606—1997 可选轴径为 40 mm 的毡圈油封，则轴段②的直径 $d_2 = 40$ mm。

④ 轴承与轴段③及轴段⑥

考虑齿轮有轴向力,轴承类型选用角接触球轴承。轴段 ① 上安装轴承,其直径应既便于轴承安装,又应符合轴承内径系列。现暂取轴承型号为 7209C,查轴承手册,内径 $d = 45$ mm,外径 $D = 85$ mm,宽度 $B = 19$ mm,定位轴肩直径 $d_a = 52$ mm,轴上定位端面的圆角半径 $r_{AS} = 1$ mm。故轴段 ③ 的直径 $d_3 = 45$ mm。

通常同一根轴上的两个轴承取相同型号,故轴段 ⑥ 的直径 $d_6 = 45$ mm。

⑤ 齿轮与轴段 ④

轴段 ④ 上安装齿轮,为便于齿轮的安装,d_4 应略大于 d_3,而且考虑到受力增大,直径也应增大,故取 $d_4 = 48$ mm。齿轮左端用套筒固定,为使套筒端面顶在齿轮轮毂的左端面上,轴段 ④ 的长度 l_4 应比齿轮毂长略短,若毂长与齿宽相同,已知齿宽 $b = 62$ mm,故取 $l_4 = 60$ mm。

⑥ 轴段 ⑤ 与轴段 ⑥

齿轮轮毂右端用轴肩固定,由此可确定轴段⑤的直径,按图7.8中公式计算得轴肩高度 $h = 3.36 \sim 4.8$ mm,取 $d_5 = 55$ mm。按图 7.8 中公式计算得轴环宽度为 $b = 1.4h = 1.4(d_5 - d_4)/2 = 1.4 \times (55 - 48)/2 = 4.9$ mm,但为了简化挡油板设计,设挡油板在机体内壁外 1 mm,则 $l_5 = H - 1 = 15 - 1 = 14$ mm。

⑦ 机体与轴段 ②、③、⑥ 的长度

轴段 ②、③、⑥ 的长度 l_2、l_3、l_6 除与轴上零件有关外,还与机体及轴承盖等零件有关。通常从齿轮轮毂端面开始向两边展开来确定这些尺寸。为避免转动齿轮与不动机体相碰,应在齿轮端面与机体内壁间留有足够间距 H,由表7.4,可取 $H = 15$ mm。轴承在座孔中的位置与轴承的润滑方式有关,此例中齿轮的分度圆线速度 $v < 2$ m/s,采用油脂来对轴承润滑,在轴上要安装挡油板,故取轴承上靠近机体内壁的端面与机体内壁间的距离 $\Delta = 10$ mm。为保证拧紧上下轴承座连接螺栓所需扳手空间,轴承座应有足够的长度 C,设机体壁厚 $\delta = 8$ mm,轴承座连接螺栓直径 $d = 12$ mm,螺栓中心至机体外壁距离 $C_1 = 18$ mm,至螺栓连接凸台外端距离 $C_2 = 16$ mm,考虑到铸造斜度及加工面与非加工面要区分开来,增加长度 $5 \sim 8$ mm,则该轴承座长度 $C/\text{mm} = \delta + C_1 + C_2 + (5 \sim 8) = 8 + 18 + 16 + (5 \sim 8) = 47 \sim 50$,取 $C = 50$ mm。设轴承盖凸缘厚度 $e = 10$ mm。为避免联轴器轮毂端面传动时与不动的轴承盖连接螺栓相碰,而且为便于轴承盖上螺栓退出,联轴器轮毂端面与轴承盖间应有足够的间距 K,取 $K = 20$ mm。在确定齿轮、机体、轴承、轴承盖及联轴器的相互位置后,轴段 ②、③、④ 的长度就随之确定下来,即

$$l_4/\text{mm} = 60$$

$$l_3/\text{mm} = B + \Delta + H + 2 = 19 + 10 + 15 + 2 = 46$$

$$l_2/\text{mm} = (C - \Delta - B) + e + 1 + K = (50 - 10 - 19) + 10 + 1 + 20 = 52(1 \text{ 为垫片厚度})$$

$$l_6/\text{mm} = (H + \Delta + B) - l_5 = (15 + 10 + 19) - 14 = 30$$

进而,轴的支点及外力作用点间的跨距也随之确定下来。简化计算,取轴承宽度中间为支点。取齿轮齿宽中间及半联轴器轮毂宽中间为外力作用点,则可得跨距 $L_1 = 91.5$ mm,$L_2 = 65.5$ mm,$L_3 = 65.5$ mm(图 9.25)。

⑧ 键连接

联轴器及齿轮与轴的周向连接均采用 A 型普通平键连接,分别为键 10×56

GB/T 1096—2003 及键 14 × 56GB/T 1096—2003。

完成的结构设计草图如图9.25所示。必须指出：①在校核计算之前所进行的结构设计是草图，只需画出校核计算所需的结构尺寸即可，而其余结构须待校核合格之后再完成。②在画结构草图时，要特别注意决定齿轮、机体、轴承、联轴器的相互位置关系的5条端面位置线，即齿轮端面、机体内壁、轴承内端面、轴承座外端面及联轴器轮毂端面。这5条线是相应零件的基准位置，因此，在图中应该认真检查，以防有误。

（4）轴的受力分析

①画轴的受力简图（图9.26）。

②计算支承反力。

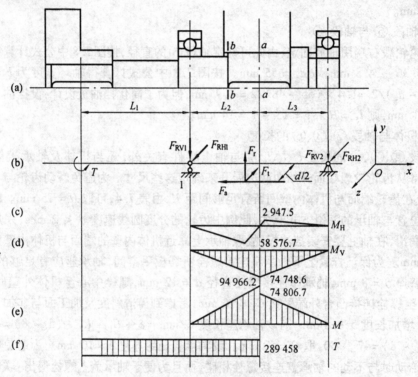

图9.26　轴的受力分析

在水平面上

$$F_{RH1}/N = \frac{F_r \times L_3 + F_a \times d/2}{L_2 + L_3} = \frac{849.3 \times 65.5 + 485.1 \times 253.643/2}{65.5 + 65.5} \approx 849.3$$

$$F_{RH2}/N = F_r - F_{RH1} = 849.3 - 894.3 = -45$$

负号表示 F_{RH2} 的方向与受力简图中所设方向相反。

在垂直面上

$$F_{RV1}/N = F_{RV2} = F_t/2 = 2\ 282.4/2 = 1\ 141.2$$

轴承 Ⅰ 的总支承反力

$$F_{R1}/N = \sqrt{F_{RH1}^2 + F_{RV1}^2} = \sqrt{894.3^2 + 1\ 141.2^2} \approx 1\ 449.9$$

轴承 Ⅱ 的总支承反力

$$F_{R2}/N = \sqrt{F_{RH2}^2 + F_{RV2}^2} = \sqrt{(-45)^2 + 1\,141.2^2} \approx 1\,142.1$$

③ 画弯矩图(图 9.26(c)、(d)、(e))。

在水平面上

a—a 截面左侧

$$M_{aH}/(N \cdot mm) = F_{RH1} \cdot L_2 = 894.3 \times 65.5 \approx 58\,576.7$$

a—a 截面右侧

$$M_{aH}^1/(N \cdot mm) = F_{RH2} \cdot L_3 = 45 \times 65.5 = 2\,947.5$$

在垂直平面上

$$M_{aV}/(N \cdot mm) = F_{RV1} \cdot L_2 = 1\,141.2 \times 65.5 = 74\,748.6$$

合成弯矩

a—a 截面左侧

$$M_a/(N \cdot mm) = \sqrt{M_{aH}^2 + M_{aV}^2} = \sqrt{58\,576.7^2 + 74\,748.6^2} \approx 94\,966.2$$

a—a 截面右侧

$$M_a'/(N \cdot mm) = \sqrt{(M_{aH}')^2 + (M_{aV}')^2} = \sqrt{2\,947.5^2 + 74\,748.6^2} \approx 74\,806.7$$

④ 画转矩图(图 9.26(f))。

⑤ 画当量弯矩图(图 9.26(g))。

设转矩 T 按脉动循环规律变化,取折合系数 $\alpha = 0.6$,则 a—a 截面左侧当量弯矩

$$M_{ea}/(N \cdot mm) = \sqrt{M_a^2 + (\alpha T)^2} = \sqrt{94\,966.2^2 + (0.6 \times 289\,458)^2} \approx 197\,943.2$$

(5)校核轴的强度

对于一般用途的转轴,可按弯扭合成强度进行校核计算。

a—a 截面左侧,因弯矩大,有转矩,还有键槽引起的应力集中,故 a—a 截面左侧为危险截面。由表 7.5,抗弯截面模量

$$W/mm^3 = 0.1d^3 - \frac{bt(d-t)^2}{2d} = 0.1 \times 48^3 - \frac{14 \times 5.5 \times (48-5.5)^2}{2 \times 48} \approx 9\,610$$

所以

$$\sigma_e/MPa = \frac{M_{ea}}{W} = \frac{197\,943.2}{9\,610} \approx 20.6$$

已知轴的材料为 45 钢,调质处理,由表 7.2 查得 $\sigma_B = 650$ MPa,由表 7.6 查得

$$[\sigma]_{-1b} = 60 \text{ MPa}.$$

显然,$\sigma_e < [\sigma]_{-1b}$,故轴的 a—a 截面左侧的强度满足要求。

(6)校核键连接的强度

联轴器处键连接选用 $b \times h \times L = 10 \times 8 \times 56$ 的 A 型普通平键,其挤压应力

$$\sigma_p/MPa = \frac{4T}{dhl} = \frac{4 \times 289\,458}{35 \times 8 \times (56-10)} \approx 89.89$$

取键、轴及联轴器的材料都为钢,查表得 $[\sigma]_p = 120 \sim 150$ MPa。显然,$\sigma_p < [\sigma]_p$,故强度足够。

齿轮处键连接选用 $b \times h \times L = 14 \times 9 \times 56$ 的 A 型普通平键,其挤压应力

$$\sigma_p / \text{MPa} = \frac{4T}{dhl} = \frac{4 \times 289\ 458}{48 \times 9 \times (56 - 14)} \approx 63.81$$

取键、轴及齿轮的材料都为钢,已查得 $[\sigma]_p = 120 \sim 150$ MPa。显然,$\sigma_p < [\sigma]_p$,故强度足够。

(7) 校核轴承寿命

由《机械设计手册》查 7209C 轴承得 $C = 29\ 800$ N,$C_0 = 23\ 800$ N。

① 计算轴承的轴向力

由表 9.13 查得 7209C 轴承内部轴向力计算公式,则轴承 Ⅰ、Ⅱ 的内部轴向力分别为

$$F_{s1} / \text{N} = 0.4 F_{r1} = 0.4 F_{r1} = 0.4 \times 1\ 449.9 \approx 580$$

$$F_{s2} / \text{N} = 0.4 F_{r2} = 0.4 F_{r2} = 0.4 \times 1\ 142.1 \approx 456.8$$

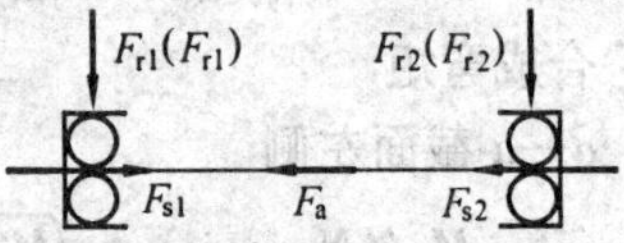

F_{s1}、F_{s2} 的方向如图 9.27 所示。F_{s2} 与 F_a 同向,则

$$(F_{s2} + F_a) / \text{N} = 456.8 + 485.1 = 941.9$$

显然,$F_{s2} + F_a > F_{s1}$,因此轴有左移趋势,但由轴

图 9.27　轴承布置及受力

承部件的结构图分析可知轴承 Ⅰ 将使轴保持平衡,故两轴承的轴向力分别为

$$F_{a1} / \text{N} = F_{s2} + F_a = 941.9$$

$$F_{a2} / \text{N} = F_{s2} = 456.8$$

比较两轴承的受力,因 $F_{r1} > F_{r2}$ 及 $F_{a1} > F_{a2}$,故只需校核轴承 Ⅰ。

② 计算当量动载荷

由 $F_{a1} / C_0 = 941.9 / 23\ 800 \approx 0.040$,查表 9.12 得 $e = 0.41$。

因为

$$F_{a1} / F_{r1} = 941.9 / 1\ 449.9 \approx 0.65 > e$$

所以

$$X = 0.44, \quad Y = 1.36$$

当量动载荷

$$F / \text{N} = X F_{r1} + Y F_{a1} = 0.44 \times 1\ 449.9 + 1.36 \times 941.9 \approx 1\ 918.9$$

③ 校核轴承寿命

轴承在 100℃ 以下工作,查表 9.9 得 $f_T = 1$。载荷平稳,查表 9.10 得 $f_F = 1.1$。

轴承 Ⅰ 的寿命

$$L_{10h} / \text{h} = \frac{10^6}{60n} \left(\frac{f_T \cdot C}{f_F \cdot F} \right)^3 = \frac{10^6}{60 \times 90.4} \left(\frac{1 \times 29\ 800}{1.1 \times 1\ 918.9} \right)^3 \approx 518\ 792.9$$

已知减速器使用 5 年,两班工作制,则预期寿命。

$$L_h' / \text{h} = 8 \times 2 \times 250 \times 5 = 20\ 000$$

显然,$L_{10h} > L_h'$,故轴承寿命很充裕。

(8) 绘制齿轮减速器输出轴承部件图(略)

思考题与习题

9-1　我国滚动轴承标准是如何对滚动轴承进行分类的？如何选择滚动轴承类型？

9-2　如何编制滚动轴承代号？

9-3　说明下列滚动轴承代号的含义：6210、N210、7210C、30310/P5/DB、51210。

9-4　滚动轴承有哪些主要失效形式？针对每种失效形式应进行何种计算？

9-5　何谓基本额定寿命 L_{10}（或 L_{10h}）、基本额定动载荷 C、当量动载荷 F 和基本额定静载荷 C_0？

9-6　什么是滚动轴承的内部轴向力？如何计算角接触轴承的轴向力 F_a？

9-7　说明下列系数 f_T、f_F、X、Y 的含义？如何查表？

9-8　滚动轴承部件有哪几种固定方式？各适用于什么场合？

9-9　如何装拆 6210、30310 轴承？

9-10　润滑和密封的目的是什么？举例说明常用密封装置的种类？

9-11　机器中一对深沟球轴承的寿命为 8 000 h，当载荷及转速分别提高 1 倍时，轴承的寿命各为多少？

9-12　某轴由一对 30208 轴承支承，如图 9.27 所示。已知：两轴承分别受到径向载荷 $F_{r1}=4\,000$ N，$F_{r2}=2\,000$ N，轴上作用有轴向外载荷 $F_a=1\,030$ N，载荷平稳，在室温下工作，转速 $n=1\,000$ r/min，试计算此对轴承的使用寿命 L_{10h}。

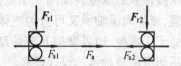

图 9.27

9-13　试指出如图 9.28 所示轴承部件的结构设计不正确之处，并在轴线下方绘图改正。

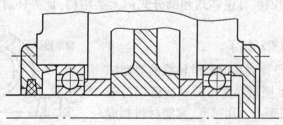

图 9.28

第 **10** 章

滑 动 轴 承

10.1　滑动轴承的概述

10.1.1　滑动轴承的分类及其结构

滑动轴承是用来支承轴的一种重要部件,工作时轴颈与轴瓦之间有滑动摩擦。

按滑动轴承工作时轴瓦和轴颈表面间呈现的摩擦状态,滑动轴承可分为流体摩擦轴承和非流体摩擦轴承。流体摩擦轴承的摩擦表面间处于流体润滑状态,又称流体润滑轴承。根据流体摩擦的形成原理,流体润滑轴承又可分为流体动压润滑轴承和流体静压润滑轴承。非流体润滑轴承则处于干摩擦、边界摩擦及流体摩擦的混合摩擦状态。本章主要讨论非流体摩擦和流体动压润滑滑动轴承的设计计算。

按滑动轴承承受载荷方向的不同,滑动轴承可分为径向滑动轴承(承受径向载荷)和推力润滑轴承(承受轴向载荷)两大类。

1. 径向滑动轴承

常用的径向滑动轴承有整体式和剖分式两大类结构,此外还有调心式径向润滑轴承等。

（1）整体式径向滑动轴承

图 10.1 所示为整体式径向润滑轴承的典型结构。这种轴承的轴承座材料常用铸铁或铸钢。轴承座用螺栓连接在机架上。用减摩、耐磨材料制成的轴瓦装在轴承座内孔中。为防止工作时轴瓦随轴转动,在轴承座与轴瓦配合面的端面用紧定螺钉固定。在轴承的顶部开出注油孔,以便加注润滑剂。通常在轴瓦的内表面开有油沟,以便于输送和分布润滑剂。

整体式轴承结构简单,在低速、轻载条件下工作的轴承和不重要的机器或手动机构中经常采

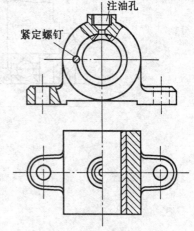

图 10.1　整体式径向润滑轴承

用。它的缺点是磨损后间隙过大时无法补偿；轴颈只能从轴承端部安装和拆卸，很不方便，也无法用于中间轴颈上。

（2）剖分式径向滑动轴承

剖分式径向滑动轴承的基本结构如图 10.2 所示。轴承座与轴承盖用双头螺柱连接，剖分轴瓦装在轴承座内，轴承座与轴承盖间采用止口定位，可保证轴瓦内孔位置准确。

这种轴承装拆方便，还可以通过增减剖分面上的调整垫片的厚度来调整间隙。轴承剖分面一般为水平方向，如图 10.2（a）所示。当外载荷为倾斜方向时，剖分面应为倾斜的，如图 10.2（b）所示，为剖分面与水平方向成 45° 的倾斜结构，图中给出的 35° 为允许载荷方向偏转的范围。

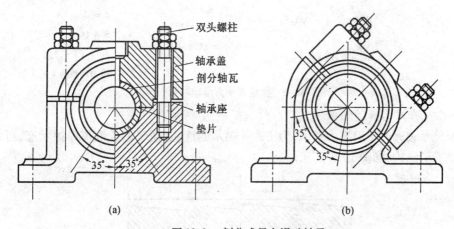

双头螺柱
轴承盖
剖分轴瓦
轴承座
垫片

(a)　　　　　　　　　　(b)

图 10.2　剖分式径向滑动轴承

（3）调心式径向滑动轴承

调心式径向滑动轴承如图 10.3 所示，其特点是：轴瓦外表面做成球状，与轴承盖及轴承座上的球形内表面相重合，轴瓦可以相对于机体自动调位以适应轴颈的偏斜，避免轴承两端的边缘接触。主要适用于宽径比 $L/d > 1.5$ 的轴承。

2. 推力滑动轴承

（1）固定瓦推力滑动轴承

推力轴承主要用来承受轴向载荷，当与径向轴承组合使用时，可以承受复合载荷。推力滑动轴承一般由 3 部分组成，即推力轴颈、推力轴瓦和轴承座。在非液体摩擦滑动

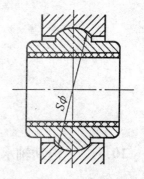

图 10.3　调心式径向滑动轴承

轴承中有时轴瓦和轴承座制成一体。图 10.4 是固定瓦推力轴承结构。图 10.4（a）为实心轴颈，这样的轴颈端面上半径大的地方速度大，磨损快，端面压力分布不均匀。实际应用中多采用如图 10.4（b）所示的空心轴颈，或如图 10.4（c）所示的推力环式的推力轴承。如载荷很大，可采用如图 10.4（d）所示的多环推力轴承，多环推力轴承的轴承座必须是剖分的才能装配和拆卸。图 10.4 中表示的推力轴承尺寸可按图下经验公式计算并圆整。固定瓦推力轴承的结构只适用于非液体摩擦滑动轴承。

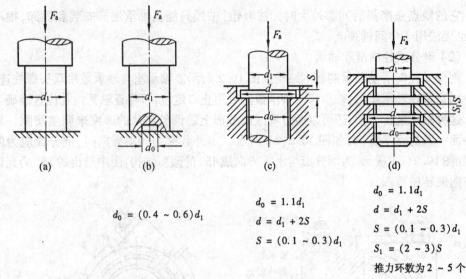

$$d_0 = (0.4 \sim 0.6)d_1$$

$$d_0 = 1.1d_1$$
$$d = d_1 + 2S$$
$$S = (0.1 \sim 0.3)d_1$$

$$d_0 = 1.1d_1$$
$$d = d_1 + 2S$$
$$S = (0.1 \sim 0.3)d_1$$
$$S_1 = (2 \sim 3)S$$

推力环数为 2 ~ 5 个

图 10.4　固定瓦推力滑动轴承

（2）多油楔推力滑动轴承

对于尺寸较大的平面推力轴承,为了改善轴承的性能,便于形成液体摩擦状态,可设计多油楔形状结构,如图 10.5 所示。

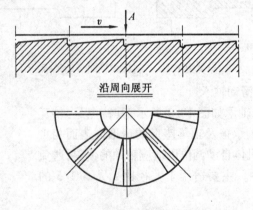

沿周向展开

图 10.5　多油楔推力滑动轴承

10.1.2　滑动轴承的特点及应用

与滚动轴承相比,滑动轴承有如下特点:

①在高速重载下能正常工作,寿命长。因为用液体摩擦轴承,液体的内摩擦取代了金属表面的摩擦,防止了磨损的发生,轴承寿命长,故轧钢机、水轮机、大电机、机床等宜于用液体摩擦轴承。

②精度高。滚动轴承零件多,工作一段时间后间隙增大,精度下降,而液体摩擦轴承只要设计合理、使用正确,就可获得满意的旋转精度。磨床主轴常用液体摩擦轴承。

③滑动轴承可做成剖分式的,能满足特殊结构需要,如发动机曲轴上装连杆的轴承必须是剖分式的,只能用滑动轴承。

④ 液体摩擦轴承具有很好的缓冲和阻尼作用,可以吸收振动、缓和冲击。

⑤ 滑动轴承的径向尺寸比滚动轴承的小。

⑥ 启动摩擦阻力较大。在启动和将要停止工作阶段轴承常处于非液体摩擦状态下。

⑦ 非液体摩擦滑动轴承具有结构简单、使用方便等优点,在转速不太高、不重要的轴上可以采用非液体摩擦滑动轴承。

10.2　轴瓦的材料和结构

轴的材料通常为碳钢和合金钢,轴经热处理后对轴颈进行精加工。轴承座的材料为铸铁或铸钢。所谓轴承材料指的是轴瓦和轴承衬材料,一般统称为轴瓦材料。滑动轴承的失效主要是轴瓦的胶合和磨损,所以对轴瓦的材料和结构有些特殊要求。

10.2.1　对轴瓦材料的要求

① 轴瓦材料要有足够的疲劳强度,才能保证轴瓦在变载荷作用下有足够的寿命。

② 轴瓦材料要有足够的抗压强度,以防止产生过大的塑性变形。

③ 轴瓦材料要有良好的减摩性和耐磨性,即要求摩擦因数小,轴瓦磨损小。

④ 轴瓦材料应具有较好的抗胶合性,以防止因摩擦热使油膜破裂后造成胶合(即黏着磨损)。

⑤ 轴瓦材料对润滑油要有较好的吸附能力,易于形成抗剪切能力较强的边界膜。

⑥ 轴瓦材料要有较好的适应性和嵌藏性,适应性好的材料跑合性能好,嵌藏性好的材料可容纳进入润滑油中微小的固体颗粒,避免轴瓦和轴颈被刮伤。

⑦ 轴瓦材料要有良好的导热性。

⑧ 轴瓦材料还要有良好的经济性和加工工艺性等。

任何一种轴瓦材料都不可能同时满足上述各项要求,设计时要根据具体条件选择能满足主要要求的材料做轴瓦或轴承衬材料。

10.2.2　常用的轴瓦材料及其性质

轴瓦材料可分为三类:金属材料、粉末冶金材料和非金属材料。一般条件下常用的是金属材料。

1.金属材料

金属材料包括轴承合金、青铜、黄铜、铝合金和铸铁(表10.1)。

(1) 轴承合金

轴承合金又称白金或巴氏合金,分为锡基轴承合金和铅基轴承合金两种。

锡基轴承合金,如 ZSnSb11Cu6,ZSnSb8Cu4,它以锡为基体,加入适量的锑和铜。基体材料锡较软,塑性、嵌藏性都很好。锑与锡、铜与锡都能形成硬晶粒,起支承和耐磨作用。

铅基轴承合金,如 ZPbSb16Sn16Cu2,ZPbSb15Sn5Cu3Cd2,它是以铅为基体,加入适量的锡和锑。

表 10.1　常用轴瓦材料及其性能

轴瓦材料		最大许用值			$t/℃$	轴颈硬度/HBW	特点及应用
		$[p]/$ MPa	$[v]/$ $(m·s^{-1})$	$[pv]/$ $(MPa·m·s^{-1})$			
锡基轴承合金	ZSnSb11Cu6	平稳载荷			150	150	强度低,其他综合性能好,用于高速重载轴承的轴承衬
		25	80	20			
	ZSnSb8Cu4	冲击载荷					
		20	60	15			
铅基轴承合金	ZPbSb16Sn16Cu2	15	12	10	150	150	综合性能仅次于锡基轴承合金,用于中等速度轴承的轴承衬
	ZPbSb15Sn5Cu3Cd2	5	8	5			
锡青铜	ZCuSn10P1	15	10	15	280	300～400	跑合性能差、抗胶合能力较高,承载能力强,用于中速重载轴承
	ZCuSn5Pb5Zn5	8	3	12			
铅青铜	ZCuPb30	21～28	12	30	250～285	300	承受变载荷和冲击载荷能力强,抗胶合能力差,用于重载轴承
铝青铜	ZCuAl10Fe3	15	4	12		280	强度高,抗胶合能力差,用于低速重载轴承
黄铜	ZCuZn16Si4	12	2	10	200	200	用于低速中载轴承
	ZCuZn38Mn2Pb2	10	1	10			
锌铝合金	ZZnAl10Cu5	20	1	10	80	80～100	强度高,导热好,不耐磨,用于低速轴承
灰铸铁	HT150	4	0.5			163～241	价格便宜,用于轻载不重要轴承
	HT200	2	1				
	HT250	1	2				

续表 10.1

轴 瓦 材 料		最大许用值				轴颈硬度 /HBW	特点及应用
		$[p]/$ MPa	$[v]/$ $(m \cdot s^{-1})$	$[pv]/$ $(MPa \cdot$ $m \cdot s^{-1})$	$t/℃$		
酚醛塑料	PF	40	12	0.5	110		抗胶合,强度高,导热不好,不耐热,可用于水润滑场合
聚四氟乙烯	PTFE	3.5	0.25	0.035	280		减摩性好,耐腐蚀,导热不好
尼龙	Nylon	7	5	0.1	110		摩擦数低,有自润滑性,导热性差,吸水易膨胀
聚碳酸酯	PC	7	5	0.01	105		易于注射成型,价格低,稳定性好,导热性差
聚酰亚胺	PI			4	260		自润滑性好,强度较高,可注射或模压成型,属耐热工程塑料
橡胶		0.34	5	0.53	65		用于水润滑轴承,吸振降噪,可补偿安装误差,导热性差
木材		14	10	0.43	88		有自润滑性,耐化学腐蚀,用于要求清洁的轴承

　　这两种轴承合金都有较好的跑合性、耐磨性和抗胶合性,但强度不高,价格很贵。实际应用时,在钢或铜制成的轴瓦内表面上浇注一层轴承合金,这层轴承合金称轴承衬,钢或铜制成的轴瓦基体称瓦背,起增加强度的作用,轴承衬起减摩、耐磨作用。高速重载和重要用途的轴承采用轴承合金。

　　(2) 青铜

　　青铜也是一种广泛使用的轴承材料,抗胶合能力仅次于轴承合金,强度较高,是轴承合金的一种代用材料。青铜分为锡青铜、铅青铜和铝青铜。

　　铸锡磷青铜的减摩性和耐磨性好,机械强度高,适用于重载轴承。

　　铅青铜的抗疲劳强度高,抗冲击性和导热性好,高温时从摩擦表面析出的铅起润滑作用。

　　铝青铜的抗冲击能力强,但抗胶合能力较低。

（3）黄铜

铸造黄铜用于滑动速度不高的轴承,综合性能不如轴承合金和青铜。

（4）铝合金

铝合金是近年才被使用的一种轴承材料,它的强度高,导热性好,耐腐蚀性好,价格低。可用轧制的方法和低碳钢结合做成双金属轴承。铝合金抗胶合能力差,耐磨性差,要求轴颈的光洁程度较高。

（5）铸铁

铸铁中的片状或球状石墨成分在轴承表面上可起润滑作用,减小摩擦。铸铁是廉价的轴承材料,用于低速、轻载或不重要的轴承。

2. 粉末冶金材料

粉末冶金材料是用不同的金属粉末经压制、烧结而成的具有多孔结构的轴瓦材料,孔隙可占体积的 10% ~ 30%,轴瓦浸入热油中以后,孔隙中充满润滑油。工作时由于轴旋转时产生的抽吸作用和轴承发热的膨胀作用,油从孔隙中进入摩擦表面起到润滑作用。不工作时油又回到孔隙中。因此这种轴承叫做含油轴承,又叫做自润滑轴承。常用的粉末冶金材料有铁-石墨和青铜-石墨两种。粉末冶金材料的许用压强见表 10.2。

表 10.2　粉末冶金轴承材料许用压强[p]

材　料	孔隙度 /%	滑动速度 /$(m \cdot s^{-1})$					
		0.1	0.5	1	2	3	4
青铜-石墨	15 ~ 20	17.7	6.86	5.88	4.90	3.43	1.18
（锡 9% ~ 10%,石墨 1% ~ 4%,	20 ~ 25	14.7	5.88	4.90	3.92	2.94	0.98
其余为铜）	25 ~ 30	11.8	4.90	3.92	2.94	2.45	0.79
铁-石墨	15 ~ 20	24.5	8.34	7.85	6.37	4.41	0.98
（石墨 1% ~ 3%,其余为铁）	20 ~ 25	19.6	6.86	6.37	5.39	3.43	0.78
	25 ~ 30	14.7	5.39	4.90	3.92	2.45	0.59

3. 非金属材料

非金属材料包括塑料、硬木、橡胶和碳-石墨等（表 10.1）。

以布为基体和以木为基体的轴承塑料,已用于制造滑动轴承。塑料轴承可用油或水润滑。塑料轴承摩擦因数小、强度较高、耐冲击,但导热性很差、耐热性不好、使用受限制。

近年来用尼龙 66,尼龙 6 注塑成形的小型轴承广泛用于低速轻载的机械上,它有自润滑作用,可以不加润滑剂。以尼龙为材料的滑动轴承的设计及计算可查阅设计手册。

10.2.3　轴瓦结构

轴瓦是滑动轴承的主要零件。设计轴承时,除了选择合适的轴瓦材料以外,还应合理地设计轴瓦结构,否则会影响滑动轴承的工作性能。做轴瓦时,为了节省贵重材料和增加强度,常制成双金属轴瓦,用贵重金属（如轴承合金）做轴承衬,用钢或铜做瓦背。瓦背强度高,轴承衬减摩性好,两者结合起来构成令人满意的轴瓦,特别是铜合金轴瓦在轴承合金轴承衬磨损后有安全作用。轴瓦的瓦背和轴承衬的连接形式参见表 10.3 或《机械设计手册》。对于一般的轴承材料,轴瓦可由一种材料制成。

　　轴瓦在轴承座中应固定可靠,轴瓦形状和结构尺寸应保证润滑良好、散热容易,并有一定的强度和刚度,装拆方便。因此设计轴瓦时应根据不同的工作条件采用不同的结构。

1. 整体式轴瓦

　　整体式轴瓦如图 10.6 所示。图 10.6(a) 为无油沟的轴瓦。轴瓦和轴承座一般采用过盈配合。常用的配合种类为 $\dfrac{H7}{s6}$。为连接可靠,可在配合表面的端部用紧定螺钉固定,如图 10.6(c) 所示,图 10.6(d) 为另外一种形式的整体轴瓦,也称卷制轴套,它是由单层、双层或多层材料卷制而成的,其开缝可以是直缝、斜缝、搭扣等形式。轴瓦外径与内径之比一般取值为 1.15 ~ 1.2。图 10.6(b) 为有油沟的轴瓦,润滑剂由注油孔注入,经油沟分布到轴瓦内表面上,使润滑效果得到改善。

表 10.3　轴承衬和瓦背的连接形式(表中 d 为轴颈直径,单位为 mm)

瓦背材料	轴承衬材料	应用场合	轴承衬厚度	沟槽形状
钢、铸铁	轴承合金或铅青铜	用于高速重载有冲击载荷场合	$s = 0.01d$	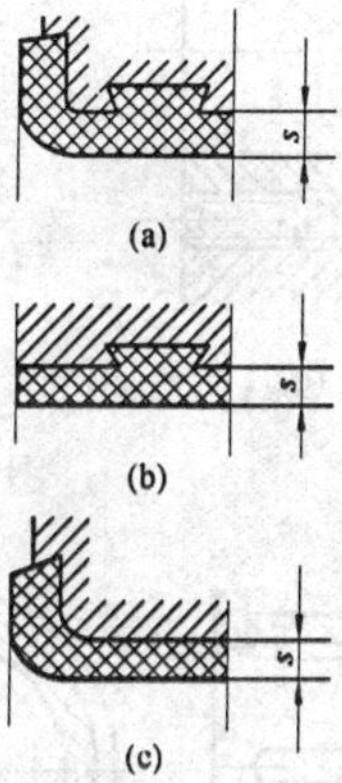 说明:(a)、(b)用于钢、铸铁轴瓦,(c)用于青铜轴瓦。轴承合金贴附在轴瓦上的牢固性以青铜最好,钢次之,铸铁最差。因为钢和铸铁中都含有碳,特别是铸铁中含碳量更大,而轴承合金与碳贴合不牢,因此为避免轴承衬脱落,在瓦背上作出各种形式的沟槽
	轴承合金	用于振动及冲击载荷下工作的轴承	$s = 0.01d$	
铸铁	轴承合金	用于平衡载荷下工作的轴承	$s = 0.01$	
青铜	轴承合金	用于高速重载的重要轴承	$s = 0.01d$	

2. 剖分式轴瓦

　　图 10.7(a) 为剖分式轴瓦。轴瓦两端的凸缘用来实现轴向定位。周向定位采用定位销(图 10.7(b))。也可以根据轴瓦厚度采用其他定位方法。在剖分面上开有轴向油沟。轴瓦厚度为 b,轴颈直径为 d,一般取 $b/d > 0.05$。轴承衬厚度通常由十分之几 mm 到 6 mm,直径大的取大值。

3. 注油孔、油沟及油室的设计

　　为了向摩擦表面间加注润滑剂,在轴承上方开设注油孔,压力供油时油孔也可以开在两侧。为了向摩擦表面输送和分布润滑剂,在轴瓦内表面开有油沟。图 10.8 和图 10.9 分别表示整体轴瓦和剖分轴瓦内表面上的油沟。从图中可以看出,油沟有轴向的、周向的和斜向的,也可以设计成其他形式的油沟。设计油沟时必须注意以下问题:轴向油沟不得在轴承的全长上开通,以免润滑剂流失过多,油沟长度一般为轴承长度的80%;液体摩擦轴承的油沟应开在非承载区,周向油沟应靠近轴承的两端,以免影响轴承的承载能力(参看图10.10);竖直轴承的周向油沟应开在轴承的上端。除此外,作用在轴上载荷变化和轴与轴瓦的相对运动情况也影响油沟的开设。如果载荷的作用方向随轴的旋转而变化,或轴瓦旋转而轴固定,则油孔与油沟应开在轴颈上,其尺寸可参见国际GB/T 6403.2—1986。

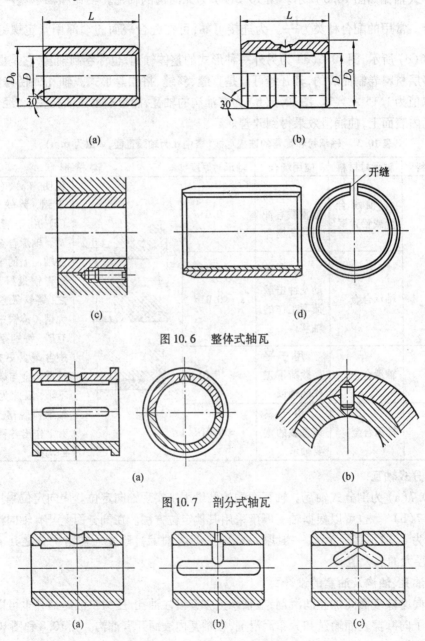

(a) (b)

(c) (d)

图10.6 整体式轴瓦

(a) (b)

图10.7 剖分式轴瓦

(a) (b) (c)

图10.8 整体轴瓦上的油沟

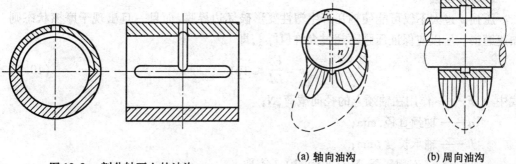

图 10.9　剖分轴瓦上的油沟

(a) 轴向油沟　　　　(b) 周向油沟

图 10.10　油沟位置对承载能力的影响

对某些载荷较大的轴承,为使润滑剂沿轴向能较均匀地分布,在轴瓦内开有油室。油室的形式有多种,图 10.11 为油室的两种形式。图 10.11(a) 为开在整个非承载区的油室;图 10.11(b) 为开在两侧的油室,适于载荷方向变化或轴经常正、反向旋转的轴承。

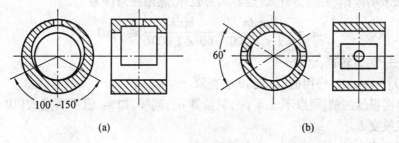

(a)　　　　　　　　　　　(b)

图 10.11　油室的位置与形状

10.3　非流体摩擦滑动轴承的计算

非流体摩擦滑动轴承工作在混合摩擦状态下,在摩擦表面间有些地方呈现流体摩擦,有些地方呈现边界摩擦。实践证明,其主要失效形式是磨损,严重时也会发生胶合。而且其失效主要取决于边界膜的强度。因此,维持边界摩擦状态,保证边界油膜不破裂是非流体摩擦滑动轴承的设计准则。边界膜的强度与油的油性有关,也与轴瓦的材料有关,还与摩擦表面的压力和温度有关。通常温度高,压力大,边界膜容易破坏,因此,非流体摩擦滑动轴承设计时一旦轴承材料选定后,则应限制压力和温度。但计算每点的压力很困难,目前只能用限制压强的办法进行条件性计算。由于轴承温度的升高是由摩擦功耗引起的,fpv 为单位时间内单位面积上的摩擦功,因此,可以限制表征摩擦功的特征值 pv 来限制摩擦功耗,亦即限制轴承温度。

10.3.1　非流体摩擦径向滑动轴承的计算

进行滑动轴承计算时,已知条件通常是轴颈受的径向载荷 F_r,轴的转速 n,轴颈的直径 d(由轴的强度计算和结构设计确定的) 和轴承的工作条件。轴承计算的任务是确定轴承的长径比 L/d,选择轴承材料,然后校核 p、pv 和 v 值。一般取 $L/d = 0.5 \sim 1.5$。

1. 验算压强

压强 p 过大不仅可能使轴瓦产生塑性变形破坏边界膜，而且一旦出现干摩擦状态则加速磨损。所以应保证压强不超过允许值 $[p]$，即

$$p = \frac{F_r}{Ld} \leq [p] \qquad (10.1)$$

式中　F_r—— 作用在轴颈上的径向载荷，N；

　　　d—— 轴颈直径，mm；

　　　L—— 轴承长度，mm；

　　　$[p]$—— 许用压强，MPa，由表 10.1 查取。

如果式(10.1)不能满足，则应另选择材料改变 $[p]$，可也以增大 L 或增大 d 重新计算。

2. 验算 pv 值

pv 值大表明摩擦功大，温升大，边界膜易破坏，其限制条件为

$$pv = \frac{F_r \pi d n}{Ld \times 1\,000} = \frac{\pi n F_r}{60 \times 1\,000 L} \leq [pv] \qquad (10.2)$$

式中　n—— 轴颈转速，r/min；

　　　$[pv]$—— pv 的许用值，由表 10.1 查取。

对于速度很低的轴，可以不验算 pv，只验算 p。同样，如 pv 值不满足式(10.2)，也应重选材料或改变 L。

3. 验算速度 v

对于跨距较大的轴，由于装配误差或轴的挠曲变形，会造成轴及轴瓦在边缘接触，局部压强很大，若速度很大则局部摩擦功也很大。这时只验算 p 和 pv 并不能保证安全可靠，因为 p 和 pv 都是平均值。因此要验算 v 值，使 $v \leq [v]$。

$$v = \frac{\pi d n}{60 \times 1\,000} \leq [v] \qquad (10.3)$$

式中　$[v]$—— 轴颈速度的许用值，m/s，由表 10.1 查取。

10.3.2　非流体摩擦推力滑动轴承的计算

推力滑动轴承的计算准则与径向滑动轴承相同。

1. 验算压强 p（几何尺寸参看图 10.4）

$$p = \frac{F_a}{z \frac{\pi}{4}(d^2 - d_0^2)k} \leq [p] \qquad (10.4)$$

式中　F_a—— 作用在轴承上的轴向力，N；

　　　d, d_0—— 止推面的外圆直径和内圆直径，mm；

　　　z—— 推力环数目；

　　　k—— 由于止推面有油沟而导致止推的面积减小的系数，通常取 $k = 0.9 \sim 0.95$。

　　　　　对于多环轴承，轴向载荷在各推力环上分配不均匀，表中 $[p]$ 值应降低

50%。

2. 验算 pv_m 值

$$pv_m \leqslant [pv_m] \tag{10.5}$$

式中 v_m —— 环形推力面的平均线速度 m/s,其值为

$$v_m = \frac{\pi d_m n}{60 \times 1\,000} \tag{10.6}$$

式中 d_m —— 环形推力面平均直径,mm,$d_m = (d + d_0)/2$;

$[pv_m]$ —— pv_m 值的许用值。

由于该特征值是用平均直径计算的,轴承推力环边缘上的速度较大,所以 $[pv_m]$ 值应较表中给出的 $[pv]$ 值低一些,对于钢轴颈配金属轴瓦,通常取其值为 $[pv_m] = 2 \sim 4$ MPa·m/s。

如以上几项计算不满足要求,可改选轴瓦材料,或改变几何参数。

10.3.3 非流体摩擦径向滑动轴承的配合

为了保证滑动轴承具有足够的间隙,又有一定的旋转精度,应合理地选择配合。选择轴承配合时,要考虑轴的精度等级和使用要求,推荐的配合种类列于表 10.4。

表 10.4 非流体摩擦轴承常用的几种间隙配合

精度等级	配合种类	应用实例
IT6	H7/g6	机床用分度头主轴轴承
IT6	H7/f6	汽车连杆轴承,齿轮及蜗杆减速器轴承,铣床、钻床主轴轴承
IT6	H7/e6	汽轮发电机、内燃机凸轮轴轴承,安装有误差的轴承,多支点轴承
IT9	Hg/f9	蒸汽机、内燃机主轴轴承,连杆轴承,电机、风扇、离心泵主轴轴承
IT11	H11/d11	农业机械
IT11	H11/b11	农业机械

【例 10.1】 一卷扬机卷筒轴的径向滑动轴承上作用有径向载荷 $F_r = 1.2 \times 10^5$ N,轴的转速 $n = 110$ r/min,轴颈直径 $d = 250$ mm,长径比 $L/d = 1$,试选择轴承材料并对轴承的工作能力进行校核计算。

解 卷扬机为一般机械,速度也不高,它的轴承不必选择最好的材料,可选择铸造锡青铜做轴瓦,其牌号为 ZCuSn5Pb5Zn5,由表 10.1 查得

$$[p] = 8 \text{ MPa}, [pv] = 12 \text{ MPa·m/s}$$

$$[v] = 3 \text{ m/s}$$

由已知条件可得

$$L = d = 250 \text{ mm}$$

(1)计算压强

$$p/\text{MPa} = \frac{F_r}{Ld} = \frac{1.2 \times 10^5}{250 \times 250} \approx 1.92 < [p]/\text{MPa} = 8$$

(2)验算速度

$$v/(\mathrm{m \cdot s^{-1}}) = \frac{\pi dn}{60 \times 1\,000} = \frac{\pi \times 250 \times 110}{60 \times 1\,000} \approx 1.44 < [v]/(\mathrm{m \cdot s^{-1}}) = 3$$

(3) 计算 pv 值

$$pv/(\mathrm{MPa \cdot m \cdot s^{-1}}) = 1.92 \times 1.44 \approx 2.76 < [pv]/(\mathrm{MPa \cdot m \cdot s^{-1}}) = 12$$

由以上计算可知,此轴承的几何尺寸合适,所选择轴承材料能满足要求。

(4) 选择轴承的配合。参考表10.4,可选 H7/e6 为轴承的配合,按此配合确定轴颈和轴瓦的加工偏差标注在零件图上。

10.4 流体摩擦动压径向滑动轴承的计算

10.4.1 流体动压润滑的形成条件

首先讨论在直角坐标内两块互相倾斜平板间流体的流动(图 10.12)。其中 N 板不动,M 板以速度 v 沿 x 方向移动。并做以下假设:① 两板间流体做层流运动;② 两板间流体是牛顿流体,其黏度只随温度的变化而改变,忽略压力对黏度的影响,而且流体是不可压缩的;③ 与两板 M、N 相接触的流体层与板间无滑动出现;④ 流体的重力和流动过程中产生的惯性力可以略去;⑤ 由于间隙很小,压力沿 y 方向大小不变;⑥ 平板沿 z 方向无限长,所以流体沿 z 方向无流动。

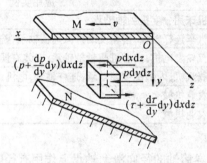

图 10.12 倾斜板间黏性流体的流动

现从层流运动的油膜中取一微单元体进行分析。如图 10.12 所示,作用在此微单位体右面和左面的压强分别为 p 及 $(p + \frac{\mathrm{d}p}{\mathrm{d}x}\mathrm{d}x)$,作用在单元体上下两面的剪切应力分别为 τ 及 $(\tau + \frac{\mathrm{d}\tau}{\mathrm{d}y}\mathrm{d}y)$。则根据间隙中任意处油膜力的平衡及流体流量连续原理可推导出一维雷诺方程

$$\frac{\mathrm{d}p}{\mathrm{d}x} = 6\eta v \frac{h - h_0}{h^3} \tag{10.7}$$

式中　η—— 润滑油的动力黏度,$\mathrm{Pa \cdot s}$;

　　　　v—— 流动速度,$\mathrm{m/s}$;

　　　　h—— 油膜厚度,mm;

　　　　h_0—— 最大油膜压力处的油膜厚度,mm。

式(10.7)描述了流体压力的变化率$\left(\dfrac{\mathrm{d}p}{\mathrm{d}x}\right)$与流体的黏度($\eta$)、流动速度($v$)和间隙($h$)之间的关系。是液体动压滑动轴承设计的理论依据。从式(10.7)中可以明确地看出形成流体动压润滑必须具备的三个条件:

① 流体必须流经收敛性楔形间隙,即从大口流入,从小口流出($h \neq h_0$);

② 流体必须有足够的速度($v \neq 0$);

③ 流体必须是黏性流体,有足够的黏度($\eta \neq 0$)。

10.4.2 流体动压径向润滑轴承的工作过程

流体径向滑动轴承的轴瓦内孔和轴颈间是间隙配合,在外载荷的作用下轴颈在轴瓦孔中偏向一侧,两表面形成楔形间隙,具备形成流体动压力的条件。流体动压滑动轴承从静止、启动到稳定工作的过程可用图10.13表示。图10.13(a)表示轴静止时的情况。图10.13(b)为刚启动时的情况,轴为顺时针转动,由于此刻轴颈转速很低,还不能形成足以使轴浮起的动压力,轴颈与轴瓦处于非流体摩擦状态。这时轴颈和轴瓦仍处于靠边界膜润滑的接触状态,轴颈沿油瓦向右上方滚动。当轴的转速足够大时,便形成较大的油膜力,将轴浮起,在油膜力的作用下轴心O向左移动,直到油膜力和外载荷F_r相平衡,轴在一个稳定位置旋转,轴颈和轴瓦处于流体摩擦状态,如图10.13(c)所示。径向滑动轴承的计算就是稳定工作状态下的各项计算。

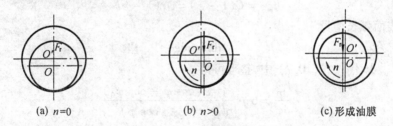

(a) $n=0$ (b) $n>0$ (c)形成油膜

图10.13 流体动压径向滑动轴承的工作过程

10.4.3 径向滑动轴承的几何参数及其基本方程

建立如图10.14所示的极坐标。以轴心O为坐标原点,以OO'的连线为极轴的初始位置,它与外载荷F_r的作用线夹角为φ_a;极坐标的转角用φ表示。

径向滑动轴承的几何参数如下:

D、d—— 轴承孔和轴颈的直径,mm;

R、r—— 轴承孔和轴颈的半径,mm;

$\Delta = D - d$—— 直径间隙,mm;

$C = R - r$—— 半径间隙,mm;

L—— 轴承长度,mm;

L/d—— 轴承长径比;

$\psi = C/r$—— 相对间隙;

$e = OO'$—— 偏心距,mm;

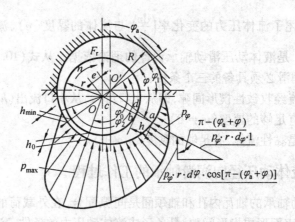

图 10.14　滑动轴承的几何参数和压力曲线

$\varepsilon = e/C$——相对偏心距(偏心率);

h——沿圆周方向任一位置的间隙(油膜厚度),mm,由图 10.14 可见

$$h = C(1 + \varepsilon\cos\varphi) \tag{10.8}$$

h_0——对应最大压力处的油膜厚度,mm,可用 $\varphi = \varphi_0$ 代入式(10.8)中求得

$$h_0 = C(1 + \varepsilon\cos\varphi_0) \tag{10.9}$$

h_{min}——最小油膜厚度,mm,当 $\varphi = \pi$ 时对应最小油膜厚度,所以

$$h_{min} = C(1 - \varepsilon) = \psi r(1 - \varepsilon) \tag{10.10}$$

轴颈表面弧长增量

$$dx = rd\varphi \tag{10.11}$$

将 h、h_0、dx 代入式(10.7)中,整理可得

$$\frac{dp}{d\varphi} = 6\eta v \frac{1}{r\psi^2} \frac{\varepsilon(\cos\varphi - \cos\varphi_0)}{(1 + \varepsilon\cos\varphi)^3} \tag{10.12}$$

此式即为动压润滑径向滑动轴承的基本方程。它表示压力 p 随转角 φ 的变化率,径向滑动轴承的压力分布曲线如图 10.14 所示。压力油膜的起始角为 φ_1,终止角为 φ_2;在轴承的圆周方向上,由 φ_1 至 φ_2 这个范围叫做承载区,承载区的压力大于零;其他部分为非承载区,非承区的压力为零。承载区的大小与油的黏度、轴颈转速、载荷 F_r 等有关。对于图 10.14 所示的剖分式轴瓦包角是指轴颈被连续的轴瓦圆弧包围部分所对的圆心角,用 α 表示。油膜角($\varphi_1 - \varphi_2$)只为包角的一部分,即包角对油膜力有一定的影响。

从图 10.14 还可看出,最小油膜厚度 h_{min} 位于 OO' 连线上。应该指出,图中表示的压力是作用在轴颈上的压力,方向指向轴心点 O,但为了使图面清晰,表示压力的箭头只画至轴瓦表面为止。

10.4.4　流体动压润滑径向滑动轴承的计算

1. 径向滑动轴承的承载量系数和最小油膜厚度计算

最小油膜厚度是滑动轴承稳定工作的重要标志之一。影响最小油膜厚度的因素很多,可以用一个表示这些因素综合影响的无量纲数 —— 承载量系数来反映。根据式

(10.12)，并计及有限长轴承的端泄，可推导出承载量系数 C_F 的计算公式

$$C_F = \frac{F_r \psi^2}{L \eta v} = \frac{\overline{F_r} \psi^2}{\eta v} \tag{10.13}$$

式中　$\overline{F_r} = F_r / L$——轴承单位长度上的载荷，N/m；

　　　　η——润滑油的黏度，Pa·s；

　　　　v——轴颈表面圆周速度，m/s；

　　　　ψ——轴承的相对间隙。

　　承载量系数 C_F 是轴承的相对偏心距 ε、包角 α 和长径比 L/d 的函数。图 10.15 为包角为 180° 时 C_F 与 ε 及 L/d 的关系曲线。设计时，根据长径比 L/d 用式（10.13）计算 C_F，然后由图 10.15 查得 ε，再由式（10.10）算得 h_{min}。也可由规定的最小膜厚，算得 C_F，再计算轴承所承受的载荷。其他包角的 $C_F - \varepsilon$ 曲线可查手册。

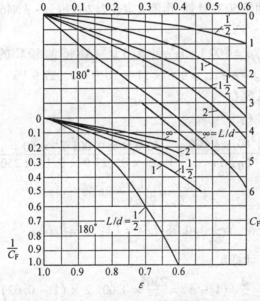

图 10.15　包角 $\alpha = 180°$ 时滑动轴承 $C_F - \varepsilon$

　　滑动轴承实现流体摩擦充分条件是保证最小油膜厚度处的轴瓦与轴颈表面不平度高峰不直接接触，因此最小油膜厚度必须满足

$$h_{min} \geqslant [h_{min}] = K(\delta_1 + \delta_2) \tag{10.14}$$

式中　$[h_{min}]$——保证流体摩擦的最小油膜厚度许用值，μm；

　　　　δ_1、δ_2——分别为轴瓦表面和轴颈表面不平度的平均值，μm，一般轴承，可分别取 δ_1 和 δ_2 值为 6.3 μm 和 3.2 μm 或 3.2 μm 和 1.6 μm；对重要轴承，可分别取 1.6 μm 和 0.8 μm，或 0.4 μm 和 0.2 μm；

　　　　K——考虑表面几何形状误差、轴的弯曲变形和安装误差的可靠性系数，通常取 $K \geqslant 2$。

　　表 10.5 列出了各种加工方法能得到表面不平度的平均值。在设计时，若最小油膜厚

度不满足式(10.14),则需修改参数重新计算,直到满足上述条件为止。

表 10.5   按加工法确定的表面不平度的平均值 μm

加工方法	精车,半精镗、中等磨光,刮(每 cm² 内 1.5 ~ 3 个点)		铰孔,精磨、精镗、刮(每 cm² 内 3 ~ 5 个点)		钻石刀头镗镗磨		研磨光,抛光,超精加工		
不平度平均值	10	6.3	3.2	1.6	0.8	0.4	0.2	0.1	0.05

【例 10.2】   一包角为 180° 的径向滑动轴承,径向载荷 $F_r = 50\,000$ N,轴颈直径 $d = 250$ mm,轴转速度 $n = 300$ r/min,长径比 $L/d = 1$,相对间隙 $\psi = 0.001\,2$,用 L - AN46 号全损损耗系统用油润滑,试计算最小油膜厚度 $h_{\min}$。

解   (1)按平均油温 50℃ 计算,由第 2 章表 2.2 查得 L - AN46 号全损耗系统用油运动黏度 $v_{50} = 31 \times 10^{-6} \text{m}^2/\text{s}$。

(2)取润滑油密度 $\rho = 900$ kg/m³,计算出 L - AN46 油 50℃ 的动力黏度 η_{50}

$$\eta_{50} = \rho \cdot v_{50} = 900 \times 31 \times 10^{-6} = 0.027\,9 \text{ Pa} \cdot \text{s}$$

(3)计算承载量系数 C_F

根据式(10.13)求 C_F

$$C_F = \frac{\overline{F_r}\psi^2}{\eta v} = \frac{F_r\psi^2 60 \times 1\,000}{L\eta\pi dn} = \frac{50\,000 \times 0.001\,2^2 \times 60 \times 1\,000}{0.25 \times 0.027\,9 \times 3.14 \times 250 \times 300} \approx 2.63$$

$$\frac{1}{C_F} = \frac{1}{2.63} \approx 0.38$$

(4)由图 10.15 查得,当 $\frac{1}{C_F} = 0.38, L/d = 1$ 时,$\varepsilon = 0.62$。

(5)按式(10.10)计算 $h_{\min}$

$$h_{\min}/\text{mm} = \frac{d}{2}\psi(1 - \varepsilon) = \frac{250}{2} \times 0.001\,2 \times (1 - 0.62) = 0.057$$

(6)验算 $h_{\min}$

按加工方法,轴瓦表面采用刮研,轴颈表面采用精磨,查表 10.5 得轴瓦 $\delta_1 = 0.006\,3$ mm,轴颈 $\delta_2 = 0.003\,2$ mm,并取可靠性系数 $K = 2$,由式(10.14)得

$$[h_{\min}]/\text{mm} = 2 \times (0.003\,2 + 0.006\,3) = 0.019$$

$h_{\min} > [h_{\min}]$,可见该滑动轴承可实现流体摩擦。

2. 滑动轴承的热平衡计算

滑动轴承工作时,润滑油内摩擦所消耗的功率将转化为热量。这些热量一部分被流动的润滑油带走,另一部分则通过轴承体散逸到周围空气中。在热平衡状态,单位时间内轴承所产生的摩擦热量等于同时间内流动的油所带走的热量及轴承散发的热量之和,维持轴承的温度不超过许用值。对于非压力供油的径向滑动轴承,则有

$$fF_r = c\rho Q(t_o - t_i) + K_s A(t_o - t_i)$$

式中　F_r——轴承的径向载荷，N，$F_r = pdL$，p 为轴承的压强，MPa；

　　　v——轴颈圆周速度，m/s；

　　　f——轴承的摩擦因数，亦即润滑油的内摩擦因数；

　　　Q——润滑油的流量，m^3/s；

　　　ρ——润滑油的密度，kg/m^3，对于矿物油，$\rho = 850 \sim 900\ kg/m^3$；

　　　C——润滑油的比热，$J \cdot kg^{-1} \cdot ℃^{-1}$，对于矿物油 $c = 1\ 900\ J \cdot kg^{-1} \cdot ℃^{-1}$；

　　　K_s——轴承体的散热系数，$J \cdot m^{-2} \cdot ℃^{-1} \cdot s^{-1}$，散热条件不好时（如轴承体周围空气流动困难）取 $K_s = 50\ J \cdot m^{-2} \cdot ℃^{-1} \cdot s^{-1}$；散热条件一般时（如轴承体周围空气流动较快）取 $K_s = 140\ J \cdot m^{-2} \cdot ℃^{-1} \cdot s^{-1}$；

　　　A——轴承体散热面积，m^2，$A = \pi dL$；

　　　t_o——润滑油的出口温度，℃；

　　　t_i——润滑油的入口温度，℃。

令 $\Delta t = t_o - t_i$，由上式可得

$$\Delta t = \frac{\dfrac{f}{\psi} \cdot p}{c\rho \dfrac{Q}{\psi vdL} + \dfrac{\pi K_s}{\psi v}} = \frac{C_F \cdot p}{c\rho C_Q + \dfrac{\pi K_s}{\psi v}} \tag{10.15}$$

式中　$C_F = \dfrac{f}{\psi}$——轴承的摩擦特性数，它表征摩擦因数的大小；

　　　$C_Q = \dfrac{Q}{\psi vdL}$——轴承的流量系数。

C_F 和 C_Q 都是无量纲参数，都是相对偏心距 ε 和长径比 L/d 的函数，其值可根据 ε 和 L/d 分别由图 10.16 和图 10.17 中查取。

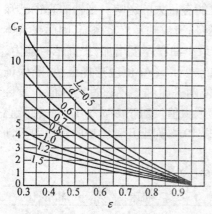

图 10.16　包角为 180° 时的摩擦特性数

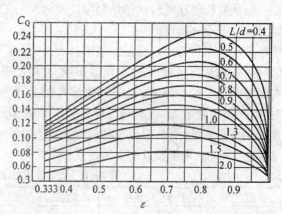

图 10.17　流量系数

温升 Δt 和平均温度 t_m（计算 C_F 时所用油的黏度所对应的温度，通常取 $t_m = 50℃$）的关系为

$$t_o = t_m + \frac{\Delta t}{2} \tag{10.16}$$

$$t_i = t_m - \frac{\Delta t}{2} \tag{10.17}$$

润滑油的出口温度 t_0 不应高于 $60 \sim 70℃$，润滑油的入口温度 t_i 应在 $30 \sim 40℃$ 之间，若算得的 t_0 和 t_i 值不在上述范围时，则应修改计算参数重新计算，直到合格为止。

3. 耗油量和摩擦功率

（1）耗油量

计算耗油量的目的是为了确定供油量，轴承工作时的耗油量

$$Q/(\mathrm{m^3 \cdot s^{-1}}) = C_Q \psi Ldv \tag{10.18}$$

（2）摩擦功率

计算摩擦功的目的是为了确定电机功率时计入摩擦功率

$$P_f/\mathrm{W} = fF_r v \tag{10.19}$$

式中　　$f = C_F \psi$ —— 摩擦因数；

　　　　F_r —— 轴承径向载荷，N；

　　　　v —— 轴颈表面圆周速度，m/s。

4. 滑动轴承主要参数和选择

在流体摩擦滑动轴承设计中已知条件通常是：作用在轴颈上的径向载荷 F_r、轴颈直径 d（按强度、刚度或结构要求确定的尺寸）、轴的转数 n 以及轴承的工作条件等。所谓轴承的设计计算就是选择合适的材料和参数，使轴承的材料满足 $p \leqslant [p]$、$pv \leqslant [pv]$、$v \leqslant [v]$ 的要求；使轴承的最小油膜厚度（h_{min}）满足式（10.14）；使温升（Δt）在规定的范围。而对最小油膜厚度和温升有明显影响的参数是轴承的长径比 L/d、轴承的相对间隙 ψ、润滑油的黏度 η 以及轴瓦和轴颈表面的不平度等。

（1）轴承长径比 L/d 的选择

轴承的长径比对滑动轴承的强度及轴承的工作性能有很大的影响。当轴的直径已知时，L/d 值将影响轴瓦上的压强，L 越小，压强 p 越大，容易造成轴瓦严重磨损，因而在流体轴承启动停车过程中应保证 p 值不过大。L/d 值大时最小油膜厚度增加，提高承载能力，但同时造成油流量减小，这时散热不利，易使温升增加。所以 L/d 值应选择合适，既保证有足够的最小油膜厚度，又不致使温升过高，同时必须确保压强 p 不超过允许值。设计时，对于高速轴承 L/d 取小值，对于低速重载轴承 L/d 取大值。对于 $L/d > 1.5$ 的轴承必须采用调心式的结构，以免轴的偏斜造成边缘接触。表 10.6 列出几种类型的机械中滑动轴承的 L/d 值，可供设计时参考。

表 10.6　流体摩擦轴承的长径比 L/d

机器类型	汽轮机、风机	电机、离心泵、减速器	机床	轧钢机
L/d	$0.5 \sim 1$	$0.7 \sim 1.5$	$0.8 \sim 1.2$	$0.6 \sim 1.5$

（2）相对间隙 ψ 和轴承配合的选择

相对间隙对轴承的工作特性有很大的影响。图 10.18 表示出相对间隙从几个方面对轴承特性的影响。相对间隙 ψ 增加时，润滑油流量增加，温升将下降，同时摩擦功也降低。而由式（10.13）和图（10.15）知，ψ 增加时 C_F 增大，则 ε 增加，这样会使 h_{min} 减小；但由式（10.10）知，ψ 的增加又会使 h_{min} 增加。所以 ψ 在一定范围内增加时使 h_{min} 增加，超

过这个范围再增加时 $h_{\min}$ 将减小(图 10.18)。设计时通常根据速度按经验公式初选,验算后再进行修正,选择 ψ 的经验公式为

$$\psi = (0.6 \sim 1.0) \times 10^{-3} v^{0.25} \tag{10.20}$$

利用式(10.20)时,载荷大时选小值,载荷小时选大值。

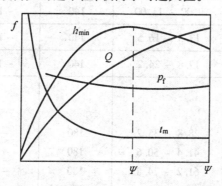

图 10.18　相对间隙 ψ 对轴承特性的影响

选定间隙后,按间隙选择轴瓦和轴颈的配合。由于间隙的限制,选配合时往往很难采用基孔制或基轴制,而多采用混合配合。配合选定后按最大间隙计算最小油膜厚度并使其满足式(10.14)。按最小间隙进行热平衡计算,使轴承的温升在允许的范围。

(3)润滑油的选择及黏度的确定

润滑油的黏度 η 也是影响轴承工作特性的参数之一。黏度高时最小油膜厚度大,有较高的承载能力;但黏度高时易发热,所以载荷大时选黏度高的油,速度高时选黏度低的油。流体摩擦轴承用的润滑牌号及黏度参考表 10.7 选择。设计时,当最小油膜厚度不满足要求时,改选黏度高的油;当温升过高时改选黏度低的油。

表 10.7　流体摩擦轴承常用润滑油的黏度及主要用途

名称	牌号	运动黏度 $(\times 10^{-6})/$ $(\mathrm{m}^2 \cdot \mathrm{s}^{-1})(40℃)$	闪点(开口)/ ℃ ≤	凝固点 / ℃ ≤	主要用途
全损耗系统用油(GB/T 443—1989)	L – AN10	9.00 ~ 11.00	130	– 5	纺织机械,机床轴承;高速轻载或中小负荷轴承集中润滑系统;中小型齿轮、蜗杆传动浸油或喷油润滑　低速重载的纺织机械,重型机床,锻压或铸工设备轴承
	L – AN15	13.5 ~ 16.5	150	– 5	
	L – AN22	19.8 ~ 24.2	150	– 5	
	L – AN32	28.8 ~ 35.2	150	– 5	
	L – AN46	41.4 ~ 50.6	160	– 5	
	L – AN68	61.2 ~ 74.8	160	– 5	
	L – AN100	90.0 ~ 110	180	– 5	
	L – AN150	135 ~ 165	180	– 5	

续表10.7

名称	牌号	运动黏度 ($\times 10^{-6}$)/ ($m^2 \cdot s^{-1}$)(40℃)	闪点(开口)/ ℃ ≤	凝固点／℃ ≤	主要用途
轴承油(SF 0017—1990)	L－FC10	9.00 ~ 11.00	140	－18	高速轻载轴承: 8 000/min 以上的 精密机械、机床及 纺织纱锭轴承
	L－FC15	13.5 ~ 16.5	140	－12	
	L－FC22	19.8 ~ 24.2	140	－12	
汽轮机油 (GB/T 11120—1998)	L－TSA32	28.8 ~ 35.2	180	－7	3 000 r/min 以上 的汽轮轴承; 2 000 ~ 3 000 r/min 的汽轮机或 水轮机轴承; 2 000 r/min 水下 的汽轮机或水轮机 轴承
	L－TSA46	41.4 ~ 50.6	180	－7	
	L－TSA68	61.2 ~ 74.8	180	－7	

(4) 最小油膜厚度许用值的确定

最小油膜厚度许用值由式(10.14)确定。轴瓦及轴颈表面不平度参考表10.5选择。选择表面不平度时要综合考虑需要和经济性。

【例10.3】 设计一机床用流体摩擦轴承,载荷方向一定,工作稳定,采用对开轴瓦,作用在轴颈上的径向载荷 $F_r = 38\ 000$ N,轴的转速 $n = 1\ 460$ r/min,轴颈直径 $d = 110$ mm。

解 (1)初选参数

① 取 $L/d = 1$,则 $L = d = 110$ mm。

② 选择润滑油、确定黏度。由表10.7初选全损耗系统用油 L－AN46,由第2章表2.2查得50℃ 时油的运动黏度为 $v_{50} = 31 \times 10^{-6}$ m²/s,其动力黏度为

$$\eta/(Pa \cdot s^{-1}) = v \cdot \rho = 31 \times 900 \times 10^{-6} = 0.027\ 9$$

③ 选择相对间隙及轴承配合。按式(10.20),轴承的相对间隙

$$\psi = (0.6 \sim 0.1) \times 10^{-3} v^{0.25} =$$

$$(0.6 \sim 1.0) \times 10^{-3}(\frac{\pi \times 110 \times 1\ 460}{60 \times 1\ 000})^{0.25} \approx 0.001\ 02 \sim 0.001\ 7$$

为了选择配合性质应计算出直径间隙

$$\Delta'/mm = \psi \cdot d = (0.001\ 02 \sim 0.001\ 70) \times 110 = (0.112 \sim 0.187)$$

按此间隙,根据国家标准 GB/T 1800.4—1999 选择 $\varphi115\dfrac{H7}{d6}$,孔:$\varphi\ 115_0^{+0.035}$,轴:$\varphi\ 115_{-0.142}^{-0.120}$,这种配合产生的间隙为

$$\Delta_{min} = 0.120 \text{ mm}; \quad \Delta_{max} = 0.177 \text{ mm}$$

④ 最小油膜厚度许用值计算。根据式(10.14),按表10.5加工要求

$$[h_{min}] = K(\delta_1 + \delta_2)$$

轴瓦表面采用刮研,取 $\delta_1 = 0.006\,3$ mm;轴颈表面采用精磨,取 $\delta_2 = 0.003\,2$ mm,并取 $K = 2$,则

$$[h_{min}]/mm = 2(0.006\,3 + 0.003\,2) = 0.019$$

⑤选择轴瓦材料。由于轴承所受载荷较大,选择强度高的材料铸造铅青铜 ZCuPb30,查表 10.1 得 $[p] = 21 \sim 28$ MPa,$[v] = 12$ m/s,$[pv] = 30$ MPa·m/s。

2.验算 p、pv 和 v 值

由于启动停车时发生非流体摩擦,故需验算 p、pv 和 v 值。

①$p/MPa = \dfrac{F_r}{Ld} = \dfrac{38\,000}{110 \times 110} \approx 3.14 < [p]/MPa = 21 \sim 28$

②$v/(m \cdot s^{-1}) = \dfrac{\pi dn}{60 \times 1\,000} = \dfrac{\pi \times 110 \times 1\,460}{60 \times 1\,000} \approx 8.4 < [v]/(m \cdot s^{-1}) = 12$

③$pv/(MPa \cdot m \cdot s^{-1}) = 3.14 \times 8.4 \approx 26.4 \leqslant [pv]/(MPa \cdot m \cdot s^{-1}) = 30$

以上验算结果表明,所选材料是合适的。

(3)最小油膜厚度计算

计算最小油膜厚度是检验所设计的轴承是否能实现流体摩擦,即能否满足 $h_{min} \geqslant [h_{min}]$ 条件。

①最大间隙时 $\psi = \Delta_{max}/d = 0.177/110 \approx 0.001\,61$

$$C_F = \dfrac{F_r \psi^2}{L \eta v} = \dfrac{38\,000 \times 0.001\,61^2}{0.110 \times 0.027\,9 \times 8.4} \approx 3.82$$

$1/C_F = 1/3.82 = 0.26$ 查图 10.15,当 $L/d = 1$ 时

$$\varepsilon = 0.71$$

$$h_{min}/mm = \psi \dfrac{d}{2}(1 - \varepsilon) = 0.001\,61 \times \dfrac{110}{2}(1 - 0.71) \approx 0.026$$

比 $[h_{min}] = 0.019$ mm 大,能实现流体摩擦。

②最小间隙时

$$\psi = \Delta_{min}/d = 0.120/110 \approx 0.001\,09$$

$$C_F = \dfrac{F_r \psi^2}{L \eta v} = \dfrac{38\,000 \times 0.001\,09^2}{0.110 \times 0.027\,9 \times 8.4} \approx 1.75$$

由图 10.15 根据 $L/d = 1$,$C_F = 1.75$ 时,$\varepsilon = 0.51$

$$h_{min}/mm = \psi \dfrac{d}{2}(1 - \varepsilon) = 0.001\,09 \times \dfrac{110}{2}(1 - 0.51) \approx 0.029$$

$h_{min} > [h_{min}]$,也可实现流体摩擦。

(4)热平衡计算

热平衡计算时只需计算最小间隙时的温升就可以了,因为间隙越大温升越低。

①按 Δ_{min} 计算摩擦因数。由图 10.16,$L/d = 1$,$\varepsilon = 0.51$ 时,$C_F = 2.7$,则

$$f = C_F \psi = 2.7 \times 0.001\,09 \approx 0.002\,9$$

②计算温升。

a.当时 $\varepsilon = 0.51$ 时,$C_Q = 0.122$ 图(10.17);

b. $c = 1\,900$ J·kg^{-1}·℃$^{-1}$, $\rho = 900$ kg·m^{-3}, $K_s = 140$ J·m^{-2}·℃$^{-1}$·s^{-1} (散热条件一般)

$$\Delta t/℃ = \frac{\left(\frac{f}{\psi}\right)p \times 10^6}{c\rho C_Q + \frac{\pi K_s}{\psi v}} = \frac{2.7 \times 3.14 \times 10^6}{1\,900 \times 900 \times 0.122 + \frac{\pi \times 140}{0.001\,09 \times 8.4}} \approx 33$$

③ 润滑油出口温度和入口温度

$$t_o = t_m + \Delta t/2 = 50 + 33/2 = 66.5℃$$
$$t_i = t_m - \Delta t/2 = 50 - 33/2 = 33.5℃$$

因一般取 $t_o = 60 \sim 70℃$, $t_i = 30 \sim 40℃$, 故本设计润滑油出口温度和进口温度均在允许范围, 所选参数是合适的。

(5) 润滑油流量和摩擦功率

① 耗油量按最大间隙时计算

$$Q/(\text{m}^3 \cdot \text{s}^{-1}) = C_Q \psi L dv = 0.122 \times 0.001\,61 \times 0.110 \times 0.110 \times 8.4 \approx 2 \times 10^{-5}$$

② 摩擦功率按最小间隙时计算

$$P_f/\text{W} = fF_r v = 0.002\,9 \times 38\,000 \times 8.4 \approx 925.7$$

全部计算表明, 最大间隙时能保证流体摩擦状态, 最小间隙时能保持热平衡, 设计合理。

10.5　滑动轴承用润滑剂与润滑装置

10.5.1　滑动轴承用润滑剂的选择

1. 流体摩擦轴承用润滑油的选择

流体摩擦轴承均用润滑油来润滑。选择润滑油时, 先根据工作条件初选润滑油的黏度, 然后根据油的黏度确定牌号。初选黏度时可按下列原则从表10.7中选择。

(1) 重载有冲击时选择较高的黏度。

(2) 高速、轻载时选择较低的黏度。

2. 非流体摩擦轴承用润滑剂的选择

非流体摩擦轴承有的用润滑油, 有的用润滑脂。这要用系数 K 来估计

$$K = \sqrt{pv^3} \tag{10.21}$$

式中　p——轴承的压强, MPa;

　　　　v——轴颈表面圆周速度, m/s。

当 $K > 2$ 时选用润滑油润滑, 参考表10.8来选择润滑油; 当 $K \leqslant 2$ 时选用润滑脂来润滑, 参考表10.9来选择润滑脂, 主要考虑载荷、速度和工作温度, 轻载、高速时选针入度大的润滑脂, 工作温度高时选择滴点高的润滑脂。

表 10.8　非流体摩擦轴承润滑油的选择

轴颈圆周速度 $v/(\text{m} \cdot \text{s}^{-1})$	平均压强 $p < 3$ MPa	轴颈圆周速度 $v/(\text{m} \cdot \text{s}^{-1})$	平均压强 $p = 3 \sim 7.5$ MPa
< 0.1	L – AN68、100、150	< 0.1	L – AN150
0.1 ~ 0.3	L – AN68、100	0.1 ~ 0.3	L – AN100、150
0.3 ~ 2.5	L – AN46、68	0.3 ~ 0.6	L – AN100
2.5 ~ 5.0	L – AN32、46	0.6 ~ 1.2	L – AN68、100
5.0 ~ 9.0	L – AN15、22、32	1.2 ~ 2.0	L – AN68
> 9.0	L – AN7、10、15		

注:表中润滑油是以 40℃ 时运动黏度为基础的牌号。

表 10.9　滑动轴承润滑脂的选择

轴颈圆周速度 $v/(\text{m} \cdot \text{s}^{-1})$	压强 p/MPa	最高工作温度 /℃	润滑脂
< 1	≤ 1	75	3 号钙基脂
0.5 ~ 5	1 ~ 6.5	55	2 号钙基脂
≤ 1	1 ~ 6.5	110	锂基脂
0.5 ~ 5	> 6.5	120	3 号钠基脂
< 0.5	> 6.5	75	2 号钙基脂
< 0.5	> 6.5	110	1 号钙-钠基脂
0.5	> 6.5	60	2 号压延机用润滑脂

10.5.2　润滑方法与润滑装置

润滑油或润滑脂的供应方法在设计中也是很重要的,尤其是油润滑时的供应方法与零件在工作中所处的润滑状态有密切的关系。而各种需要润滑的零件所处的工作条件是不同的,使用的润滑剂也不同,故采用的润滑方法、润滑装置也有差别。下面介绍几种常见的润滑方法和润滑装置。

1. 油润滑

向摩擦表面施加润滑油的方法可分为间歇式和连续式两种。间歇式润滑是每隔一定时间用注油枪或油壶向润滑部位(如轴承注油孔)加注润滑剂,图 10.19 是两种注油器,其中图 10.19(a)为压配式注油器,图 10.19(b)为旋套式注油器。它们是常用的间歇润滑装置。对于小型、低速或间歇运动的机器可采用间歇式润滑。

间歇式润滑供油不充分,润滑效果不理想。对于比较重要的零件应采用连续润滑方式,常用的连续润滑方式有以下几种。

（1）滴油润滑

图 10.20 和图 10.21 分别是针阀式油杯和油芯式油杯,都可做连续滴油润滑装置。对于针阀式油杯,竖起手柄可将针阀提起,润滑油便经杯下端的小孔滴入润滑部位,不需要润滑时,放下手柄,针阀在弹簧力作用下向下移动将漏油孔堵住。对于油芯式油杯,利用油芯的毛细管吸附作用将吸取的润滑油滴入润滑的部位,这种润滑方式只用于润滑油量不需要太大的场合。

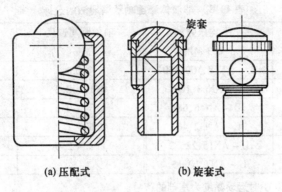

(a) 压配式   (b) 旋套式

图 10.19   注油器

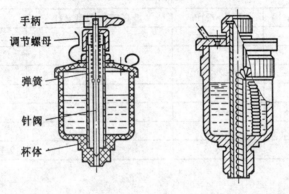

图 10.20   针阀式油杯   图 10.21   油芯式油杯

（2）油环润滑

图 10.22 为油环润滑装置。油环套装在轴颈上,油环的下部浸入油池中,轴旋转时带动油环滚动,把润滑油带到轴颈上,油沿轴颈流入润滑部位。油环润滑只能用于水平位置的轴承,转速为 500 ~ 3 000 r/min。转速太低油环带油量不足,转速过高时油环上的油大部分被甩掉也造成供油不足。

（3）浸油润滑

将轴颈浸在油池中则不需另加润滑装置,轴颈便可将润滑油带入轴承,油经油沟流入润滑部位,浸油润滑供油充分,结构也较简单,散热良好,但搅油损失大。

（4）飞溅润滑

利用传动零件如齿轮或专供润滑用的甩油盘将润滑油甩起并飞溅到需要润滑的部位,或通过壳体上的油沟将飞溅起的润滑油收集起来,使其沿油沟流入润滑部位。采用飞溅润滑时,浸在油中的零件(如齿轮,甩油盘等)的圆周速度应在 2 ~ 13 m/s。速度低于 2 m/s 时,被甩起的润滑油量太小,速度太大时润滑油产生大量泡沫不利润滑且油易氧化变质。

（5）压力循环润滑

当润滑油的需要量很大,采用前几种润滑方式满足不了润滑要求时,必须采用压力循环供油。利用油泵供给具有足够压力和流量的润滑油,施行强制润滑。压力供油一般用在高速重载轴承中。压力供油不仅可加大供油量,还可以把摩擦产生的热量带走,维持轴承的热平衡,但需要一个供油系统,结构较复杂。

(6) 油雾润滑

图 10.23 是一种油雾润滑装置。主要由喷管 1、吸油管 2 和油量调节器 3 三部分组成。压缩空气以一定速度通过喷管,在喉头 A 处形成负压区,油被吸入喷管,吸入量可以通过调节器调节,润滑油在管中被压缩空气雾化并随之弥散至润滑部位。由于压缩空气和油雾一同被送到润滑部位,因此,油雾润滑有较好的冷却和清洗效果,但是排出的油雾可能造成污染。油雾润滑主要用于 Dn 值较大的高速滚动轴承(高于 $6 \times 10^5\,\mathrm{mm \cdot r/min}$)以及线速度较大的(高于 $5 \sim 15\,\mathrm{m/s}$) 闭式齿轮传动中。

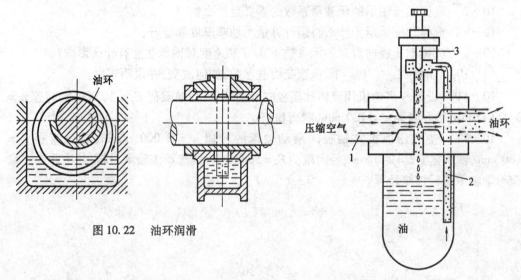

图 10.22   油环润滑

图 10.23   油雾润滑

2. 脂润滑

脂润滑时只能采用间歇供应方式。应用最广泛的脂润滑装置是如图 10.24 所示旋盖式油脂杯。杯中装满润滑脂,需要供脂润滑时,旋动上盖即可将润滑脂压入润滑部位。有的也使用油枪向轴承补充润滑脂,这时要安装压注式油嘴,如图 10.25 所示。

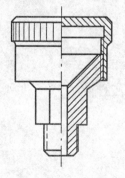

图 10.24   旋盖式油脂杯

图 10.25   压注式油嘴

思考题与习题

10-1 滑动轴承的摩擦状态有几种？各有什么特点？

10-2 试述整体式和剖分式径向滑动轴承各有什么特点及应用场合。

10-3 对滑动轴承材料有哪些主要要求？

10-4 轴瓦上为何要开油沟？油沟应开在什么位置？为什么？

10-5 设计非流体摩擦滑动轴承时为什么要验算 p、pv 和 v？

10-6 写出一维雷诺方程式，并解释具有哪些条件才可能形成流体动压润滑？

10-7 流体动压轴承的承载量系数的意义是什么？

10-8 流体动压轴承为什么必须计算最小油膜厚度和温升？

10-9 流体动压径向滑动轴承参数 ψ，L/d 和速度对轴承性能有什么影响？

10-10 如果 $h_{min} \not> [h_{min}]$，应改变哪些参数，如何改变，并说明理由。

10-11 设计一汽轮机用流体动压径向滑动轴承，径向载荷 $F_r = 10\,000$ N，转速 $n = 3\,000$ r/min，轴颈直径 $d = 100$ mm，载荷稳定。

10-12 空气压缩机主轴径向滑动轴承的转速 $n = 3\,000$ r/min、轴颈直径 $d = 160$ mm、轴承宽度 $L = 240$ mm、径向载荷 $F_r = 50\,000$ N，试选择该轴承材料，并按非流体摩擦滑动轴承进行校核计算。

第11章

弹　簧

11.1　弹簧的功用与类型

11.1.1　弹簧的功用

弹簧是一种应用十分广泛的弹性元件,在载荷的作用下它可以产生较大的弹性变形,将机械功或动能转变为变形能,在恢复变形时,则将变形能转变为机械功或动能。它在机械设备、电器、仪表、军工设备、交通运输及日常生活器具等方面得到广泛的应用。其主要功用是:

(1) 缓冲和吸振

利用弹簧变形来吸收冲击和振动时的能量,如汽车、火车车厢下的减振弹簧、联轴器中的吸振弹簧等。这类弹簧具有较大的弹性变形能力。

(2) 储存及输出能量

利用弹性变形所储存的能量做功,如钟表弹簧、枪栓弹簧、自动机床中刀架自动返回装置中的弹簧等。这种弹簧既要求有较大的弹性,又要求作用力较稳定。

(3) 控制机构的运动

利用弹簧的弹力保持零件之间的接触,以控制机构的运动,如内燃机中的阀门弹簧,制动器、离合器、凸轮机构、调速器中的控制弹簧,安全阀上的安全弹簧等。这类弹簧要求在某一定变形范围内的刚度变化不大。

(4) 测量力的大小

利用弹簧变形量与其承受的载荷呈线性关系的特性来测量载荷的大小,如测力器及弹簧秤中的弹簧。这类弹簧要求其受力与变形呈线性关系。

11.1.2　弹簧的类型和特点

按承受载荷的不同,可分为拉伸弹簧、压缩弹簧、扭转弹簧和弯曲弹簧等;按弹簧形状不同,可分为螺旋弹簧、碟形弹簧、环形弹簧、盘簧、板弹簧等。表11.1列出了弹簧的主要类型及特性线。

螺旋弹簧是用弹簧丝卷绕制成的,因为制造简便,所以应用最广。碟形弹簧和环形弹簧能够承受很大的冲击载荷,并有良好的吸振能力,因此常用做缓冲弹簧。板弹簧有较好的消振能力,所以在火车、汽车等车辆中应用广泛。当受载不是很大而轴向尺寸又很小时,可以采用盘簧,盘簧在各种仪器中广泛地用做储能装置。

本章主要介绍圆柱螺旋压缩(拉伸)弹簧的设计计算。

表 11.1　弹簧的主要类型和特性线

形状载荷	螺旋形		其他形	
	简图	特性线	简图	特性线
拉伸	圆柱形拉伸螺旋弹簧	(a)无预应力 (b)有预应力	环形弹簧	
压缩	圆柱形压缩螺旋弹簧		碟形弹簧 叠合 对合	叠合　对合
	变节距圆柱形压缩螺旋弹簧		橡胶弹簧	
	圆锥形压缩螺旋弹簧		空气弹簧	

续表11.1

形状	螺旋形		其他形	
载荷	简图	特性线	简图	特性线
扭转	圆柱形扭转螺旋弹簧		蜗卷形盘簧	
			扭杆弹簧	
弯曲			板弹簧	

注:F— 工作载荷;f— 变形量;T— 转矩;φ— 角变形(扭转角)。

11.2 圆柱螺旋弹簧的材料、结构和制造

11.2.1 弹簧的材料及许用应力

对弹簧的材料的主要要求是:

① 必须有较高的弹性极限、强度极限、疲劳极限和冲击韧性。

② 具有良好的热处理性能,热处理后应有足够的经久不变的弹性,且脱碳性要小。

③ 对冷拔材料要求有均匀的硬度和良好的塑性。

选择弹簧材料时,应综合考虑弹簧的功用、重要程度、工作条件(如载荷的大小和性质、周围的介质和工作温度等)以及加工和热处理各种因素。

常用的弹簧材料有:碳素弹簧钢、合金弹簧钢、不锈钢等。当受力较小而又有防腐蚀或防磁等特殊要求时,可用不锈钢或青铜等材料制造,其缺点是不易热处理,力学性能较差,所以在一般机械中很少采用。根据需要,有时也可采用非金属材料制作弹簧,如橡胶、塑料、软木和空气等。

根据弹簧的重要程度和载荷性质,弹簧可分为三类:

Ⅰ 类 —— 用于承受载荷循环次数在 10^6 次以上的变载荷弹簧;

Ⅱ 类 —— 用于承受载荷循环次数在 $10^3 \sim 10^6$ 次之间的变载荷或承受动载荷的弹簧和承受静载荷的重要弹簧;

Ⅲ 类 —— 用于承受载荷循环次数在 10^3 次以下的变载荷弹簧或承受静载荷的一般

弹簧。

表11.2列出了常用的弹簧材料及其许用应力,供设计弹簧选择材料时参考。

表11.2　常用金属弹簧材料及其许用应力（摘自 GB/T1239.6—1992）

类别	牌号	许用切应力 $[\tau]$ /MPa			许用弯曲应力 $[\sigma_b]$ /MPa		弹性模量 E/GPa	切变模量 G/GPa	推荐硬度范围 HRC	推荐使用温度/℃	特性及用途
		Ⅰ类弹簧	Ⅱ类弹簧	Ⅲ类弹簧	Ⅱ类弹簧	Ⅲ类弹簧					
碳素钢丝	65　70 65Mn 70Mn	$0.3\sigma_b$	$0.4\sigma_b$	$0.5\sigma_b$	$0.5\sigma_b$	$0.625\sigma_b$	$d=$ 0.5~4 78.5~ 81.5 $d>4$ 78.5	$d=$ 0.5~4 202~ 204 $d>4$ 197	—	-40~ 120	强度高,性能好,适用于做小弹簧($d\leqslant8$ mm)或要求不高、载荷不大的大弹簧
合金钢丝	60Si2Mn 60Si2MnA	471	627	785	785	981	78.5	197	45~ 50	-40~ 200	弹性好,回火稳定性好,易脱碳,用于受大载荷的弹簧
	50CrVA 30W4Cr2VA	441	588	735	735	922	78.5	197	43~ 47	-40~ 210	高温时强度高,淬透性好
不锈钢丝	1Cr18Ni9 1Cr18Ni9Ti	324	432	533	533	677	71.6	193	—	-250 ~300	耐腐蚀,耐高温,工艺性好,适用于做小弹簧($d<$ 10 mm)
	4Cr13	441	588	735	735	922	75.5	215	48~ 53	-40 ~300	耐腐蚀,耐高温,适用于做大弹簧

续表 11. 2

类别	牌号	许用切应力[τ]/MPa			许用弯曲应力[σ_b]/MPa		弹性模量 E/GPa	切变模量 G/GPa	推荐硬度范围 HRC	推荐使用温度/℃	特性及用途
		I 类弹簧	II 类弹簧	III 类弹簧	II 类弹簧	III 类弹簧					
不锈钢丝	0Cr17Ni7Al 0Cr15Ni12Mo2	471	628	785	785	981	73.5	183	—	−200 ~ 300	强度、硬度很高,耐高温,加工性能好,适用于形状复杂、表面状态要求高的弹簧
铜合金丝	Qsi3－1 QSn4－3 QSn65－0.1	265	353	441	441	549	40.2 39.2	93.2	(90 ~ 100) HBW	−40 ~ 120	耐腐蚀,防磁好
	QBe2	353	441	549	549	735	42.2	129.5	37 ~ 40		耐腐蚀,防磁,导电性及弹性好

注:① 表中[τ]、[σ_b]、G 和 E 值是在常温下按表中推荐硬度范围的下限值。

② 许用应力的分类:I 类弹簧的工作极限应力 $\tau_j \leqslant 1.67[\tau]$;II 类:弹簧的工作极限应力 $\tau_j \leqslant 1.25[\tau]$,$\sigma_j = 0.625[\sigma_b]$;III 类:弹簧的工作极限应力 $\tau_j \leqslant 1.12[\tau]$,$\sigma_j = 0.8[\sigma_b]$。

③ 表中许用切应力为压缩弹簧的许用值,拉伸弹簧的许用切应力为压缩弹簧的80%。

④ 扭转弹簧工作极限弯曲应力 σ_j:II 类:$\sigma_j \leqslant 0.625[\sigma_b]$;III 类:$\sigma_j \leqslant 0.8[\sigma_b]$。

⑤ 当工作温度大于 60℃ 时,应对切变模量进行修正。

⑥ 强压(拉)处理的弹簧,其许用应力可增大 25%。

⑦ 喷丸处理的弹簧,其许用应力可增大 20%。

⑧ 对遭受重要损坏后引起机器不能工作的弹簧,许用应力适当降低。

弹簧钢丝的抗拉强度 σ_b 与材料的机械性能级别及钢丝直径 d 有关。弹簧钢丝的抗拉强度 σ_b 见表 11.3。

表 11.3　弹簧钢丝抗拉强度 σ_b（摘自 GB/T 1239.6—1992）　　　　　　MPa

钢丝直径 d/mm	碳素弹簧钢丝 GB/T 4357—1989			油淬火回火碳素弹簧钢丝 YB/T 5013—1993		阀门用油淬火回火铬钒合金弹簧钢丝 50CrVA YB/T 5008—1993	弹簧用不锈钢丝 GB/T 4240—1993		
	B 级低应力弹簧	C 级中应力弹簧	D 级高应力弹簧	A 类一般强度	B 类较高强度		A 组 1Cr18Ni9 00Cr19Ni10	B 组 00Cr18Ni10N	C 组 0Cr17Ni7Al
1.0	1 660	1 960	2 300	—	—	1 667	1 471	1 863	1 765
1.2	1 620	1 910	2 250	—	—	1 667	1 373	1 765	1 667
1.4	1 620	1 860	2 150	—	—	1 667	1 324	1 765	1 667
1.6	1 570	1 810	2 110	—	—	1 667	1 324	1 667	1 599
1.8	1 520	1 760	2 010	—	—	1 667	1 324	1 667	1 599
2.0	1 470	1 710	1 910	1 618	1 716	1 618	1 124	1 667	1 599
2.2	1 420	1 660	1 810	1 569	1 667	1 618	—	—	—
2.5	1 420	1 660	1 760	1 569	1 667	1 618	1 275①	1 569①	1 471①
2.8	1 370	1 620	1 710	1 569	1 667	1 618	1 177②	1 471②	1 373②
3.0	1 370	1 570	1 710	1 520	1 618	1 618	—	—	—
3.2	1 320	1 570	1 660	1 471	1 569	1 659	1 177	1 471	1 373
3.5	1 320	1 570	1 660	1 471	1 569	1 659	1 177	1 471	1 373
4	1 320	1 520	1 620	1 422	1 520	1 620	1 177	1 471	1 373
4.5	1 320	1 520	1 620	1 373	1 471	1 520	1 079	1 373	1 275
5	1 320	1 470	1 570	1 324	1 422	1 471	1 079	1 373	1 275
5.5	1 270	1 470	1 570	1 275	1 373	1 471	1 079	1 373	1 275
6	1 220	1 470	1 520	1 275	1 373	1 471	1 079	1 373	1 275
7	1 170	1 370	—	1 226	1 324	1 422	981	1 275	—
8	1 170	1 370	—	1 226	1 324	1 373	981	1 275	—
9	1 130	1 320	—	1 226	1 324	1 373	—	1 128	—
10	1 130	1 320	—	—	—	1 373	—	981	—

注:①— 对应于簧丝直径 $d = 2.3 \sim 2.6$ mm;②— 对应于簧丝直径 $d = 2.9$ mm。

11.2.2　圆柱螺旋弹簧的制造及其端部结构

螺旋弹簧的制造过程主要包括:① 卷绕:冷卷法,热卷法;② 钩环的制作或两端的加工;③ 热处理;④ 工艺试验及必要的强压或喷丸等强化处理。

卷绕的方法有冷卷和热卷两种。冷卷主要用于簧丝直径 $d \leqslant 8$ mm 时,冷卷弹簧多用冷拉的、预先已经进行了热处理的优质碳素弹簧钢丝,卷成后做低温回火以消除内应力。热卷主要用于簧丝直径 $d > 8$ mm 时,热卷的温度根据簧丝直径的不同在 $800 \sim 1\,000\,℃$ 范围内选择,卷成后要进行淬火及回火处理。拉伸弹簧在卷绕过程中,如果使弹簧丝绕其自身轴线旋转,卷成后各圈间将产生压紧力,弹簧丝中也产生一定的预应力,称这种弹簧为有预应力的拉伸弹簧。这种弹簧一定要在外加拉力大于初拉力 F_0 后,各圈间才开始分离。因此,它较无预应力的拉伸弹簧轴向尺寸小。

为提高弹簧的承载能力,可进行强压强拉处理或喷丸处理,压缩弹簧的强压(拉伸弹簧为强拉、扭转弹簧为强扭)处理是在弹簧卷成后,用超过弹簧材料弹性极限的载荷把它压缩到各圈相接触并保持 $6 \sim 48$ h,从而在弹簧丝内产生塑性变形,并产生与工作应力方向相反的残余应力。经过强压处理的弹簧,最大工作应力明显降低,弹簧的承载能力约可提高25%。喷丸处理使用钢丸或铸铁丸以一定速度($50 \sim 80$ m/s^2) 喷击弹簧,使其表面受到冷作硬化,产生有益的残余应力,从而在弹簧受载时,抵消一部分工作应力,以提高其承载能力。喷丸处理后,弹簧的承载能力约可提高20%。

弹簧经强压强拉处理后,不允许再进行任何热处理,也不宜在高温150 ~ 450℃ 和长期振动情况下工作,否则将失去上述作用。此外,弹簧还须进行工艺试验以检验弹簧是否符合技术要求。要特别指出的是,弹簧的持久强度和抗冲击强度,在很大程度上取决于弹簧丝的表面状况,所以弹簧丝表面必须光洁,没有裂纹和伤痕等缺陷。重要用途的弹簧还须进行表面保护处理(如镀锌等);普通的弹簧一般涂油或漆。

压缩螺旋弹簧的端部结构形式很多,如表 11.4 所示的几种形式。对于重要的压缩弹簧或弹簧指数 $C(C = D/d$ 即弹簧中径与簧丝直径之比) 较小的压缩弹簧(一般 $C < 10$),应将端面磨平,使两端支撑端面与轴线垂直,减少在受载荷时产生歪斜的可能,如表 11.4 中的 Y I 型和 RY I 型。

表 11.4　圆柱压缩螺旋弹簧的端部结构及代号(摘自 GB/T 1239.6—1992)

类型	代号	简图	端部结构形式
冷卷压缩弹簧（Y）	Y I		两端圈并紧磨平,$n_2 = 1 \sim 2.5$
	Y II		两端圈并紧不磨平,$n_2 = 1.5 \sim 2$
	Y III		两端圈不并紧,$n_2 = 0 \sim 1$
热卷压缩弹簧（RY）	RY1 I		两端圈并紧磨平,$n_2 = 1.5 \sim 2.5$
	RY II		两端圈制扁并紧磨平或不磨平,$n_2 = 1.5 \sim 2.5$

对于拉伸弹簧,为便于连接和加载,其两端应做出钩环,见表11.5。表中 LI ~ LⅥ 钩环形式制作方便,但钩环过渡处因弯曲产生较大弯曲应力,从而降低拉伸弹簧的强度。为减轻或消除这种影响,可以采用图中 LⅦ 和 LⅧ 所示的附加钩环的结构形式。

表 11.5　圆柱螺旋拉伸弹簧的端部结构及代号(摘自 GB/T 1239.6—1992)

类型	代号	简图	端部结构形式	类型	代号	简图	端部结构形式
冷卷拉伸弹簧(L)	LI	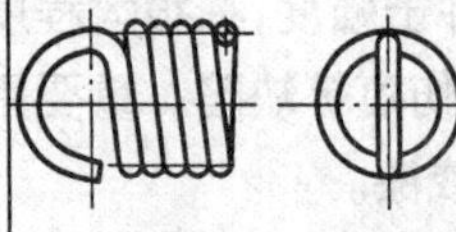	半圆钩环	冷卷拉伸弹簧(L)	LⅥ	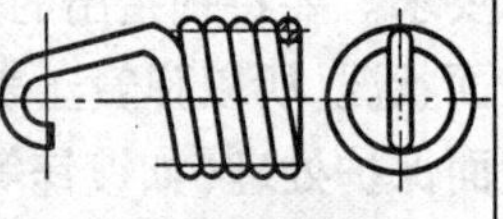	长臂小圆钩环
	LⅡ	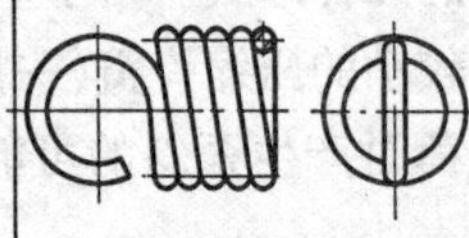	圆钩环		LⅦ	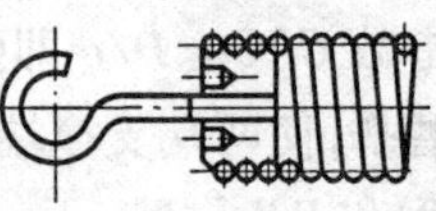	可调式拉簧
	LⅢ	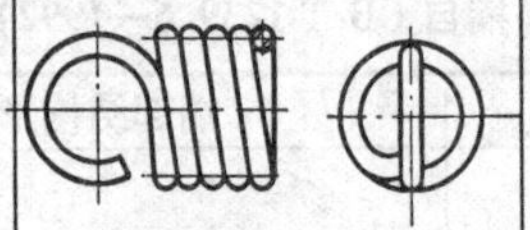	圆钩环压中心		LⅧ	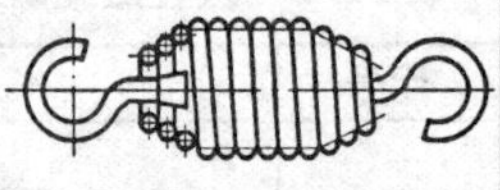	两端具有可转钩环
	LⅣ	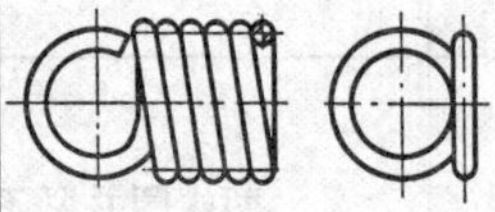	偏心圆钩环	冷卷拉伸弹簧(RL)	RLI	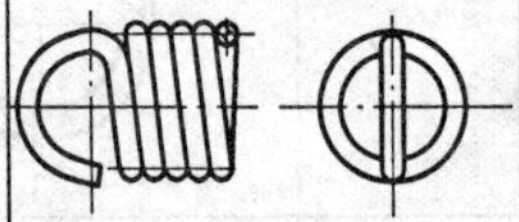	半圆钩环
					RLⅡ	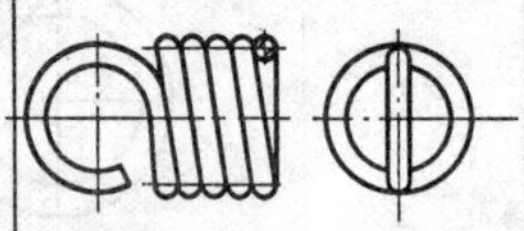	圆钩环
	LV	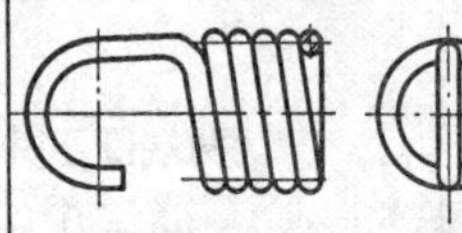	长臂半圆钩环		RLⅢ	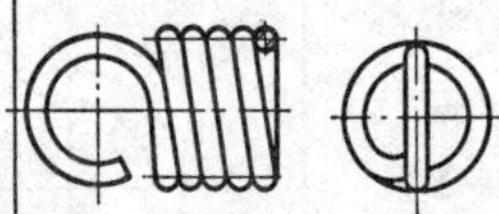	圆钩环压中心

11.3　圆柱螺旋压缩(拉伸)弹簧的设计

圆柱螺旋压缩弹簧与螺旋拉伸弹簧除结构有区别外,两者的应力、变形与作用力之间关系等基本相同。

这类弹簧的设计计算主要内容有:确定结构形式和特性线;选择材料和确定许用应力;由强度条件确定弹簧丝的直径和弹簧中径,由刚度条件确定弹簧的工作圈数;确定弹簧的基本参数、尺寸等。

11.3.1 弹簧的几何参数和尺寸

圆柱螺旋弹簧的主要几何参数和尺寸有:中径 D、外径 D_2、内径 D_1、节距 p、螺旋升角 α、弹簧丝直径 d(如图 11.1 所示)和弹簧指数 C、工作圈数 n 等。它们之间的关系及计算公式列于表 11.6 中。

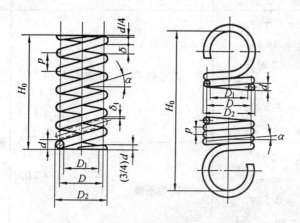

图 11.1 圆柱形螺旋弹簧的几何参数

圆柱螺旋拉伸弹簧结构尺寸的计算公式与压缩弹簧相同,但在使用公式时对于压缩弹簧,为使其承载后有产生变形的可能,各圈之间应有足够的间隙 δ。为了避免受载后弹簧圈有可能提前接触并紧及由此引起弹簧刚度不稳定,设计时应考虑到在最大载荷 F_2 作用下各圈之间仍留有适当的间隙 δ_1,这个间隙 δ_1 称为余隙。

表 11.6 圆柱形螺旋压缩(拉伸)弹簧的几何尺寸

名称及代号	压 缩 弹 簧		拉 伸 弹 簧	
	关系式	备注	关系式	备注
弹簧丝直径 d		由强度条件确定,由表 11.3 取标准值		由强度条件确定,由表 11.3 取标准值
中径 D	$D = Cd$		$D = Cd$	
外径 D_2	$D_2 = D + d$		$D_2 = D + d$	
内径 D_1	$D_1 = D - d$		$D_1 = D - d$	
弹簧指数 C	$C = D/d$		$C = D/d$	
工作圈数 n	$n \geqslant 2$	由工作条件确定	$n \geqslant 2$	由工作条件确定
支承圈数 n_2	$n_2 = 2 \sim 2.5$ $n_2 = 1.5 \sim 2$	冷卷弹簧 YⅡ 型热卷弹簧		
总圈数 n_1	$n_1 = n + n_2$	尾数应为 $\frac{1}{4}$、$\frac{1}{2}$ 或整圈,推荐 $\frac{1}{2}$ 圈	$n_1 = n$	$n_1 > 15$ 时,一般圆整为整圈;$n_1 < 15$ 时,圆整为1/2圈的倍数
弹簧间隙 δ	$\delta \geqslant \lambda_{\lim}/n$		$\delta = 0$	

续表11.6

名称及代号	压 缩 弹 簧		拉 伸 弹 簧	
	关系式	备注	关系式	备注
余隙 δ_1	$\delta_1 \geq 0.1d$			
节距 p	$p = d + \delta \approx$ $(0.28 \sim 0.25)D$		$p \approx d$	
自由高度 或长度 H_0	$n_2 = 1.5$ 时, $H_0 = np + d$ $n_2 = 2$ 时, $H_0 = np + 1.5d$ $n_2 = 2.5$ 时, $H_0 = n + 2d$	两端磨平	$H_0 = (n+1) \cdot$ $d + D_1$ $H_0 = (n+1) \cdot$ $d + 2D_1$	半圆钩环(LⅠ) 圆钩环(LⅡ) 圆钩环压中心(LⅢ)
	$n_2 = 2$ 时, $H_0 = np + 3d$ $n_2 = 2.5$ 时, $H_0 = np + 3.5d$	两端不磨	$H_0 = (n+1.5) \cdot$ $d + 2D_1$	
并紧高度 H_b	$H_b \approx (n_1 - 0.5)d$ $H_b \approx (n_1 + 1)d$	两端并紧磨平 两端并紧不磨平	$H_b = H_0$	
螺旋升角 α	$\alpha = \arctan \dfrac{p}{\pi D}$	推荐 $\alpha = 5° \sim 9°$	$\alpha = \arctan \dfrac{p}{\pi D}$	
弹簧钢丝 展开长度 L	$L = \dfrac{\pi D n_1}{\cos \alpha} \approx \pi D n_1$		$L \approx \pi D n +$ 钩环 展开长度	

11.3.2 弹簧的特性线

弹簧承受载荷后将产生弹性变形,表示载荷与相应变形之间关系的曲线称为弹簧的特性线,如图11.2所示。弹簧的特性线可分为三种类型:直线型 a,渐增型 b,渐减型 c。图11.3和图11.4分别为圆柱等节距螺旋压缩和拉伸弹簧,对于圆柱等节距螺旋压缩弹簧,为了使弹簧可靠地稳定在安装位置上,通常工作前要预先加一压力 F_1,称 F_1 为弹簧的最小工作载荷。在其作用下弹簧的自由高度 H_0 被压缩到 H_1,相应的压缩变形量为 λ_1。F_2 为弹簧承受的最大工作载荷,在其作用下弹簧高度被压缩到 H_2,相应的压缩变形量为 λ_2。λ_1

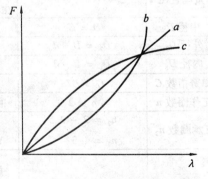

图11.2 弹簧的特性线

与 λ_2 差称为弹簧的工作行程,即 $h = \lambda_2 - \lambda_1 = H_1 - H_2$,$F_{lim}$ 为弹簧的极限工作载荷,在它的作用下弹簧丝内的应力达到了弹簧材料的屈服极限。此时相应的弹簧高度为 H_{lim},压缩变形量为 λ_{lim}。λ_{lim} 一般应略小于或等于弹簧各圈完全并紧时的全变形量 λ_b。

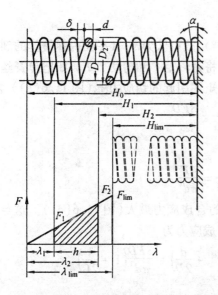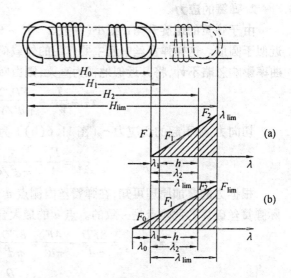

图 11.3　圆柱形螺旋压缩弹簧及其特性线　　图 11.4　圆柱形螺旋拉伸弹簧及其特性线

弹簧的最小工作载荷通常取为 $F_1 = (0.1 \sim 0.5)F_{\lim}$。最大载荷 F_2 由弹簧的工作条件决定,但应略小于极限工作载荷 $F_{\lim}$,通常取 $F_2 \leqslant 0.8F_{\lim}$。

极限工作载荷 $F_{\lim}$ 的大小应保证弹簧丝中所产生的极限切应力 $\tau_{\lim}$ 在以下范围内:

对于 Ⅰ 类弹簧,$\tau_{\lim} \leqslant 1.67[\tau]$;

对于 Ⅱ 类弹簧,$\tau_{\lim} \leqslant 1.25[\tau]$;

对于 Ⅲ 类弹簧,$\tau_{\lim} \leqslant 1.12[\tau]$。

圆柱等节距螺旋拉伸弹簧分为无预应力和有预应力两种,如图 11.4 所示,无预应力的拉伸弹簧(图 11.4(a))的特性线与压缩弹簧类似;但有预应力的拉伸弹簧(图 11.4(b))应使最小工作拉力大于初拉力(或称安装拉力),即 $F_1 > F_0$。

对于等节距的圆柱螺旋弹簧(压缩或拉伸),由于载荷与变形成正比,故特性线为直线,即

$$\frac{F_1}{\lambda_1} = \frac{F_2}{\lambda_2} = \cdots = 常数$$

弹簧的特性线需要绘制在弹簧工作图中,作为检验和实验时的依据。

11.3.3　弹簧的强度计算

压缩弹簧和拉伸弹簧的簧丝受力情况是相似的。现就图 11.5 所示的压缩弹簧在通过弹簧轴线的载荷 F 作用下的情况进行受力和应力分析。

1. 弹簧的受力

在通过弹簧轴线的平面 $A—A$ 内,弹簧丝的剖面呈椭圆形(图 11.5(b)中实线),弹簧受载荷 F 作用时,在 $A—A$ 剖面上作用有转矩 $T = F\dfrac{D}{2}$ 和剪切力 F。拉伸弹簧的受力情况与压缩弹簧相同,只是以上各作用载荷计算时取负值。

2. 弹簧的应力

由于弹簧的螺旋升角 α 很小（一般 $\alpha = 5° \sim 9°$），故可认为 A—A 平面内弹簧丝的剖面近似于圆形。这样弹簧丝中起主要作用的外载荷将是转矩 T 和剪切力 F。如把弹簧丝的曲率影响忽略不计，将其近似地视为直梁，则由转矩 T 引起的切应力 τ_T（图 11.6(a)）为

$$\tau_T = \frac{T}{W_T} = \frac{FD/2}{\pi d^3/16} = \frac{8FD}{\pi d^3}$$

切向力 F_t 引起的切应力 τ_F（图 11.6(b)）为

$$\tau_F = \frac{F_t}{A} = \frac{F}{\pi d^2/4} = \frac{4F}{\pi d^2}$$

根据力的叠加原理可知，在弹簧丝内侧点 a 的合成应力最大（图 11.6(c)）。这与实际弹簧丝破坏的危险点是一致的。点 a 的最大合成应力为

$$\tau' = \tau_T + \tau_F = \frac{8FD}{\pi d^3} + \frac{4F}{\pi d^2} = \frac{8FD}{\pi d^3}\left(1 + \frac{d}{2D}\right) = \frac{8FD}{\pi d^3}\left(1 + \frac{1}{2C}\right)$$

$$C = \frac{D}{d}$$

式中　C——弹簧指数（旋绕比），它是弹簧设计的一个重要参数。当弹簧丝直径 d 一定时，C 值越小，刚度越大，并且曲率越大，内外侧应力差越大，通常取 $C = 4 \sim 16$。荐用的不同弹簧丝直径的弹簧指数见表 11.7。

表 11.7　弹簧指数 C

d/mm	$0.1 \sim 0.4$	$0.5 \sim 1$	$1.2 \sim 2.2$	$2.5 \sim 6$	$7 \sim 16$	$18 \sim 40$
C	$7 \sim 14$	$5 \sim 12$	$5 \sim 10$	$4 \sim 10$	$4 \sim 8$	$4 \sim 6$

因 $2C \gg 1$，取 $1 + \dfrac{1}{2C} \approx 1$，这意味着此时弹簧丝中的应力主要取决于应力 τ_T，而 τ_F 的影响极小，即 $\tau' \approx \dfrac{8FD}{\pi d^3}$。

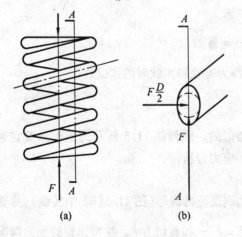

图 11.5　弹簧的受力分析

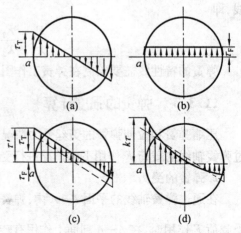

图 11.6　弹簧剖面应力分析

如果考虑弹簧升角和曲率以及 τ_F 的影响,引入一个修正系数 K,则弹簧丝剖面上实际应力分布将如图 11.6(d) 所示,内侧点 a 合成应力最大,其强度条件式为

$$\tau = K \frac{8FD}{\pi d^3} = K \frac{8FC}{\pi d^2} \leqslant [\tau] \tag{11.1}$$

式中　K——曲度系数,其值与弹簧指数 C 有关,可由下式计算

$$K = \frac{4C - 1}{4C - 4} + \frac{0.615}{C} \tag{11.2}$$

当按强度条件计算弹簧丝直径 d 时,应以最大工作载荷 F_2 代替式中的 F,则得

$$d \geqslant \sqrt{\frac{8KF_2C}{\pi[\tau]}} = 1.6 \sqrt{\frac{KF_2C}{[\tau]}} \tag{11.3}$$

式中　$[\tau]$——弹簧材料的许用应力,MPa,可由表 11.2 查取。

由式(11.3)求得直径应圆整成标准值。

对于碳素弹簧钢丝,由于$[\tau]$和 C 都与直径 d 有关,设计时需要试算,先估计 d 值,查得 C、$[\tau]$ 后按式(11.3)计算 d,如计算值与估计值不符时,应重新估计 d 值再计算,直到两者相符为止。初算时,可取 $C = 5 \sim 8$。

11.3.4　弹簧的刚度计算

1. 弹簧的变形

圆柱螺旋压缩(拉伸)弹簧受载荷后产生的轴向变形量可根据材料力学公式求得,即

$$\lambda = \frac{8FD^3 n}{Gd^4} = \frac{8FC^3 n}{Gd} \tag{11.4}$$

式中　G——弹簧材料的切变模量,MPa,由表 11.2 查取;

　　　n——弹簧的工作圈数。

如果以最大工作载荷 F_2 代替 F,则最大轴向变形量 λ_2 为

(1)对于压缩弹簧和无预应力的拉伸弹簧

$$\lambda_2 = \frac{8F_2C^3 n}{Gd} \tag{11.5}$$

(2)对于有预应力的拉伸弹簧

$$\lambda_2 = \frac{8(F_2 - F_0)C^3 n}{Gd} \tag{11.6}$$

2. 弹簧的刚度

弹簧的载荷变量 dF 与变形量 $d\lambda$ 之比,即产生单位变形所需的载荷称为弹簧刚度,用 K_F 表示,拉伸和压缩弹簧的刚度为

$$K_F = \frac{dF}{d\lambda}$$

弹簧刚度也就是弹簧特性线上某点的斜率,它越大,弹簧越硬。弹簧刚度 K_F 为常数的弹簧称为定刚度弹簧,其特性线为一直线,等节距圆柱螺旋弹簧就是定刚度弹簧。而 K_F 变化的弹簧称为变刚度弹簧,其特性线为一曲线,等节距圆锥螺旋弹簧及不等节距圆

柱螺旋弹簧都是变刚度弹簧。定刚度的压缩、拉伸弹簧的刚度为

$$K_F = \frac{F}{\lambda} = \frac{Gd}{8C^3 n} = \frac{Gd^4}{8D^3 n}$$

(11.7)

影响弹簧刚度的因素很多，从式(11.7)可知，K_F 与 C^3 成反比，即弹簧指数 C 值对 K_F 的影响很大，C 值越小的弹簧，刚度越大，曲率也越大，卷制困难，工作时引起较大的扭转切应力，但 C 值太大的弹簧卷成后容易松开。因此，应合理地选择 C 值，以控制弹簧刚度。此外，K_F 还与 G、d 成正比，与 n 成反比。

弹簧圈数 n 的多少取决于弹簧的变形或刚度，可由式(11.4)或式(11.7)计算。一般 $n \geqslant 2$，压缩弹簧的总圈数 $n_1 = n + n_2$，n_2 为支撑圈数。

对于有预应力的拉伸弹簧，计算以上参数时，应将公式中的 F 换成 $(F_2 - F_0)$。当 $d \leqslant 5$ mm 时，$F_0 \approx \frac{1}{3}F_1$；当 $d > 5$ mm 时，$F_0 \approx \frac{1}{4}F_1$。

11.3.5 弹簧的稳定性计算

压缩弹簧的自由高度 H_0 与中径 D 之比，称为高径比，即 $b = \frac{H_0}{D}$。

高径比 b 的值较大时，当轴向载荷 F 达到一定值后，弹簧就会发生较大的侧向弯曲而丧失稳定(如图 11.7 所示)，这是不允许的。压缩弹簧自由高度越大，越容易失稳。弹簧的稳定性还与弹簧两端的支承形式有关。

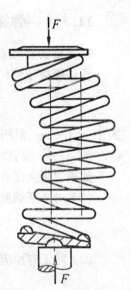

为保证压缩弹簧的稳定性，其高径比 b 值应满足下列要求：

两端固定时

$$b < 5.3$$

一端固定另一端自由转动时

$$b < 3.7$$

两端均自由转动时

$$b < 2.6$$

当 b 值不满足上述要求时，应进行稳定性验算。保持稳定性时的临界载荷由下式计算

$$F_c = C_B K_F H_0$$

(11.8)

图 11.7 压缩弹簧的失稳

式中　C_B——不稳定系数，它为失稳时的临界变形 λ_c 与自由高度 H_0 之比，即 $C_B = \frac{\lambda_c}{H_0}$，其值可根据高径比 b 及不同的支承形式从图 11.8 查得。

为保证弹簧工作的稳定性，最大工作载荷 F_2 与临界 F_c 之间应满足以下关系

$$F_2 \leqslant \frac{F_c}{2 \sim 2.5}$$

(11.9)

如不满足应重新选取参数，改变 b 值，提高 F_c。如受条件限制不能改变参数时，可内

加导杆(图 11.9(a))或外加导套(图 11.9(b)),或者采用组合弹簧。导杆或导套与弹簧间的直径间隙是 $2c$,可按表 11.8 选取。

表 11.8　弹簧与导杆(或导套)之间的直径间隙

中径 D/mm	≤ 5	> 5 ~ 10	> 10 ~ 18	> 18 ~ 30	> 30 ~ 50	> 50 ~ 80	> 80 ~ 120	> 120 ~ 150
间隙 $2c$/mm	0.6	1	3	3.5	4	5	6	7

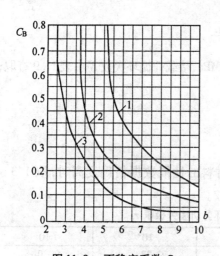

图 11.8　不稳定系数 C_B

1—两端固定;2——端固定,一端自由;3—两端自由

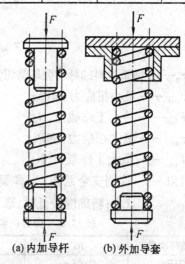

(a) 内加导杆　　(b) 外加导套

图 11.9　导杆和导套

11.3.6　圆柱螺旋弹簧的设计

1. 受静载荷圆柱螺旋弹簧的设计

对于所受载荷不变化或变化平稳,且载荷变化次数不超过 10^3 次的弹簧,可按静强度设计。设计的一般步骤如下:

(1) 选择材料和确定许用应力

① 初选弹簧指数 C,通常 $C = 5 \sim 8$;由式(11.2) 计算曲度系数 K。

② 根据初选 C 值及安装空间估计中径 D,按表 11.3 提供的弹簧丝直径系列,估取弹簧丝直径 d。

③ 选择材料,根据所选材料及初选直径 d 确定许用切应力 $[\tau]$。

(2) 根据强度条件由式(11.3) 试算弹簧丝直径 d',得到满意的结果后,查表 11.3,圆整为标准弹簧丝直径 d,然后由 $D = Cd$ 计算 D。

(3) 根据变形条件由式(11.4) 或式(11.7) 计算弹簧工作圈数 n。

(4) 计算弹簧其他尺寸,如 D_2、D_1、H_0、p、α 和 L 等主要尺寸。

(5) 验算稳定性。

(6) 绘制弹簧工作图(包括特性线图)。

2. 受变载荷圆柱螺旋弹簧的强度验算和振动验算

受交变载荷的弹簧除了按最大工作载荷及变形进行如前所述的设计计算外,还应根据具体情况进行如下的疲劳强度、静强度安全系数和振动验算。

（1）疲劳强度验算

疲劳强度安全系数为

$$S = \frac{\tau_0 + 0.75\tau_{min}}{\tau_{max}} \geqslant [S] \qquad (11.10)$$

$$\tau_{min} = \frac{8KCF_{min}}{\pi d^2}$$

$$\tau_{max} = \frac{8KCF_{max}}{\pi d^2}$$

式中　τ_0——弹簧材料的脉动循环剪切疲劳极限,MPa,接载荷循环次数 N 由表11.9查取;

　　　τ_{min}——最小扭应力,MPa;

　　　F_{min}——最小工作载荷,N;

　　　τ_{max}——最大扭应力,MPa;

　　　F_{max}——最大工作载荷,N;

　　　$[S]$——许用安全系数,当弹簧计算和材料的性能数据精确度高时,取 1.3 ~ 1.7;精确度较低时,取 1.8 ~ 2.2。

表 11.9　弹簧材料的脉动循环剪切疲劳极限 τ_0

载荷循环次数	10^4	10^5	10^6	10^7
τ_0/MPa	$0.45\sigma_b$	$0.35\sigma_b$	$0.33\sigma_b$	$0.30\sigma_b$

注:① 此表适用于优质钢丝、不锈钢丝、铍青铜和硅青铜丝。

　　② 对强化处理的弹簧,表值可提高 20%。

　　③ σ_b 为材料的抗拉强度,MPa。

　　④ 对硅青铜丝和不锈钢丝,$N = 10^4$ 时可取 $\tau_0 = 0.35\sigma_b$。

（2）静强度安全系数验算

用峰值载荷进行静强度校核,静强度安全系数为

$$S_s = \frac{[\tau]}{\tau_{max}} \geqslant [S]_s \qquad (11.11)$$

式中　$[\tau]$——弹簧材料的许用切应力,MPa,由表11.2查取;

　　　$[S]_s$——静强度许用安全系数,取值与 $[S]$ 相同。

3. 振动验算

受高频率循环载荷的圆柱螺旋弹簧,当载荷循环频率 f_g 接近或等于弹簧的自激振动固有频率 f 时,会发生共振而导致破坏。因此,应对弹簧进行振动验算,以保证弹簧的基本自激振动固有频率 f 不应低于其工作频率 f_g 的 10 ~ 20 倍,即

$$f \geqslant (10 \sim 20)f_g \qquad (11.12)$$

弹簧的载荷循环频率一般是预先知道的,当弹簧的自激振动固有频率不能满足上述条件时,可增大弹簧的刚度 C 或减小弹簧的质量 m,重新进行验算。

【例 11.1】 一安全阀门用圆柱螺旋压缩弹簧,一端固定,另一端可自由转动。已知预调压力 $F_1 = 480$ N,压缩量 $\lambda_1 = 14$ mm,滑阀最大开放量(即工作行程)$h = 1.9$ mm,弹簧中径 $D \approx 20$ mm,试设计此弹簧。

解 （1）选择材料并确定许用应力$[\tau]$

安全阀用弹簧虽然载荷作用次数不多，但要求工作可靠、动作灵活，故可按Ⅱ类弹簧设计，选用 C 级中应力碳素弹簧钢丝，用 YI 型结构。

因 $d = \dfrac{D}{C}$，当 $C = 5 \sim 8$ 时，$d = 4 \sim 2.5$，可估取钢丝直径 $d = 4$ mm。由表 11.3 查取 $\sigma_b = 1\,520$ MPa，再根据表 11.2 知，Ⅱ 类弹簧 $[\tau] = 0.4\sigma_b = 0.4 \times 1\,520 = 608$ MPa，$G = 80\,000$ MPa。

（2）根据强度条件确定钢丝直径

因 $C = \dfrac{D}{d} = \dfrac{20}{4} = 5$，由式（11.2）得 $K = \dfrac{4 \times 5 - 1}{4 \times 5 - 4} + \dfrac{0.615}{5} \approx 1.31$。因圆柱等节距螺旋压缩弹簧是定刚度弹簧，所以

$$F_2/\text{N} = \frac{\lambda_2}{\lambda_1}F_1 = \frac{\lambda_1 + h}{\lambda_1}F_1 = \frac{14 + 1.9}{14} \times 480 \approx 545.14$$

代入式（11.3），得

$$d'/\text{mm} \geqslant 1.6\sqrt{\frac{KF_2C}{[\tau]}} = 1.6\sqrt{\frac{1.31 \times 545.14 \times 5}{608}} \approx 3.88$$

取标准钢丝直径 $d = 4$ mm，这与原估计值一致，故可用。

（3）根据变形条件确定弹簧的工作圈数

由式（11.5）知

$$n = \frac{Gd}{8F_2C^3}\lambda_2 = \frac{80\,000 \times 4}{8 \times 545.14 \times 5^3}(14 + 1.9) \approx 9.33$$

取 $n = 9$ 圈（亦可取 $n = 9.5$ 圈）。

由式（11.7）知，此时弹簧的刚度为

$$K_F/(\text{N} \cdot \text{mm}^{-1}) = \frac{Gd}{8C^3n} = \frac{80\,000 \times 4}{8 \times 5^3 \times 9} \approx 35.56$$

实际最大工作载荷

$$F_2/\text{N} = K_F(\lambda_1 + h) = 35.56 \times (14 + 1.9) \approx 565.4$$

$$F_1/\text{N} = K_F\lambda_1 = 35.56 \times 14 = 497.84$$

（4）计算弹簧的极限变形量，并验算极限切应力

由 $F_2 \leqslant 0.8F_{\lim}$，则 $\lambda_2 \leqslant 0.8\lambda_{\lim}$，取 $\lambda_{\lim}/\text{mm} = \dfrac{\lambda_2}{0.8} = \dfrac{\lambda_1 + h}{0.8} = \dfrac{15.9}{0.8} = 19.875$。同理

取 $F_{\lim}/\text{N} = \dfrac{F_2}{0.8} = \dfrac{565.4}{0.8} = 706.75$。由式（11.1）计算极限切应力

$$\tau_{\lim}/\text{MPa} = K\frac{8F_{\lim}D}{\pi d^3} = 1.31 \times \frac{8 \times 706.75 \times 20}{3.14 \times 4^3} \approx 737.1$$

对 Ⅱ 类弹簧，$1.25[\tau] = 1.25 \times 608 = 760$ MPa，则 $\tau_{\lim} < 1.25[\tau]$，满足要求。

（5）计算弹簧其他尺寸

外径

$$D_2/\text{mm} = D + d = 20 + 4 = 24$$

内径

$$D_1/\text{mm} = D - d = 20 - 4 = 16$$

支承圈数

$$n_2 = 2 \text{ 圈}$$

总圈数

$$n_1 = n + n_2 = 11 \text{ 圈}$$

弹簧间隙

$$\delta/\text{mm} = \frac{\lambda_{\text{lim}}}{n} = \frac{19.875}{9} \approx 2.2$$

取 $\delta = 2.2 \text{ mm}$

节距

$$p/\text{mm} = d + \delta = 4 + 2.5 = 6.5$$

自由高度

$$H_0/\text{mm} = np + 1.5d = 9 \times 6.5 + 1.5 \times 4 = 64.5$$

并紧高度

$$H_b/\text{mm} \approx (n_1 - 0.5)d = (11 - 0.5) \times 4 = 42$$

总变形量

$$\lambda_b/\text{mm} = H_0 - H_b = 64.5 - 42 = 22.5 > \lambda_{\text{lim}}/\text{mm}$$

弹簧螺旋升角

$$\alpha = \arctan \frac{p}{\pi d} = \arctan \frac{6.5}{3.14 \times 20} \approx 5°54'$$

钢丝展开长度

$$L/\text{mm} = \frac{\pi D n_1}{\cos \alpha} = \frac{3.14 \times 20 \times 11}{\cos 5°54'} \approx 695$$

(6) 验算稳定性
高径比

$$b = \frac{H_0}{D} = \frac{64.5}{20} \approx 3.23 < 3.7$$

故不需进行稳定性验算。

(7) 绘制弹簧工作图(图 11.10)

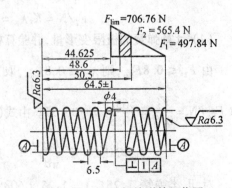

图 11.10　压缩螺旋弹簧工作图

思考题与习题

11-1　弹簧有何功用,举例说明之。

11-2　弹簧有哪些类型,举例说明其应用。

11-3　对弹簧材料有何要求? 如何确定其许用应力?

11-4　试述螺旋弹簧的制造过程。

11-5　何谓弹簧的特性线? 它有什么作用?

11-6　影响弹簧强度、刚度及稳定性的主要因素各有哪些? 为提高强度、刚度和稳定性可采用哪些措施?

11-7　现有两个弹簧 A、B,它们的弹簧丝直径、材料及有效工作圈数均相同,仅中径 $D_A > D_B$,试问:

(1) 当承受载荷 F 相同时,哪个变形大?

(2) 当载荷 F 以相同的大小连续增加时,哪个可能先断?

11-8　试设计一受静载荷的圆柱螺旋压缩弹簧。已知预加载荷 $F_1 = 500$ N,最大工作载荷 $F_2 = 1\,200$ N,工作行程 $h = 60$ mm,要求弹簧内径 D_1 不大于 50 mm。

11-9　有一圆柱螺旋拉伸弹簧,其弹簧丝直径 $d = 5$ mm,弹簧中径 $D = 24$ mm,有效工作圈数 $n = 26$,材料为 C 级中应力碳素弹簧钢丝,承受静载荷。试求:

(1) 弹簧允许承受的最大工作载荷 F_2;

(2) 在工作载荷为 F_2 时弹簧的总变形量 λ_2。

第12章

机械传动系统方案设计简介

12.1　机械传动系统概述

12.1.1　机械传动系统的功能

机械传动系统是机器中将原动机的动力和运动传递给工作机的中间装置,是机器的重要组成部分。它的一般功能有:

(1) 减速或增速

通过传动系统将原动机的速度降低或增高,使之与工作机的速度一致。

(2) 变速

在原动机转速一定的条件下,通过传动系统输出多种速度以满足工作机的要求。若只能输出有限的几种转速,称为有级变速;若能在一定的转速范围内,输出逐渐变化的转速,则称为无级变速。

(3) 改变运动形式

原动机通常是转动,通过传动系统可以将转动变为移动、摆动或间歇运动以满足工作机的要求。

(4) 分配或合成运动和动力

通过传动系统将一个原动机的运动和动力分配后分别传递到一个机器的几个工作机上去;或通过传动系统将几个原动机的运动和动力合成后传递到一个工作机上去。

(5) 实现停歇、制动或反转

12.1.2　机械传动的分类

按传力原理,机械传动可分为摩擦传动、啮合传动和推压传动三类;按结构,机械传动可分为直接接触传动和有中间挠性件(或刚性件)的传动;按传动比能否改变,机械传动可分为固定传动比传动和变传动比传动。常用机械传动的类型如图12.1。

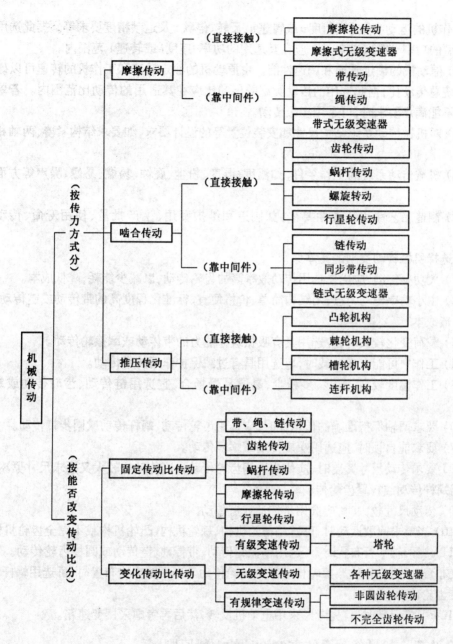

图 12.1　常用的机械传动类型

12.2　机械传动系统的方案设计

12.2.1　机械传动类型的选择

1.选择机械传动类型的依据

（1）工作机的性能参数和工况要求,如工作机拖动负载的工作阻力(F)或阻力矩

（T）、工作机的运动参数（线速度 v 或转速 n、反转、停歇）及运动精度要求等。据此选用的传动类型的功率、速度（或转速）应在其适用的功率、速度（或转速）范围内。

（2）原动机的额定转速和调速性能。由原动机的额定转速和工作机的转速可以确定传动系统总传动比，据此选用的传动类型的传动比应在其适用的传动比范围内。若单级传动比不能满足要求时，可采用多级传动。

（3）对机械传动系统结构尺寸和安装位置等的设计要求，如要求结构紧凑，两轴相交布置等。

（4）机械传动系统的工作条件，如温度、湿度、粉尘、腐蚀、易燃、易爆、噪声等方面的要求。

（5）制造工艺性和经济性要求，如制造和维护费用、生产批量、使用寿命、传动效率等。

2. 选择机械传动类型的基本原则

（1）大功率传动，应优先选用传动效率高的齿轮传动，以减少能耗，降低成本。

（2）中小功率传动，宜选用结构简单、价格便宜、标准化程度高的带传动或链传动，以降低制造成本。

（3）载荷变化较大时，应选用具有吸振缓冲能力的带传动或摩擦轮传动。

（4）工作中可能出现过载时，应选用具有过载保护作用的带传动。

（5）工作温度较高、潮湿、多粉尘、易燃易爆场合，宜选用链传动、齿轮传动或蜗杆传动。

（6）要求两轴保持准确的传动比时，应选用齿轮传动、蜗杆传动或同步带传动。

（7）要求能自锁时，应选用螺旋传动或蜗杆传动。

（8）要求传动尺寸紧凑时，应优先选用齿轮传动。当传动比较大又要求尺寸紧凑时，可选用蜗杆传动或行星齿轮传动。

（9）传动尺寸较大时，应选用带传动或链传动。

（10）当要求间歇运动时，可选用槽轮机构、棘轮机构、凸轮机构或不完全齿轮机构。

（11）当两轴平行布置时，可选用摩擦轮传动、带传动、链传动或圆柱齿轮传动。当两轴相交布置时，可选用锥摩擦轮传动或锥齿轮传动。当两轴交错布置时，可选用蜗杆传动或螺旋齿轮传动。

（12）要求反转时，首先考虑采用电动机反转，然后再考虑采用变速箱。

12.2.2　机械传动系统方案设计的一般原则

机械传动系统方案设计的一般原则如下：

（1）合理地选择传动类型。

（2）传动链尽量短，机构尽可能简单，以利于减小结构尺寸、降低成本、提高传动总效率和传动精度。

（3）在多级传动中，应合理布置各类传动的顺序，其原则是：

① 带传动宜布置在高速级，使之与原动机相连，而其他传动布置在带传动之后，这样有利于发挥带传动的传动平稳、吸振缓冲和过载保护的特点，并有利于整个传动系统的结

构紧凑、匀称。

②链传动平稳性差,且有冲击、振动,不适于高速级,应将其布置在低速级。

③当传动中既有直齿轮,又有斜齿轮时,斜齿轮传动应布置在高速级,以发挥其传动平稳的特点;当传动中既有开式齿轮传动又有闭式齿轮传动时,闭式齿轮传动应布置在高速级,以减小闭式齿轮传动的外廓尺寸,降低成本,而开式齿轮传动制造精度低、润滑不良、工作条件差,磨损严重,应布置在低速级。

④当需要改变轴的布置方向时,可选用锥齿轮传动,但布置在高速级,以减小其直径和模数,降低加工困难程度。

⑤蜗杆传动可实现较大的传动比,结构紧凑,传动平稳,但传动效率低,故应布置在中小功率的高速级传动中。

⑥在传动系统中,用以改变运动形式的连杆机构、凸轮机构、间歇运动机构等,一般应布置在传动系统的最后一级。

(4)合理地将总传动比分配到传动系统的各级传动中,其原则是:

①各类传动的传动比应在推荐的范围内。

②应使各级传动的尺寸协调,结构紧凑、匀称。

③各个传动零件彼此不发生干涉,各个传动零件与轴不发生干涉。

④对闭式齿轮传动,应使各级大齿轮的直径相近,以便于齿轮的浸油润滑。

(5)保证机器的安全运转。

例如:无自锁性能的机构,应设置制动器,而对于起重机械,虽有蜗杆传动能够自锁,但标准规定必须设置制动器以保证安全,安全制动器通常布置在低速级,以保证安全可靠;为防止机器因过载遭受损坏,应选用有过载保护功能的摩擦传动机构或设置安全联轴器;当传动系统的启动载荷过大,超过了原动机的启动力矩时,则应在传动系统中设置离合器,使原动机能空载启动。

(6)注重经济性要求,在满足机器功能要求的前提下,从设计制造、安装调试维修、能源和原材料消耗、使用寿命和管理诸方面进行综合考虑,使传动方案的费用最低。

(7)适应科学技术的发展,努力实现机、电、液、气传动机构相结合,充分利用和发挥各门技术的优势,使设计的传动系统方案更完善和经济。

12.2.3　机械传动系统方案设计的一般步骤

机械传动系统方案设计的一般步骤如下:

(1)根据设计任务书的设计参数和要求,确定机器的工作原理和技术要求。

(2)根据工作机的性能参数和机器工作条件,选择原动机的类型、功率和运动参数,并确定传动系统总传动比。

(3)选择传动系统所需的传动类型,拟定从原动机到工作机之间的传动系统总体布置方案,并绘制传动系统示意图。

在这一阶段,需要进行多方案比较和技术经济评价,从中选出最佳方案。

(4)根据传动方案的设计要求,将总传动比分配到各级传动。

(5)确定传动系统各轴传递的功率、转矩和转速。

（6）对传动系统的各个传动件进行承载能力计算,确定其几何参数和尺寸。

（7）绘制传动系统的机构运动简图、总装配图、部件图和零件图。

【例 12.1】 试对图 12.2 所示简易冲压机及其送料装置的传动方案进行分析。

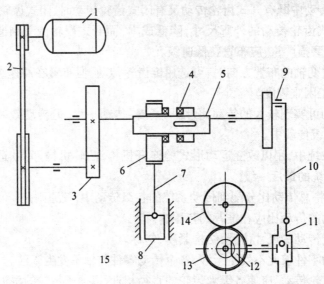

1—电动机;2—V 带传动;3—开式圆柱齿轮传动;4,6—曲轴;5—牙嵌离合器;7—连杆;

8—滑块;9—曲柄;10—摆杆;11—超越离合器;12—锥齿轮传动;13,14—送料滚子

图 12.2 简易冲压机及其送料装置

解 （1）冲压机的冲压过程由原动机 1 → V 带传动 2 → 开式圆柱齿轮传动 3 → 曲柄滑块机构（4、5、6、7、8、9）来实现。这种传动类型的选择与布置是合理的,因为:

① 选用 V 带传动且放在高速级。

a. V 带传动具有吸振缓冲和过载保护作用,这是冲压机所需要的;

b. 高速级转矩小,可减小 V 带的尺寸和根数,也可减小 V 带轮的尺寸,从而减小成本。

② 选用开式圆柱齿轮传动放在低速级。

a. 低速级转矩大,齿轮传动能够承受。

b. 低速级转矩大,开式圆柱齿轮传动的大齿轮尺寸较大,质量较大,惯性矩较大,具有飞轮的作用,可以满足冲压机的要求。

③ 选用曲柄滑块机构放在传动系统的最后一级。

a. 将回转运动变为上下往复直线运动,实现冲压工作,而且偏置曲柄滑块机构具有急回特性,可以节省空行程时间,提高生产效率。

b. 采用了牙嵌离合器,可以实现偏心套与偏心轴之间的相对偏心量的调整,从而调整冲压行程。

（2）冲压机工作时的送料过程由原动机 1 → V 带传动 2 → 开式圆柱齿轮传动 3 → 曲柄滑动机构（9、10）→ 超越离合器 11 → 锥齿轮传动 12 → 送料滚子 13、14 来实现。这种传动类型的选择与布置是合理的,因为:

① 选用 V 带传动且放在高速级,开式圆柱齿轮传动放在低速级,这是冲压机的要

求。而且利用了低速级输出的动力和转速,作为送料装置的原动力,这既节省了原动机,又便于冲压与送料过程的协调。

②选用曲柄摆杆机构,将回转运动变为往复摆动。

③选用超越离合器11,将摆杆10的往复摆动变成锥齿轮传动定向、间歇转动,并通过锥齿轮传动实现传动件轴线的变化,满足送料方向的要求。

④定向、间歇转动的锥齿轮传动,带动滚子13、14在滑块8上升时完成间歇送料的功能。

思考题与习题

12-1　试述常用机械传动的类型有哪些? 举例说明其应用。

12-2　选择机械传动类型时应考虑哪些主要因素?

12-3　对下列减速传动方案进行分析:

(1)电动机 → 链传动 → 直齿圆柱齿轮传动 → 斜齿圆柱齿轮传动 → 工作机;

(2)电动机 → 开式直齿圆柱齿轮传动 → 闭式直齿圆柱齿轮传动 → 工作机;

(3)电动机 → V带传动 → 闭式直齿圆柱齿轮传动 → 链传动 → 工作机。

12-4　试设计矿井提升机传动装置,已知卷筒直径 $D = 300$ mm,提升重物的重力 $F = 6\,000$ N,重物上升速度 $v = 0.45$ m/s。工作环境潮湿、多尘,要求能自锁。

(1)确定传动方案和传动类型并绘制矿井提升机传动装置简图;

(2)选择电动机的型号;

(3)计算总传动机和各级传动比;

(4)计算传动装置主要的运动和动力参数。

参考文献

[1] 宋宝玉,王黎钦. 机械设计[M]. 北京:高等教育出版社,2010.

[2] 濮良贵,纪名刚. 机械设计[M]. 8 版. 北京:高等教育出版社,2006.

[3] 吴宗泽. 机械设计[M]. 北京:高等教育出版社,2001.

[4] 李建功. 机械设计[M]. 北京:机械工业出版社,2006.

[5] 王黎钦,陈铁鸣. 机械设计[M]. 5 版. 哈尔滨:哈尔滨工业大学出版社,2010.

[6] 杨可桢,程光蕴. 机械设计基础[M]. 4 版. 北京:高等教育出版社,2001.

[7] 陈秀宁. 机械设计基础[M]. 2 版. 杭州:浙江大学出版社,1999.

[8] 陈国定. 机械设计基础[M]. 北京:机械工业出版社,2007.

[9] 陈立德. 机械设计基础[M]. 2 版. 北京:高等教育出版社,2004.

[10] 荣涵锐. 机械设计[M]. 哈尔滨:哈尔滨工业大学出版社,2004.

[11] 张锋,古乐. 机械设计课程设计手册[M]. 北京:高等教育出版社,2010.

[12] 王凤礼,杜立杰. 机械设计习题集[M]. 3 版. 北京:机械工业出版社,2002.

[13] 《现代机械传动手册》编委会. 现代机械传动手册[M]. 2 版. 北京:机械工业出版社,2002.

[14] 吴宗泽. 机械设计师手册[M]. 北京:机械工业出版社,2002.